普通高等教育鞋类设计与工艺专业“十二五”规划教材

鞋类计算机辅助技术

施 凯 主编

施 凯 李再冉 陈国学 陈 斌
孙继锋 王作文 曹 明 编著

中国轻工业出版社

图书在版编目（CIP）数据

鞋类计算机辅助技术 / 施凯主编；李再冉，陈国学等编著.
—北京：中国轻工业出版社，2014.1
普通高等教育鞋类设计与工艺专业“十二五”规划教材
ISBN 978-7-5019-9470-0

Ⅰ.①鞋… Ⅱ.①施… ②李… ③陈… Ⅲ.①鞋–计算机辅助设计–高等学校–教材 Ⅳ.①TS943.26

中国版本图书馆CIP数据核字（2013）第227168号

责任编辑：李建华　责任终审：简延荣　封面设计：锋尚设计
版式设计：锋尚设计　责任校对：燕　杰　责任监印：张　可

出版发行：中国轻工业出版社（北京东长安街6号，邮编：100740）
印　　刷：北京京都六环印刷厂
经　　销：各地新华书店
版　　次：2014年1月第1版第1次印刷
开　　本：787×1092　1/16　　印张：11.5
字　　数：265千字
书　　号：ISBN 978-7-5019-9470-0　定价：40.00元
邮购电话：010-65241695　传真：65128352
发行电话：010-85119835　85119793　传真：85113293
网　　址：http://www.chlip.com.cn
Email：club@chlip.com.cn

130210J1X101ZBW

前 言

在计算机出现的短短半个多世纪里，计算机应用技术飞速发展，并迅速渗透到社会的各个领域，包括现代产业、传统产业和每个家庭，成为人类处理信息必不可少的工具之一，也成为一个国家现代化的重要标志之一。计算机辅助技术在社会各领域中的广泛应用，有力地推动了社会的发展和科学技术水平的进步，同时随着计算机技术多元化、网络化、智能化进程的加快，以及诸如鞋类等传统产业未来发展的需要，计算机辅助技术应用到鞋类等传统产业的意义也愈显重要。

随着鞋类专业高等教育体系的不断完善，各门专业课程内容融入大量先进技术，同时，很多院校开设了与行业先进技术密切相关的课程，如鞋类计算机辅助二维/三维设计、辅助鞋楦设计、辅助工艺运行、辅助制造、辅助信息化管理等计算机辅助技术。“十一五”期间，经教育部高等学校高职高专纺织服装专业教学指导委员会研究部署，规划了高等职业教育鞋类设计与工艺专业首批专业课教材，《鞋类计算机辅助技术》是其中之一。本书主要阐述了鞋类行业应用计算机辅助设计及相关计算机辅助技术等具体内容，以实例的形式讲解操作方法与步骤，能够较好地为鞋类计算机相关课程提供完整的教学资料。

本书共分六章，温州职业技术学院施凯教授为主编，负责全书内容的设计、统稿，李再冉负责书稿的后期整理，具体章节编写的人员有：第一章，施凯；第二章，施凯、曹明、李再冉；第三章，李再冉、施凯；第四章，施凯、王作文、李再冉；第五章，孙继锋；第六章，陈国学、陈斌、施凯、李再冉。本教材可以供高等院校鞋类及相关专业使用，也可供鞋类相关企业技术人员参考。在教学过程中，可以根据各个院校自身情况不同，对各章节的讲授内容做必要调整及删减。

本书在编写过程中，自始至终得到了教育部高职高专纺织服装专业教学指导委员会、教育部全国纺织服装职业教育教学指导委员会、中国纺织服装教育学会有关领导专家的亲切关怀，得到了中国轻工联合会、中国皮革协会、中国皮革和制鞋工业研究院、浙江省皮革协会有关领导专家的热情鼓励。温州职业技术学院、浙江工贸职业技术学院、邢台职业技术学院、浙江纺织服装职业技术学院、辽宁经济职业技术学院工艺美术学院等院校领导和鞋服专业教师，上海国学鞋楦设计有限公司、晋江三艺职业培训学校为本教材的编写和出版做了大量工作，在此一并表示衷心的感谢。同时，鸣谢Shoemaster、FAST、印象、经纬、SHOEPOWER、New Last等软件公司为本教材提供的大量帮助。由于时间仓促，编者水平有限，书中难免存在不足之处，恳请广大学者批评指正。

编著者
2013年6月
温州茶山高教园区

目录

第一章
绪论

本章提示

本章主要阐述了学习鞋类计算机辅助技术的重要意义，并对其主要内涵进行逐一概述，提出了鞋类计算机辅助技术的未来发展思路。

学习目标

知识目标：

了解鞋类计算机辅助技术的发展现状。
了解鞋类计算机辅助技术未来发展思路。

能力目标：

掌握鞋类计算机辅助技术的定义。
掌握鞋类计算机辅助技术的主要内涵。

第一节 鞋类应用计算机辅助技术的基本意义

信息化是当今世界经济和社会发展的大趋势，是我国加快实现工业化和现代化的必然选择。以信息化带动工业化，以工业化促进信息化，突出现代装备和计算机辅助等工程技术，努力将信息化和工业化结合起来，是当今社会的主旋律。制鞋业作为中国制造业中的传统劳动密集型产业，其计算机辅助技术等信息化技术应用尤为重要，鞋类产业信息化进程任重道远。制造业是工业的核心，制造业信息化是现代工业技术水平的标志。中国制造业在GDP中约占42.5%，对国民经济举足轻重。目前，全球新一轮产业结构的调整，发达国家制造业，包括鞋类制造业，正加速向我国转移，中国已是全球第四大生产国，有近百种产品产量居世界第一，中国制造时代正在到来。为抓住机遇，迎接挑战，中国制造业正在按照新型制造业、先进制造业、信息化制造业的要求进行大规模技术改造，以信息化技术、计算机辅助技术促进制造业的飞速发展。

鞋类计算机辅助技术主要讨论：如何务实、有效并易于接受地利用计算机辅助技术，在鞋类企业生产的设计、工艺、制作和质量、进销存、资料信息等综合管理中如何全方位地应用开发计算机辅助技术等。重点在于计算机辅助技术在鞋类企业中的转化应用，以及围绕转化应用进行必要的应用开发，进而改造并提升传统制鞋产业。

计算机辅助技术在鞋类企业中的广泛应用，是鞋类行业技术进步和企业未来发展的、不以人的意志为转移的客观必然，是鞋类企业价值提升和可持续发展的必由之路。

一、传统鞋业呼唤高新技术

信息技术和经济全球化正成为世界经济发展的新趋势。面对新的时代，不管主观上是否接受，人们的生产方式、生活方式、思维方式和意识形态都会因信息技术的冲击而发生变化。用信息技术改造传统工业势在必行。

中国皮革工业“二次创业”的主要目标之一是：运用高新技术，提升传统行业，使科学技术贡献率由1995年的35%提升到2010年的60%。争取用10～15年时间，使我国由皮革生产大国进入强国行列。

我国鞋类产量始终居于世界前列，但多年来，受传统产业思想的束缚，其思维模式一直在“传统产业，人海战术”的怪圈中徘徊。2004年，“做鞋的”首次有了自己的技术职称，鞋业界在技术职称问题上观念认识的转变，从一个微观的侧面反映出传统鞋业的观念进步和技术觉醒。

计算机辅助技术在诸多领域的成功运用和不断发展、不断完善的大好势头，以及鞋类行业本身观念水平和技术水平的整体进步，使我们没有理由相信鞋类行业始终会被现代信息技术弃之门外；早在20世纪90年代，二维鞋类计算机辅助设计及扩缩系统走向市场的初期，曾经也受到行业和市场的普遍不认可甚至排斥，但是，社会发展到今天，几乎没有人使用手工扩缩了，这就是技术的进步、观念的进步、社会的进步。

随着鞋类行业国际化竞争的日趋激烈，企业对信息化技术和信息化服务的需求也日益高涨。消费者对鞋类产品要求不断提高，原有的传统技术已经不能充分满足现阶段企业和消费者的全部需求，用计算机辅助技术等信息化技术改造传统产业，是鞋类企业实现价值提升和可持续发展的必由之路。

二、应用鞋类计算机辅助技术的意义

鞋类计算机辅助技术的应用，首先可以大大提高企业的市场应变能力和企业的综合竞争能力。鞋类CAD/CAM的运用，使产品开发速度加快，制造水平和产品质量大幅提高，开发周期缩短，企业不断推出新产品，以更好地应对快速变化的市场需求；还有外贸企业中的远程定单、外贸产品封样等，实现对国内国际市场的快速响应。

鞋类企业应用计算机辅助工艺运行及相应的计算机辅助管理后，企业在生产过程中的管理水平得以提高，如生产计划安排更加合理，生产的调度更加灵活，对生产进度可以进行及时的跟踪与控制。企业及时制订营销计划和工艺规划，并安排指导生产，缩短了交货期，减少了综合库存的资金占用。对生产过程进行有效跟踪和监控，及时了解产品在生产过程中的质量状况，对生产中出现的质量问题进行报警、反馈和及时处理；同时，电子商务可以实现营销综合效益最大化。从而提高了企业综合竞争力，降低了生产成本。

制鞋行业从业人员的综合素质相对偏低，技术水平相对落后，特别是国内外信息沟通滞后。因此，积极倡导、稳健推进鞋类计算机辅助技术的综合应用，可以打破时间和空间的制约，为企业在全球范围内提供发展机遇；可以用更为合理的技术和模式改造传统企业管理体制；可以根据瞬息万变的全球信息，及时调整产业结构，组织全球资源，降低经营成本，提高企业的国际竞争能力。主动、积极地用信息技术改造传统皮革产业，使制鞋行业更好、更快地与信息技术相结合，是实现中国皮革工业“二次创业”的重要举措。

第二节 鞋类计算机辅助技术概述

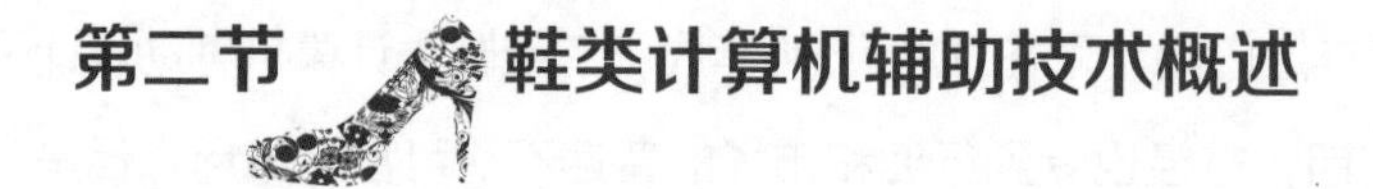

一、什么是计算机辅助技术

计算机辅助技术（Computer Aided Technologies）：采用现代计算机作为辅助工具，帮助人们在特定领域完成相应任务的理论、方法和技术，统称为计算机辅助技术（CAX）。通常包括CAD——计算机辅助设计、CAM——计算机辅助制造、CAPP——计算机辅助工艺运行（或称辅助工艺过程管理、辅助工艺规划等）、CAQ——计算机辅助质量管理，CIMS——应用计算机对制造型企业生产中的生产和经营活动的全过程进行总体优化组合的计算机集成制造系统等。所谓“辅助”，强调的是人在指导思想和工作过程中的主导作用，而计算机，作为当今社会现代智能化工具，始终只能处于相对从属地位，起到“辅助”但“不可低估”的作用，使计算机和使用者构成密切交互的人机系统，协同一致，服务人类。

二、计算机辅助技术在其他领域的应用

计算机辅助技术中的辅助设计和辅助制造技术（CAD/CAM），首先是在航天、飞机、汽车、船舶等大型制造领域应用，不断发展并逐渐趋于成熟，在此过程中，研发出许多共性技术、关键技术和应用软件。而后，机械、电子、轻纺、服装和建工等行业开始陆续应用，同时，其技术和方法也逐渐应用到计算机辅助工艺运

行（CAPP）、计算机辅助质量管理（CAQ）等新的计算机辅助技术领域。实践证明，计算机辅助技术的成功运用，对人类社会的发展和整体社会的技术进步具有不可低估并无法替代的积极作用。今天，对于某些高新技术产业，已经到了离开计算机辅助技术就举步维艰、甚至寸步难行的地步。

“e百工程”项目是中国纺织工业协会为加速实现国家“以信息化带动工业化，以工业化促进信息化，用高新技术和先进适用技术改造传统产业”的战略部署所采取的积极措施。纺织工业经过若干年的努力，其计算机辅助技术等信息化技术的应用水平大幅提高，降低企业综合投入、提高产业生产力等综合现实意义愈加突现。

长久以来，我国纺织工业始终是皮革工业的近亲，其产业格局和技术进步存在诸多类似。计算机辅助技术在纺织工业领域中的应用与发展，对于中国皮革工业，或许比其他行业的案例具有更多的借鉴意义。

三、 鞋类计算机辅助技术的主要内涵

鞋类计算机辅助技术，是计算机辅助技术的一个分支，有时也称之为“鞋类计算机辅助技术”或“鞋类CAX”，主要也是鞋类CAD、鞋类CAM、鞋类CAPP等。

“鞋类CAX”与其他行业相比，存在许多大概念角度的共性问题；但不同的行业，由于其行业基础、发展程度等因素的差异，侧重点也略有不同。鞋类计算机辅助技术通常主要包括：鞋类计算机辅助设计（造型设计、结构设计）、鞋类计算机辅助制造、鞋类计算机辅助工艺运行、鞋类计算机辅助质量管理、鞋类计算机辅助物流管理和鞋类计算机辅助信息管理等。而且，各种辅助技术的内涵和方式，与其他行业相比也多有不同。

（一）计算机辅助设计（CAD: computer aided design）

鞋类计算机辅助设计，是利用计算机作为工具，帮助鞋类设计师进行鞋类产品设计的一切实用技术的总和。在具体的鞋类辅助设计领域，为研究和应用的需要，把鞋类计算机辅助设计分为计算机辅助造型设计和计算机辅助结构设计。

鞋类产品是功能型、低值易耗的日常消费品，虽然价值较低，但要求集舒适性、功能性、装饰性和耐用性于一体，因此，不同于大型工业产品仅主要考虑结构合理性，即使考虑造型因素，往往更多考虑的也只是符合流体力学、空间结构等（当然诸如汽车等民用工业品也有要造型审美要求）。在鞋类产品中，对造型

审美要求，同舒适性、功能性等一样，是人们对产品选择与否的重要指标之一，不容忽视。

（二）计算机辅助制造（CAM: computer aided manufacturing）

鞋类计算机辅助制造，是利用计算机技术进行的鞋类生产设备管理、控制和操作等全方位过程。它输入的信息是各部件在装配中的工艺过程和工艺要求，输出的信息是加工时的运行轨迹和数控程序。

CAM是利用CAD、CAPP的信息技术在加工设备上实现的制造自动化。CAM的主要任务是选择加工设备、生成加工工艺过程、消除加工干涉、配置加工驱动、仿真加工过程等，以满足批量、精度、短周期和加工一致性要求的鞋类产品制造的需要，进而实现CAD／CAPP／CAM的集成。计算机辅助制造中最核心的技术是加工数控技术。

（三）计算机辅助工艺运行（CAPP: computer aided process planning）

鞋类计算机辅助工艺运行，也称计算机辅助工艺过程规划，又称计算机辅助工艺过程设计，是与加工工艺信息（鞋革材料、工艺处理、批量等）相联系、由计算机自动生成输出部件的工艺要求和工序内容等工艺文件的过程。可以说，CAPP就是利用计算机辅助技术来制订鞋类各个部件装配中的加工工艺运行系统。

（四）计算机辅助质量管理(CAQ: computer aided quality)

鞋类计算机辅助质量管理，主要是记录并下达鞋类产品策划、质量内容，条理性地记录工作的内容，根据鞋类产品的技术措施和管理措施，以鞋类产品的质量为侧重点进行的鞋类产品的质量综合管理。在实施ISO 9000质量认证体系后，运行计算机辅助质量管理是鞋类企业产品质量管理发展的必然趋势。鞋类计算机辅助质量管理主要包括内容有质量统计、质量检测、质量报告、产品部件报废信息、质量目标、次品报告、用户质量信息、质量成本信息、质量处理信息、设备及员工状况等。

（五）计算机辅助物流管理（CAL: computer aided logistics management）

鞋类计算机辅助物流管理，是利用计算机辅助技术，以适合于顾客的要求为目的，对鞋革材料、制成品等与其关联的信息，从产业地点到消费地点之间的流通与保管，依靠计算机辅助技术进行效率性的计划、执行、控制等，包括原材料采购、加工生产到产品销售、售后服务等整个物理性的流通过程。从某种意义上讲，电子商务等计算机辅助营销可认为是计算机辅助物流管理的一个组成部分。

（六）计算机辅助信息管理（CAIM: computer aided information management）

鞋类计算机辅助信息管理，是由人与计算机辅助技术或其他信息处理手段组成并用于鞋类企业信息管理的体系。它的管理对象就是信息，信息就是经过加工的数据，包括鞋类图片、样板数据、工艺文件等，是对决策者有价值的数据。计算机辅助信息管理包括信息的采集、信息的传递、信息的储存、信息的加工、信息的维护和信息的使用。

第三节 鞋类计算机辅助技术发展的基本思路

一、国内外鞋类计算机辅助技术发展应用的部分状况

国外鞋类计算机辅助技术发展相对早些，可以说，英国是首先将CAD/CAM系统使用在制鞋方面作业的国家，其中，最先构想使用计算机技术辅助生产的是英国克拉克（CLARKS）公司——品牌“其乐”。到了20世纪90年代，英国、奥地利、美国、意大利、德国、法国等制鞋业发达的国家中计算机辅助技术已是不可缺少的生产条件了。

国内鞋类计算机辅助技术从20世纪70年代开始从欧美引进，并在生产实践中不断进步、不断发展，在计算机辅助设计、辅助工艺、辅助制造和辅助管理等领域均取得一定进展。80年代中后期，我国开始研发鞋类计算机辅助设计系统。原轻工业部制鞋研究所（后与轻工业部皮革毛皮科学研究所合并组建为现在的“中国皮革和制鞋工业研究院”）、重庆大学光机研究所、四川电子科技大学等均做出了较大贡

献。1994年原轻工业部鞋革研究所推出首套基于Windows平台、采用扫描仪输入原始样片的制鞋二维CAD系统。1996年，北京奥斯曼公司在原轻工业部制鞋工业研究所系统的基础上，开发出同类商业化“奥斯曼OSM鞋类CAD”系统。期间，温州经纬JW、台湾华士特FAST、福州制鞋之星、台湾理星（Rinsing Star）等商业化鞋类CAD系统相继推向市场，这些软件系统的市场应用通常以二维扩缩功能为主。其中，基于DOS平台的“温州经纬JW”，因简单易用和成功的市场运作等因素，牢固占据国内二维扩缩系统市场的首位。近年来，国内鞋类二维计算机辅助设计扩缩技术发展迅速，其中，鞋样手工扩缩已基本被计算机辅助技术取代。

近年来，三维辅助设计应用技术也得到较快发展，具有一定应用基础的设计软件有：台湾、大陆合作的 Shoepower，英国的 Delcam、Crspin、Shoemaster，美国的 MicroDynamics，奥地利的 Dimension 等，其中，Shoepower三维鞋类设计系统还先后被浙江工贸职业技术学院、北京市环境与艺术学校（原北京皮革工业学校）等专业院校作为专业鞋类教学软件走进课堂。

计算机辅助技术，除在设计领域之外，在其他领域也逐渐得到应用，具有战略眼光的若干鞋类企业、大型企业集团已经捷足先登。浙江奥康集团与浙江工贸职业技术学院联手数字化鞋类应用技术研究，2002年3月奥康集团开始导入鞋业ERP企业资源管理系统。通过资源整合，简化了管理程序，提高了生产效率、工作效率和企业综合效益。在目前的浙江康奈集团，信息化技术已在生产、设计、商务、行政办公、资源管理等方面得到应用，如采用三维CAD辅助鞋样设计；采用CAM辅助鞋类制造；建立网站，开展电子商务；建立企业OA（office automation）办公自动化系统，提高了公司行政管理水平。

二、鞋类计算机辅助技术发展思路

计算机辅助技术、鞋类数字化技术，不是要彻底替代传统手工技术，更不是抛弃传统手工技术，计算机辅助技术只是辅助。相反，要在加大力度强化传统手工技术、努力挖掘传统产业技术精髓的基础上，加入计算机辅助技术等高新技术，借以提升、发展传统鞋类产业。

从宏观角度看，我国鞋类计算机辅助技术在鞋类企业中广泛应用必将成为大势所趋，但如何健康、迅速地应用和发展，仍是需要深入探究的问题。笔者认为，目前对计算机辅助技术在鞋类企业中的广泛应用影响较大并急需解决的问题主要有以下几个方面：

行业观念——外因，起引导作用；

企业负责人观念——内因，起决定作用；

员工综合素质——与企业技术进步互为促进；

专业技术支撑——起关键作用。

（一）行业观念

行业观念是外因，起引导作用，其意义不可低估，因为鞋类行业多少年来，毕竟还是综合知识水平不高的传统劳动密集型产业。可提供导向作用的行业观念主要来自新闻媒体、行业协会、专业院校和各种相关的专业技术机构。

首先，作为行业必须对新技术发展趋势有足够清醒的认识，认同这种社会进步是行业发展的客观必然，大力倡导。中国皮革协会、中国皮革和制鞋工业研究院和某些地方鞋革协会等对此起到积极引导和推进作用，浙江省皮革协会2004年度评选科技创新（信息化技术应用）企业先进活动，也是基于这方面引导的积极举措。

其次，作为引领行业技术进步的专业院校和各种相关的专业技术机构，务必积极配合引导，并对专业关键共性技术加以开发和研究，面向市场、面向企业实际生产情况，解决真正的生产问题。

高等教育院校作为专业院校，不仅要紧密结合企业实际，按需设课，而且还应尽自己所能，适度引领产业技术进步。

科研机构作为专业科研院所，不要因为短期的艰难和效益的低薄而忽视行业未来的长远趋势。

（二）企业负责人观念——内因，起决定作用

企业技术进步，企业负责人观念是内因，起决定作用。推进企业信息化技术，要针对本企业生产实际，不盲目不盲从，组织专人研究论证。但同时，对“实际”的定义必须具有相当预见性和强烈的超前意识，从未来本企业发展的角度对企业进行科学定位。我们能够做的应该是：既不盲目冒进，也不停滞不前。

（三）员工综合素质——与企业技术进步互为促进

理论上讲，鞋类企业实施信息化技术，要求企业从业人员的综合素质、观念全方位提升。然而，现实中这种可能是不存在的，与企业推进信息化技术应用一样，员工综合素质的整体提升也不可能“忽如一夜春风来，千树万树梨花开”。同时，

企业技术进步和员工素质提升，也会互为促进，共同发展。根据本企业实际，先选部分技术试用，先培训部分骨干关键员工，渐进推广，不失明智之举。

（四）专业技术支撑——起关键作用

推进企业信息化进步，专业技术的适用性是关键，衡量技术好坏的标准主要不是看它多么高深，关键是既先进又适用。推进信息化的关键是应用；带动应用的关键是企业负责人；促使企业负责人应用信息系统的又一关键是要简单实用。

鞋类企业信息化，是皮革工业发展的趋势，计算机辅助技术向传统鞋类企业生产技术的注入和融合，必将促进鞋类生产技术的不断发展，使传统鞋类生产的技术含量不断提高，生产技术发生质的变化。

思考练习

1. 谈谈你对鞋类计算机辅助技术的认识。鞋类计算机辅助技术可以分为哪几个方面?

2. 你对鞋类计算机辅助技术的未来发展有何看法?

第二章
鞋类计算机辅助技术分类概述

本章提示

本章主要针对鞋类计算机辅助技术分类进行综述，其中，详细讨论了鞋类计算机辅助造型设计、鞋类计算机辅助结构设计、鞋类计算机辅助物流管理和鞋类计算机辅助信息管理。

学习目标

知识目标：

了解鞋类计算机辅助造型设计基础知识。
了解鞋类计算机辅助结构设计基础知识。
了解鞋类计算机辅助物流管理和信息管理基础知识。

能力目标：

掌握鞋类计算机辅助设计相关知识和基本技能。
掌握鞋类计算机辅助物流管理和信息管理基本程序。

第一节 鞋类计算机辅助造型设计概述

计算机辅助造型设计（CAS：computer aided styling），是利用计算机图形图像等相关计算机技术，对产品进行造型设计方面的辅助技术，这一技术有时又称为计算机辅助工业设计（CAID：computer aided industrial design）。在鞋类行业中应用的计算机辅助造型设计，称之为"鞋类计算机辅助造型设计"或"鞋类CAS"。

鞋类计算机辅助造型设计（鞋类CAS）是鞋类计算机辅助技术的重要组成部分，也是当前鞋类计算机辅助技术中发展相对成熟的应用技术之一。目前，鞋类CAS正在逐渐被众多前卫的鞋类设计师所接受，成为现代鞋类设计师的重要辅助设计手段，在当今计算机技术和现代图形图像技术发展的推动下，许许多多的鞋类设计师都希望能利用计算机辅助技术进行鞋类产品造型设计，使其产品设计过程更加直观、快捷，减少初期更多的样品试制，并且减少产品选型定型周期，最终使得鞋类产品设计更加高效、省料、精确和美观。

一、鞋类计算机辅助造型设计的优势

采用鞋类计算机辅助造型设计，同传统的"手绘效果图→结构设计→样品制作"的样品开发过程相比，具有以下优点：

（1）传统的"手绘效果图"，只能在二维纸面上营造三维立体效果，表现质感和空间感的能力有限，欲表现多个角度时，只能手绘多张效果图，重复工作量大；而借助三维计算机辅助设计软件中的造型功能，可以构建三维立体效果模型，并且随意变换材质、颜色、线条造型，随意整体翻转、多角度审视等，利于审定及修改定型。

（2）由于在计算机上建立起精确逼真的三维模型，避免了从构思草图到结构设计、进而进行样品制作后才能审视及选样定型的复杂过程，从而节省时间、节省原材料、降低企业开发设计综合成本。

（3）由于在计算机上进行造型设计快捷，特别是修改起来更加容易、方便，使造型设计周期显著缩短，可以在更短的时间内尝试更多的造型方案，效率大大提高。

（4）由于最大限度地发挥了计算机的功能，使造型师得以更集中精力致于创造性的构思工作；同时，结构设计师、综合设计师也可同时投入工作，协同修改意见。

（5）对于计算机二维平面设计，可以采用手绘轮廓，输入计算机后，由二维软件进行仿真渲染，制作的产品效果图更加形象逼真。

（6）由于计算机网络技术的发展，采用计算机辅助造型设计还可实现远程互动、交互修改，便于处在不同区域乃至不同国家的设计师协同设计。

（7）由于计算机材质、颜色更换方便简单，有利于批发商客户根据各自区域特点参与修改和选样定货，以及对特殊顾客的个性化定制。

总而言之，采用计算机辅助鞋类造型设计，可以更好地满足企业对鞋类产品设计开发的三大要求，即缩短开发周期、提高开发质量和降低开发费用。

二、鞋类计算机辅助造型设计基础知识

与其他造型设计相似，鞋类计算机辅助造型设计也是建立在造型的基本要素之上的，只是借助计算机技术表现出来而已。

（一）造型的基本要素

世界上的一切物体，无论是动物、植物或人工造物等，都有其内外部轮廓，其轮廓都是由点、线、面及色彩等交织而成。鞋是一个空间的立体形态组合体，由点、线、面等各种不同的造型要素组成，要设计鞋，就必须研究它的特征（也就是基本要素），这是设计的基础要素之一。在设计美学中，所有产品（包括鞋类产品）都是按照一定的规律，将相关基本要素组合起来，并运用到（鞋类）产品的结构造型中的。

点是一切形态的基础，从几何学的定义里，点是只有位置而没有大小和形状，是产生线的界限、端点和交叉。必须有形象存在才是可见的。因此，点具有一定的空间位置。

线是只具有位置、长度而不具有宽度和厚度的。线是点移动的轨迹，是面与面的交界。线可分直线和曲线（几何曲线和自由曲线）。

面是线移动的轨迹，并且是一切面的边缘和面与面的交界。平面上的形，大体

上可以分为四类：直线形、几何曲线形、自由曲线形和偶然形。直线平行移动呈矩形；直线绕其中点回转运动呈圆形；倾斜的直线水行移动为平行四边形等。形的不同所产生的心理效果也不相同：正方形的面有稳定感；三角形的面有刺激感；倒三角形的面，具有活泼、不安定的感觉。在鞋类的设计中，鞋面上的轮廓线、结构线、分割线对鞋的不同切割所形成的形状也是面，把这些不同的面用各种不同的方法组合在一起，就能产生多种多样的风格。如运用不同的分割方法，形成大小不同的面，则能产生新颖、时尚等特殊的效果。

（二）美学的形式法则

以点、线、面为基本形态元素，运用比较简练的基本型，采用各种构架和排列的方法，加以构成变化，便可组成无数新的图形。美的表现形式，归纳起来大体可以分为两大类：有秩序的美和打破常规的美。有秩序的美是美的一般构成方法，有对称、平衡、重复、群化以及带有较强韵律感的渐变、发射等；打破常规的美有对比、特异、夸张、变形等。黄金比例（1：1.618，也称黄金分割）是各种设计中应用较多的一种比例，在鞋类产品的造型设计中也是不可缺少的一个重要组成部分。

造型设计属于艺术创意范畴，作品构思主要来源于造型师的灵感、艺术的想象力和创意思维，而造型效果，无论手工绘制还是计算机辅助，仅是不同的表现手段而已。因此，手绘与计算机辅助之间的争论是毫无意义的，而且两者并不矛盾（手绘是一般二维计算机辅助设计的基础；计算机能更好地表现细微结构和质感），应该是相辅相成、相得益彰的。

三、鞋类计算机辅助造型设计软件

由于鞋类行业是传统劳动密集型产业，许多其他行业的成功经验和通用技术、通用工具均可借鉴和使用，因此，我们在研究鞋类计算机辅助造型设计时，绝不能眼睛仅仅盯在鞋类行业专用软件本身上。事实上，受鞋类专用软件价格昂贵等因素的影响，目前活跃在鞋类计算机辅助造型设计领域中更多的则是其他行业熟识的通用软件。鞋类造型设计的软件分为两大类，即通用软件和鞋类专用软件。

（一）鞋类设计通用软件

通用软件——为大多数产品设计所通用，通常不专用于某一产品设计。特点是：软件本身同时面向众多行业开发，针对共性的思想明显，软件开发商多为世界著名大公司，开发队伍强大，界面完整并比较复杂，功能强大，通用设计工具全面，软件升级规范及时，开放性和兼容性均较好。通用软件用于鞋类设计的主要困难是：针对性不强，鞋类专有设计工具不存在，很多鞋类特有功能和动作无法实现，只能“借用”某些通用功能，由于“非专用”致使某些操作过于烦琐，局限性较大。

通常可以运用到鞋类造型设计的通用软件主要包括 PhotoShop、CorelDRAW 、FreeHand、Illustrator、AutoCAD、3D MAX、Rhino 等二维、三维的设计软件。而目前实际在鞋类造型设计领域应用较多的一般以 PhotoShop、CorelDRAW 等二维设计软件为主，主要用于在平面上制作仿真立体效果图，通常是：手绘轮廓→输入计算机→线条修整→整体渲染，见图2-1-1。

目前市场上通用型二维设计软件平台功能已经非常成熟，利用这种平台，可以制作出很好的三维效果，而且修正也很方便，软件的操作复杂度也比较低，各类技术人员都较容易上手，软件价格也很低，因此通常被鞋类企业广泛接受。

利用通用软件进行鞋类造型设计时，因其软件自身特点各有所长，所以，应根据设计的不同需求适当选用。PhotoShop 软件最强大的功能是平面图像编辑、效果渲染等，PhotoShop 多图层应用、色彩交叉能力强，偏重感觉，一般用于制作概念类，追求意念感觉的鞋类效果图；CorelDRAW 理性较强，矢量化模式运行，线条

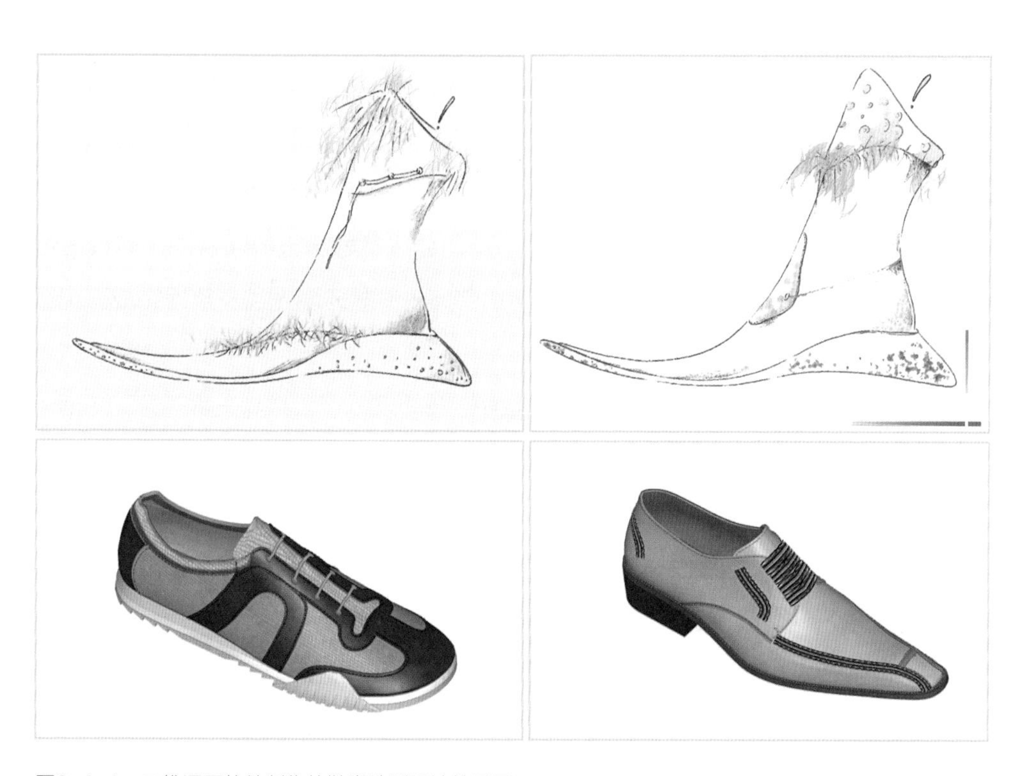

图2-1-1　二维通用软件制作的鞋类造型设计效果图

客观，一般用于线条复杂、偏重工程、对于工艺具有较强指导意义的鞋类效果图，也可用于制作鞋类工艺图。

（二）鞋类设计专用软件

鞋类专用软件——为鞋类产品设计或扩缩等鞋类设计相关工作所专用，通常不便用于其他产品设计。特点是：软件本身面向鞋类行业开发，针对性强，界面简单明了，鞋类专有设计工具较全面；缺点是：开发团队相对较弱，软件整体的完整性成熟性较差，软件升级不规范且较慢，相对价格较高，同其他软硬件的兼容性较差（主要源自开发商的垄断意识，一般非技术能力不及）。

在鞋类设计领域的专用软件中，比较常见的有Shoemaster、Crspin、Shoepower、Delcam（准专用）、MicroDynamics， Dimension 等三维软件，以及经纬、华士特、奥斯曼、福特威等二维软件。在鞋类专用软件中，一般用于鞋类产品造型设计的软件通常以三维软件为主，而这些三维软件一般都向下兼有二维功能，而且具备部分鞋类结构设计功能，大多可以二维、三维互动设计。这类软件的造型设计功能基本已经比较完善，鞋样扩缩模块基本成熟，而结构设计部分功能需要人工经验调整干预较多，有待进一步完善，见图2-1-2。

Shoepower 2003 鞋类专业设计系统主要有6个设计模块，分别是鞋楦设计模块、鞋楦展平模块、帮样设计模块、样板设计模块、底跟设计模块和三维效果模块。涉及鞋类造型设计的主要是帮样设计模块、底跟设计模块和三维效果模块。其造型设计的大致过程可以概括为：楦型输（导）入→线条设计（在二维、三维视图上操作都可以，且二维、三维互动）→闭合线条导出（将闭合图形转换三维鞋面）→生成底跟→赋予材质和颜色→添加装饰→设置环境光线→整理完成，见图2-1-3。

在Shoepower 2003 的帮样设计模块中，基本实现了二维与三维的互动功能。可以将二维界面（帮样设计模块中的半面板上）设计的各类结构线同步地反映在三维界面（帮样设计模块中的三维鞋楦上）；相应的，如果三维鞋楦上设计修改各类结构线条，也可同步地反映在二维半面板上。这种以鞋类设计专有的设计思维方式进行简单的设计操作，就可以实现二维与三维的互动交互修改，并能直观地反映出非常接近于产品的三维效果图，这一点对于鞋类造型设计及样品审定至关重要，可以节省大量设计定型时间（包括外贸封样周期）、大量的试用材料和企业综合开发费用。

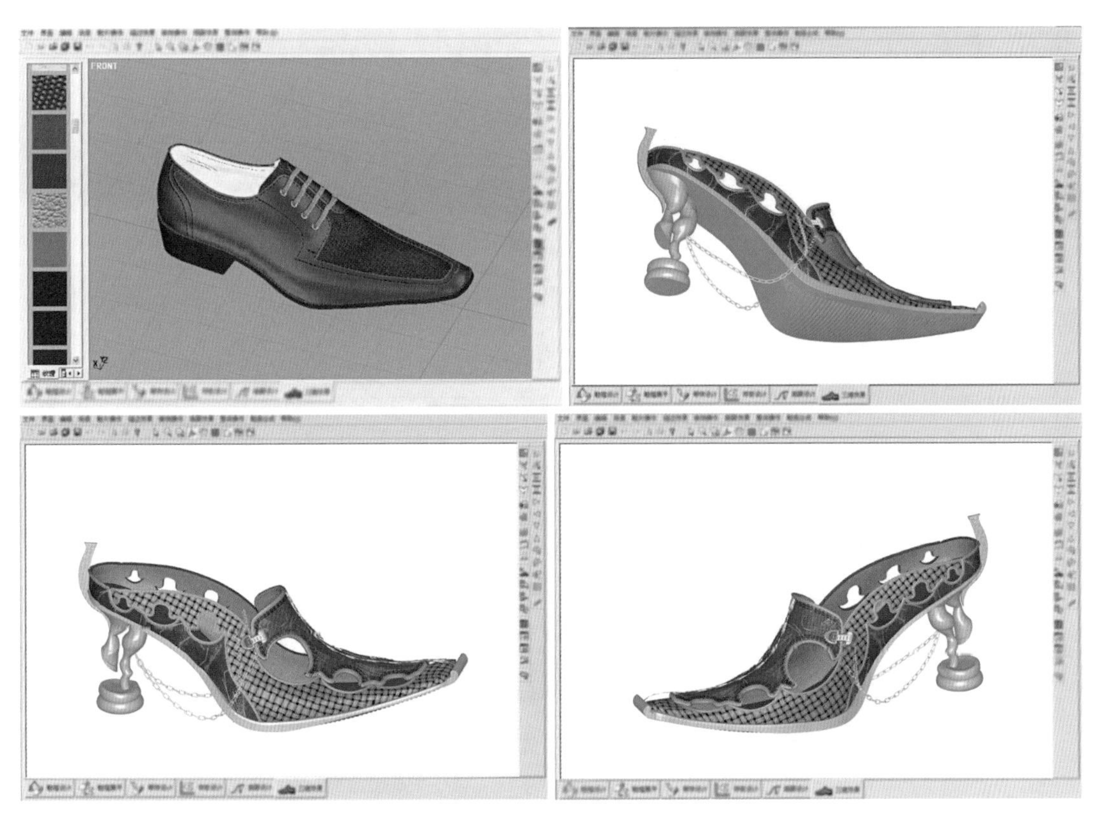

图2-1-2　三维专用软件制作的鞋类造型设计效果图

四、造型设计软件的多元化协作

在大多数产品的计算机辅助造型设计中，各种设计软件的多元化协作是比较普遍且是十分重要的，鞋类产品的造型设计更是如此。在众多可以进行造型设计的软件中，很难会有某个软件能够独立做出十全十美的鞋子造型，又由于每个设计软件都有其自身的长处，因此，采用多种软件的协同设计和综合运用，往往可以使鞋类作品表现得更加完美。

由于通用软件具有较强的开放性，因此造型设计软件的多元化协作在通用软件之间比较容易实现，各软件之间的文件是可以交换的，就使得各自的缺点相互弥补、优点相互集中。相反，由于鞋类专用软件的开放性、兼容性较差，因此，在各种鞋类专用软件之间以及专用软件与通用软件之间，实现多元化协作设计目前还比较困难，只有部分专用软件可以有条件地与部分通用软件单向兼容（即部分通用软

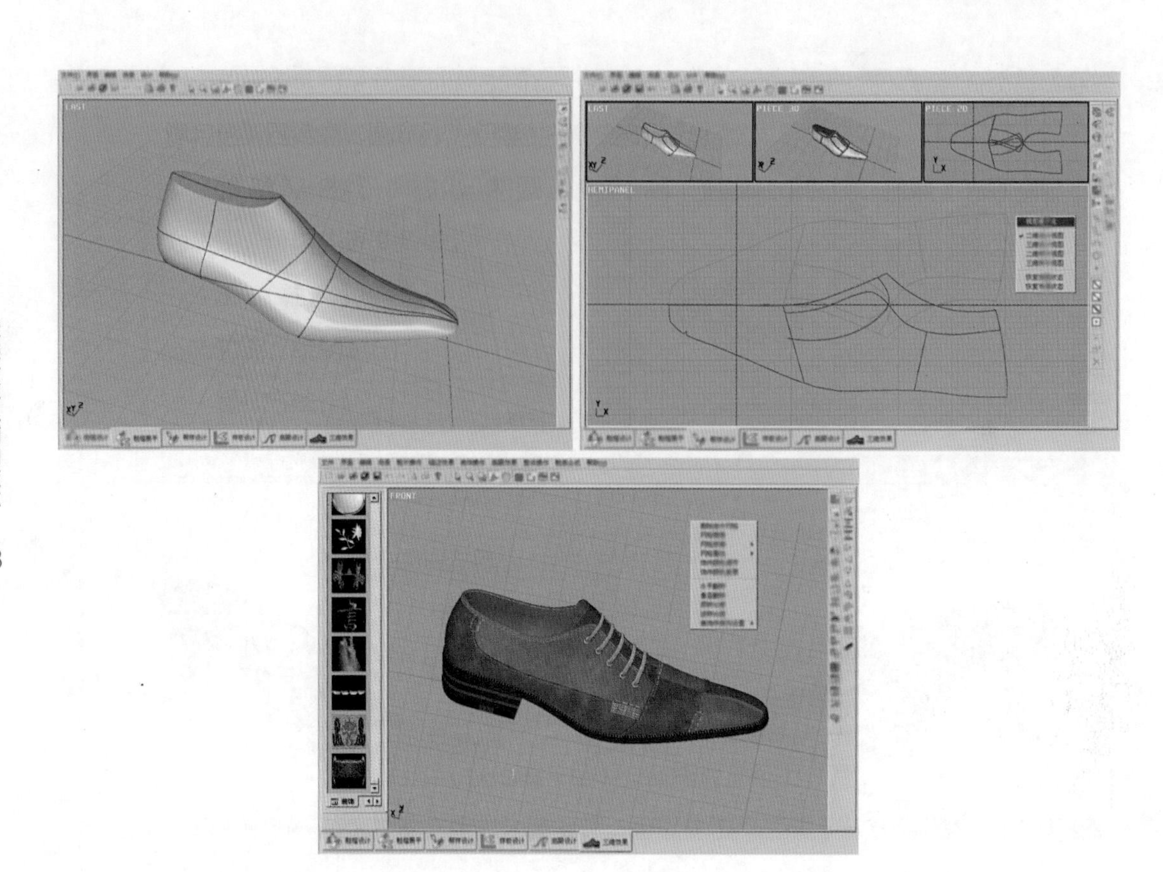

图2-1-3　三维专用软件的造型设计简要过程

件的文件可以导入到专用软件中使用）。当然，随着时代的进步和社会的发展，以及专用软件用户的增多，这种情况有望得到部分改善。

虽然目前鞋类造型设计软件的应用并不十分成熟，而且手绘造型效果在一定程度上始终是所有设计的基础，但是，现阶段借助各种软件所进行的设计，无论是结构还是质感等方面，都已经有相当部分超越了传统的造型设计手段。我们相信，鞋类计算机辅助造型设计会以一种与时代进步相吻合的态势，融入到鞋类造型设计领域，并在不断的探索中逐渐走向成熟。

第二节 鞋类计算机辅助结构设计概述

计算机辅助结构设计（CAAD：computer aided architecture design），是利用计算机相关技术，对产品进行结构方面设计的辅助技术。在实际的鞋类计算机辅助设计过程中，通常造型设计和结构设计是相互依存的，所谓鞋类计算机辅助造型设计和辅助结构设计，只是为研究方便起见根据功能进行的权宜划分。当然，两者也不是完全重合的，比如，一般造型设计可以使用通用软件系统和鞋类专用软件系统，而结构设计一般只能使用鞋类专用软件系统等。

鞋类计算机辅助结构设计同鞋类计算机辅助造型设计一样，都是鞋类计算机辅助技术的重要组成部分。目前，鞋类计算机辅助结构设计正在逐渐成为现代鞋类设计的重要辅助设计手段，尽管当前鞋类计算机辅助技术还需要进一步成熟。在当今鞋类结构设计的部分领域——样板扩缩，计算机扩缩（扩缩）系统已经基本代替手工操作。随着现代计算机技术的不断发展和人们观念意识的不断进步，越来越多的鞋类设计师会逐渐喜欢利用计算机辅助技术进行鞋类产品的造型、结构设计，使其产品设计过程更加直观、快捷，减少初期更多的样品试制，并且减少产品选型、定型周期，最终使得鞋类产品设计更加高效、省料、精确和美观。

一、鞋类计算机辅助结构设计的优势

利用鞋类计算机辅助结构设计可以提高工作效率，简化开板人员的工作量。避免或者减少原来手工操作的繁杂和混乱，可以减少样板的制作时间，使样板更加规范、精确，并保证样板之间的精确适配、鞋样板扩缩的快速准确，保证车间生产质量和投产进度。

二、鞋类计算机辅助结构设计的作用及模块组成

鞋类计算机辅助结构设计是利用CAD/CAM技术进行鞋类样板的设计和制作。

鞋类计算机辅助结构设计通常包括计算机辅助鞋类部件功能/结构线条的设计、样板的整体设计与制作和样板的扩缩等，部分二维鞋类专用软件和多数三维鞋类专

用软件均具有不同程度的此项功能。

随着鞋款少量多样需要的进一步明显化，国际客户对定单标准的提高和交货期的缩短，高水平板师的频繁流动使鞋厂感到人才难得，所有这一切都在促使企业必须用更先进的生产技术来提升开发效率和生产质量。技术人员对于通过计算机对样板进行扩缩是个并不陌生的概念，并早已认识到计算机扩缩的效率和效益，但对于用计算机完全代替手工进行辅助开板仍然有一定的困惑和疑虑。

三、计算机辅助结构设计的相关问题

1. 二维结构设计系统的基本程序

手工贴楦→手工展平半面板→通过二维扫描仪或二维数字化仪将手工半面板输入计算机→形成计算机中矢量化半面板→利用鼠标在计算机半面板上勾画帮样线条→拆分样片→对部分样片进行取跷处理→形成原始样板→对原始样板进行工艺余量、装饰花孔、工艺沟槽等的处理→形成下料样板、折边样板和里样板→计算机扩缩→形成系列样板，见图2-2-1。

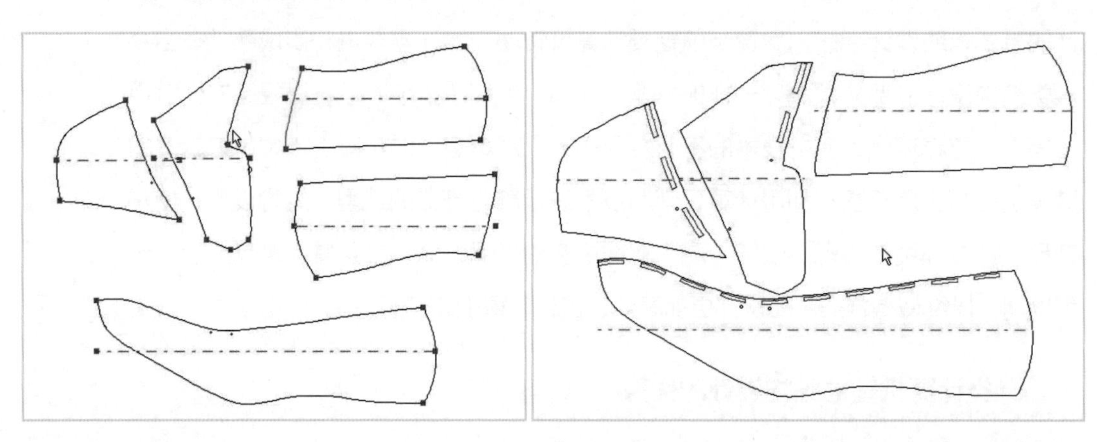

图2-2-1　二维结构设计

2. 三维结构设计系统的基本程序

利用三维扫描仪或三维数字化仪将所用鞋楦输入计算机→形成计算机中数字化鞋楦→计算机展平半面板（或将鞋楦上勾画的结构线同时进行展平）→利用鼠标在计算机二维半面板上（或在计算机中数字化鞋楦的三维楦体上）勾画帮样线条，二维、三维可以同步关联互动→拆分样片→对部分样片进行取跷处理→形成原始样板→对原始样板进行工艺余量、装饰花孔、工艺沟槽的处理→形成下料样板、折边样板和里样板→计算机扩缩→形成系列样板→输出标准的工艺文档，指导车间进行生产，见图2-2-2至图2-2-4。

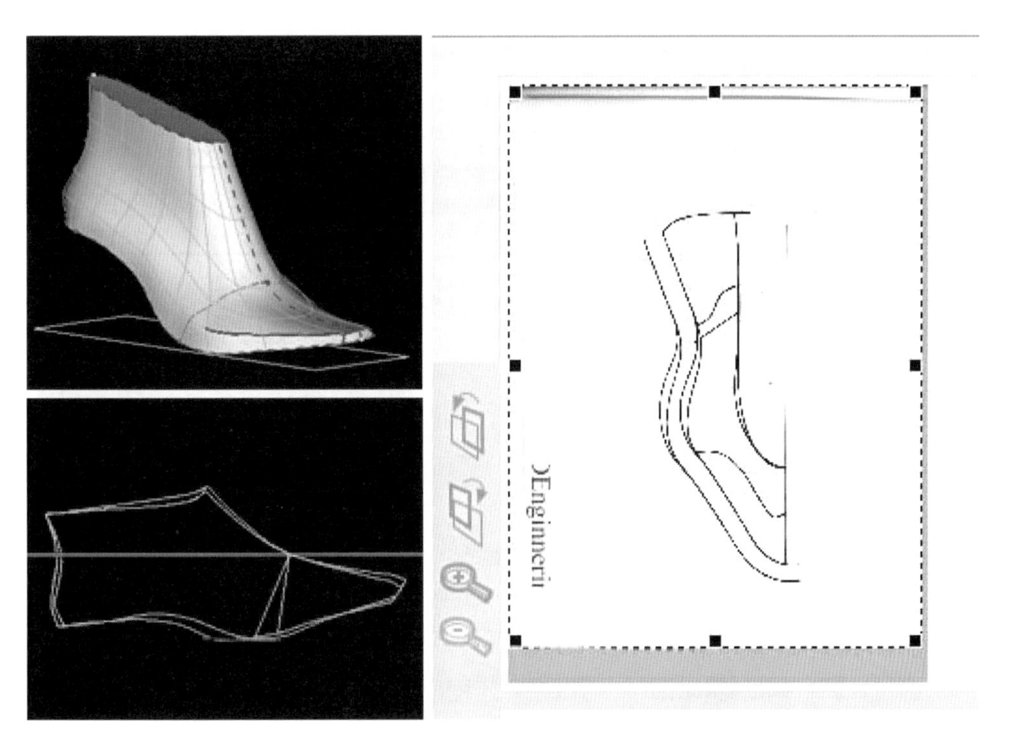

图2-2-2　计算机展平半面板　　　　图2-2-3　扫描输入手工半面

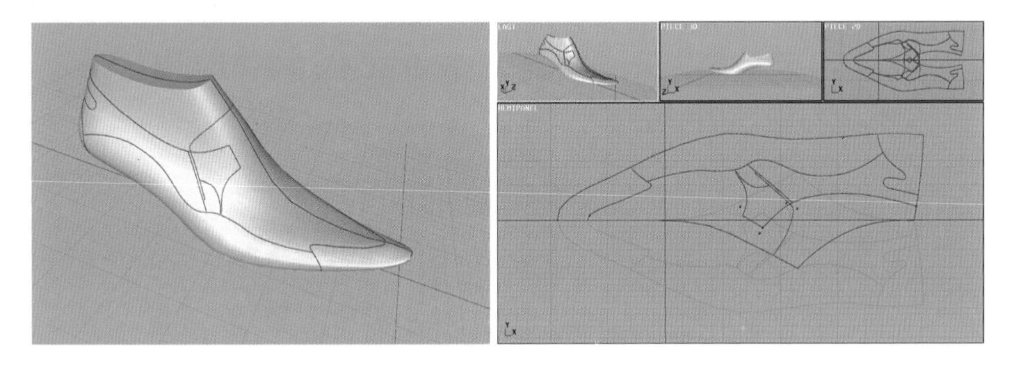

图2-2-4　二维、三维同步关联互动设计

3. 取跷的实现

在手工进行结构设计的过程中，借助的工具有笔、剪刀、尺子、分规、定针笔、花冲等。在制作满帮、围盖、筒靴等鞋款时，为了满足鞋帮面伏楦的需要，往往需要对样板进行取跷处理，大部分情况下，通过定针笔分别固定样板上的某个点，对样板进行多次旋转，最后用笔勾勒出所需要的样板轮廓线，同时保证特定的长度、宽度和记号，用剪刀将其剪制下来满足取跷需要的样板。在计算机辅助结构设计系统中，只要很好地利用定位和旋转命令，分次旋转样板就可以实现取跷的需要，见图2-2-5。同时在计算机辅助设计系统中，可以方便地对不同的曲线条或者线条某一部分进行量测。

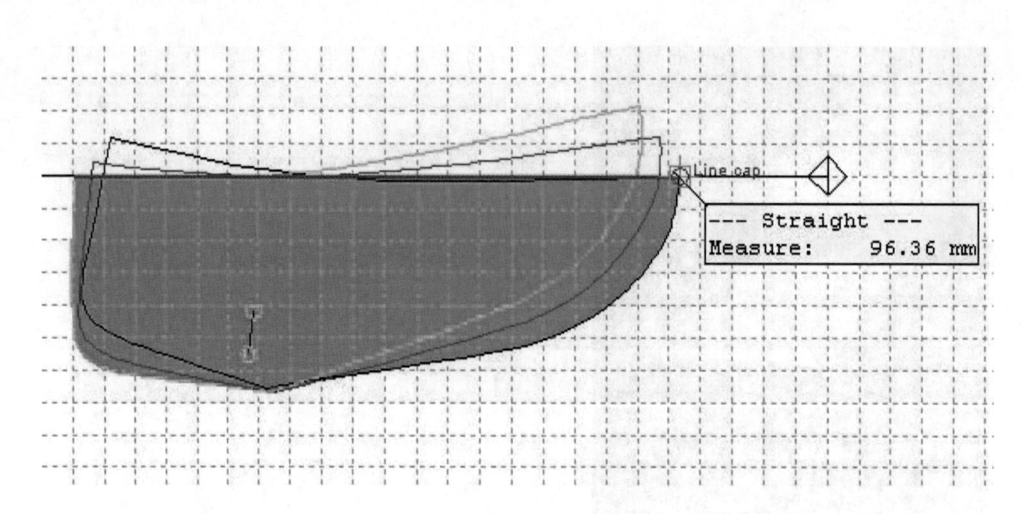

图2-2-5 取跷的实现

注：Straight（直线），Measure（尺寸），Line cap（起点）

4. 线条的修改

通过计算机辅助结构设计，可以在一定程度上实现二维样板之间、二维半面板线条和三维楦体线条之间的关联互动（图2-2-4、图2-2-6）。当需要对当前某个鞋款部件线条轮廓进行调整时，只需要改动这个线条，所有关联的鞋片轮廓都会即时地进行修改，大大提高了设计调整和修正样板时的工作效率和产品质量。

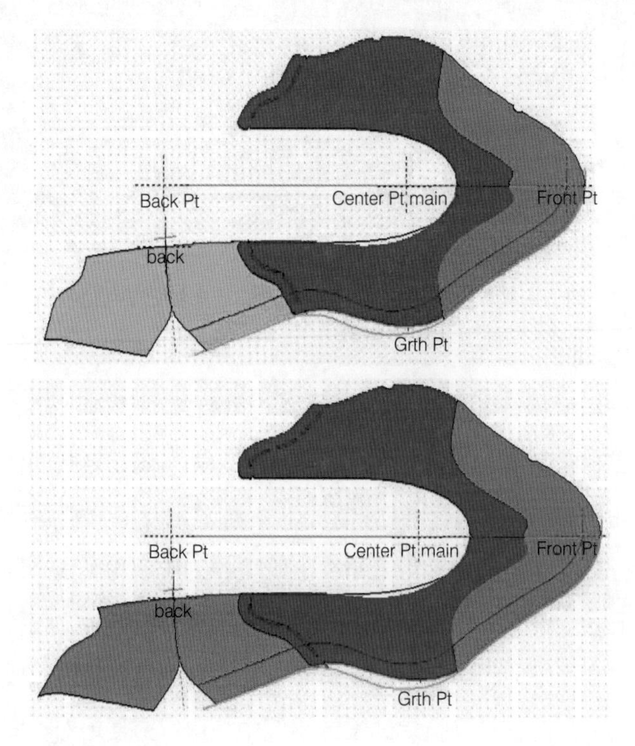

图2-2-6 二维同步关联互动设计

注：Back（后帮），Back Pt（背角），Center Pt main（主要中心点），Front Pt（前角），Girth Pt（腰窝角）

5. 样板上记号沟、装饰花孔的设置

通过计算机辅助结构设计，当需要对样板的某个部位设置记号沟或者排列一些装饰花孔时，利用计算机简单的命令就可以方便地实现，同时保证记号沟、装饰花孔和相关线条的关联性，当线条轮廓发生改变后，这些附属的装饰件也会即时地进行改动（图2-2-7）。

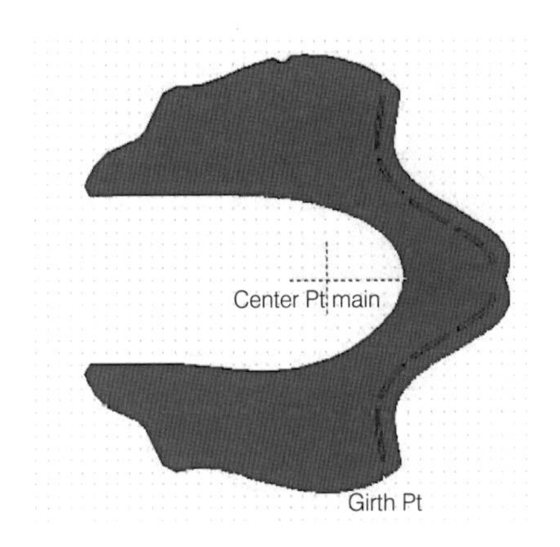

图2-2-7 记号沟、装饰花孔的设置

注：Center Pt main（主要中心点），Girth Pt（腰窝角）

6. 样片工艺余量的设置

通过计算机辅助结构设计，可以根据鞋片之间搭接工艺的不同需求，对鞋片的边界灵活地设定工艺余量。还可以方便对鞋片的底口线进行不等距离的偏置，实现绷帮余量的设定（图2-2-8）。

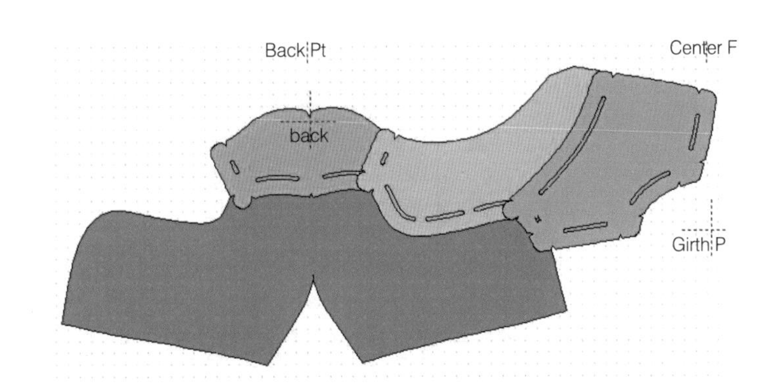

图2-2-8 工艺余量的设置

注：Back Pt（背角），Center F（中心部位），back（后帮），Girth P（腰窝部位）

7. 扩缩准确，简单高效

在计算机中完成制板后，如果此鞋款式投产，就可以直接在计算机中调用此鞋款样板进行扩缩。高端的计算机辅助结构设计系统基于线条模式进行扩缩，能够满足国内外不同客户精确扩缩和特殊扩缩的要求，并且可以让用户在系统里对扩缩的线条按照任一点进行对齐测量，验证扩缩效果是否满足需要（图2-2-9）。

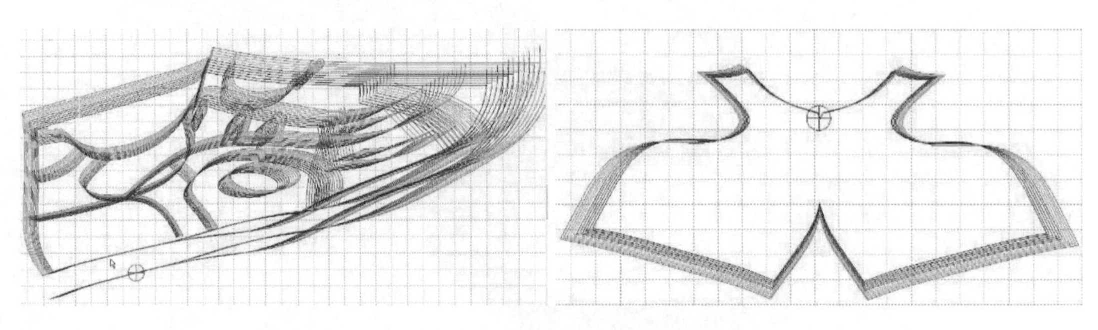

图2-2-9 样板扩缩

8. 生成工艺技术文档，指导车间生产

在计算机中完成制板后，高端的计算机辅助结构设计系统能够直接输出标准的工艺文档，指导车间进行生产（图2-2-10）。

Technical File

Last	1340
Sole	3337
Heel	4587
Insole Assembly	3347
Insock	467-221
Upper Material1	978
Upper Material2	362
Upper Material3	557
Lining Material	221
Piping	189(400mm)
Accessory	536-Silver
Stiffener	489
Toe Puff	438

Reference-cs/200311

图2-2-10 生成工艺文档

注：Technical File（技术文件），Last（鞋楦），Sole（鞋底），Heel（鞋跟），Insole Assembly（内底组件），Insock（垫底），Upper Material（鞋帮材料），Lining Material（衬料），Piping（花饰），Accessory（附件），Silver（银色），Stiffener（支撑材料），Toe Puff（包头），Reference（参考）

第三节 鞋类计算机辅助物流管理概述

一、鞋类企业物流发展现状

（一）鞋类企业物流发展

在传统的企业管理中，从产品设计、采购、生产、出厂，再经过一个个配送、批发环节，到把产品交到顾客手中，整个生产和流通周期拉得很长。这不仅意味着无法迅速满足不断出现的新的市场需求，而且意味着在整个生产和流通周期资金的大量占用。实际上，在从原材料开始直至产品交到顾客手中的整个周期中，产品加工生产所需的时间只占很小的一部分，而其余的时间都处于运输、存储、等待的状态。物流企业可以在包括库存、循环时间、购买、运输和仓储等领域大幅度节约成本，但他们的工作重点一般是在采购或购买部门，因为采购商品在整个成本中所占的比重达到40%~50%或更多，所以这理所当然地成为早期关注的焦点。

中国的制鞋企业对物流部门还较陌生，仅有少量企业进行了部门设置。同时，物流部门本身的发展还未完善，职能分工比较分散，采购、库存、配送、运营等各个环节没有很好地整合在一起，特别是对一些新技术的运用率较低。

随着早期鞋类行业发展模式的进一步发展、企业的逐步壮大，一些鞋类相关行业开始尝试物流研究和实际的应用，并取得了一些业绩。以红蜻蜓、奥康为代表的浙江温州鞋类企业从企业建立之初就十分重视拥有自己的分销网点，一开始就采用了代理商+直营店的模式，这种分销布局既照顾了速度，又使自己在其中居于主动的地位。当然，温州鞋类企业的成功还与温州本地低成本的生产资源有关。鞋业是个劳动密集型行业，但是随着经济的发展和行业竞争的加剧，让鞋类这样的传统行业开始重视先进技术和管理给企业发展带来的优势，著名的管理大师德鲁克早就指出，配送、流通是工业的黑色地带，是可以大量节省成本的地方。企业的物流做得好，能直接降低成本，让代理商和消费者得到更多的实惠。物流的竞争已经逐渐成为企业的三大核心竞争之一，而在中国，物流恰恰是众多传统性企业利润流失的一个主要环节。

世界500强之一的沃尔玛设立的福建鞋类物流中心在泉港区2005年6月开工建设，该项目占地面积200多亩，投资总额高达1亿元人民币，项目首期将投资2000

万元建设15000m²的标准物流厂房，年处理鞋1000万双；二期建设完成后，其年处理能力将达到3000万双。

奥康企业物流运作三个“零”，经营实现了物流管理零库存、企业经营零运营资本、物流配送零距离，已经给鞋类企业的物流管理摸索了经验。红蜻蜓西部物流中心的选址已经确定在龙泉，占地约40亩，预计前期投资8000万元，可容纳5亿元的吞吐量。这些正预示着物流已经被企业重视，也是企业发展到一定阶段后提升竞争力的必由之路。

（二）存在的问题

根据市场调研，中国品牌鞋类企业的销售网络尚处于发展期，距成熟期还有很大一段距离，一些企业即使有2000多家零售网点，但真正健康有效益的网点一般不过四五百家，剩余的一半处于保本状态，另一半则处于亏损的态势。由于企业产品开发和营销模式的问题，摆在制鞋企业终端零售商面前最主要的难题就是处理库存。有的是企业由于物流原因造成的库存，有的是由于开发观念落伍造成的库存，有的是行业生产过剩造成的库存。据了解，一般的店铺，10双鞋中卖掉8双，积压的２双如能处理掉就是利润，如不能及时处理，则没有利润。因此，能否及时清除库存已成为鞋业零售商生存的关键，可以说，50%～70%的零售商的利润就是他们每年的库存，能否处理好库存已经成为鞋业零售商生存的关键。造成以上问题的原因有多种，比如一般的企业对自己的物流成本不是很清晰，通常会认为仓储费用和运输费用就是物流的成本，而忽略计算人力资源成本、通讯成本、库存风险成本、库存服务成本、库存跌价损失、库存的资金占用成本、缺货损失等，而以上这些费用支出，尤其是存货持有成本对于企业的财务绩效起着举足轻重的作用。还有一些是由于物流信息系统供应商不了解客户的应用需求。物流业是一个对信息技术依赖性相对较强的行业，而鞋类这样的传统行业企业信息化程度不高，企业从业人员的学历知识较低，在与物流信息系统供应商的交流合作中往往达不到预期的效果。因此，在目前，硬件、资金都不是做物流最首要的条件，加强软环境的建设才是当务之急。

二、计算机辅助物流管理

（一）计算机辅助鞋类企业物流的概念

根据鞋类企业自身的特点和其物流管理现状，利用现代计算机和网络技术，使之从“施工设计用料统计到采购计划，从时限流动计划到进库分配，从出库限额发放到物料到位”等各个环节的物流管理工作走上计算机化、信息化、智能化的现代科学技术平台，针对不同的物流部门与物流工作可以有不同的管理系统，系统的目标是提高生产管理、仓储等某项物流要素的效率，并最终通过网络技术整合这些资源。

（二）计算机辅助物流所要解决的问题

物流经理的工作就是选择最佳物业链进行原材料采购以及协助组织产品生产、产品配送、仓储管理、参与价格和营销策略的制定方案等工作。这些工作完成的质量直接决定企业的利润提升，而计算机辅助物流所要解决的问题就是利用计算机和网络技术实现物流活动的机械化、自动化和合理化，以实现物流系统的时间和空间效益。

物流行业在中国发展到第三阶段才注意到系统化、网络化、全方位、全过程的服务才是现代物流的核心。现代物流系统功能的整合正在从业务整合转向信息整合，用网络的优势来整合现有物流服务资源，提升物流企业的服务水平已成为物流企业发展的必然趋势。“在线服务”和“信息共享”随着网络的发展已经成为时尚和服务竞争力的集中体现。

1. 整合

要实现计算机网络化的现代物流体系，整合就显得尤为重要。整合包括企业自身的整合和国家物流行业的整合。整合是现代物流发展的首要问题，完善综合服务功能和发掘第三利润源泉都需要物流系统的整合，整合需要树立正确的整合观，在现代物流系统的研究和实际运作中，无论是行业的领导者还是企业管理者都应始终具有这样的整合观。

2. 供应链管理

如果把供应链看做一个完整的运作过程对其进行整合管理，就有可能避免或减少各个环节之间的很多延误和浪费，就有可能在更短的时间内用更少的总成本实现增值，这就是供应链管理的基本思路。可见，它所涉及的不仅是企业内部的管理问题，还包括企业之间的协作和责任分担问题。对于供应链上不同的领域，利用计算机和网络技术实现信息传送、共享就能有效地解决企业之间的协作问题。

3. 企业物流模式的创新

在模式的选择上，企业物流现阶段不能盲目追求第三方物流的运作模式，应该根据自身的特点为生产制造企业提供阶段性、有特色的物流服务。企业是由内部物流机构自我服务还是委托专业物流公司管理，决定因素在于专业物流企业的服务质量和服务水平，在于专业物流是否站在客户的角度设计出更科学的物流系统，提供更高质量、更低成本的现代物流服务。同时新的特色的物流模式必须是不易被其他企业和竞争对手抄袭和复制的。

例如：戴尔计算机的定制销售模式，定制就是按特定客户的需求来生产，即先需求，然后再供应，再生产。所谓大规模定制是把个性化的需求和大规模生产统一起来。这个产品你一个人要，比如说50双50码的鞋一个消费者要成本很高，如果面向全世界，可能要50码鞋的消费者有1万人，这对于客户来讲是个性化，但是对于企业生产来讲是规模化，所以这是大规模定制。

当一个企业的市场达到一定规模时，商品的管理就变得越来越重要。如何发现改善物流的机会、设计优化方案，如何充分借用中国正在兴起的物流企业能力，提升企业核心竞争力，改善物流服务，提高优化物流的成功率，企业需要制定一套系统性的适合自身企业的分析现状、发现机会的诊断方法，一般的诊断工作包括运输管理能力评估、业务网络分析和建议、评估外包的优势等。

物流发展已经成为制约企业发展的瓶颈，在中国全面享受世界贸易组织成员国的待遇、国内企业在世界经济一体化的竞争环境下，如何壮大实力、求取发展已经成为众多企业急切关心的问题。在物流人才缺乏、管理手段落后、基础设施和相关政策、标准不完善的传统性企业中，充分利用计算机和现代网络技术实现计算机辅助企业物流管理，利用信息技术人才供应旺盛、网络技术发展迅猛的优势条件实现鞋类传统行业的物流现代化已是当务之急。

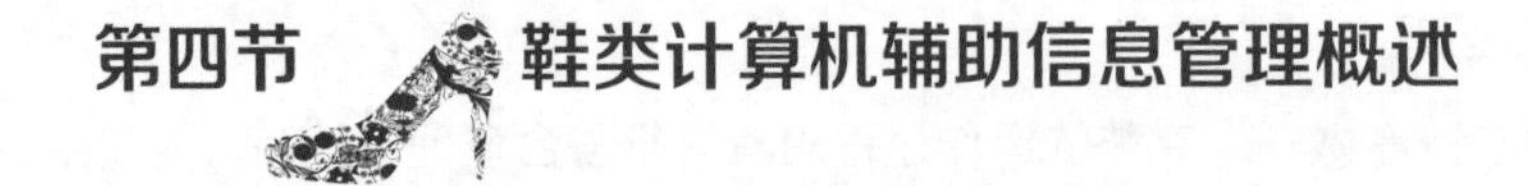

第四节 鞋类计算机辅助信息管理概述

据中国皮革协会副理事长、温州市鞋革行业协会执行会长谢榕芳介绍，根据税务部门的信息，截至2010年底，温州制鞋企业有2616家。而据浙江大学朱允卫调查的结果说明，中国的鞋类企业目前还是处于一个发展的初级阶段，且以中小企业为主的现状仍然会维持一段较长的时间。虽然中小企业在经济发展过程中是一支非常重要的力量，但是在激烈的市场竞争中，大多数中小企业在规模、管理、业务发展上和大型企业相比，都存在着较大的差距。中小企业要想在激烈的市场竞争中生存下来，必须比大企业更加灵活、高效、创新。信息化是中小企业提高自身竞争力的良好手段，是中小企业提高劳动生产率的未来之路，随着近2年来对企业信息化和电子商务知识的普及，众多中小企业已经充分认识到利用网络开展信息化对节约企业成本和达到有效管理的重要性。

与国外一些国家相比，中国企业应用信息化技术的水平要落后很多，很多先进的信息技术和实施经验值得我们借鉴和学习。在国内除了一些外贸企业由于与国外交流较多，在电子商务以及企业信息化的发展上达到了一定的应用程度之外，在我国现有的2000万个中小企业中，能够采用简单的企业信息化管理的还不到5%，信息化建设已成为中小企业提高自身竞争力的必由之路。

一、鞋类企业信息化管理现状

（一）鞋类企业信息化现状

鞋类企业的计算机信息化普及率是比较低的，传统家庭式的管理模式、作坊式的加工环境以及经验式的工艺技术使得鞋类企业在面临国外强大的市场和技术壁垒面前不知所措，而国内仅存的市场份额也让中小企业在夹缝中生存，纵观鞋类行业信息化道路，可以看出 ERP 管理理念占据了主导地位。

ERP 即企业资源计划系统，是指建立在信息技术基础上，以系统化的管理思想，为企业决策层及员工提供决策运行手段的管理平台。ERP系统集中信息技术与先进的管理思想于一身，成为现代企业的运行模式，反映时代对企业合理调配资源、最大化地创造社会财富的要求，成为企业在信息时代生存、发展的基石。

1997年，恰逢凭借“温州模式”发展起来的一批企业在规模壮大后，产品和产业结构急需随市场变化和自身经济力量的增强而升级、提高，到了规范管理的拐点。奥康集团、红蜻蜓集团等一批温州企业信息化改造的先行者，也正是在20世纪90年代末，相继与SAP、用友或金蝶等大软件商签约合作。然而，根据温州市信息化管理办公室统计，2006年1月至今，各大知名管理软件厂商在温州业绩惨不忍睹，在温州，已经实施了信息化项目的公司几乎都有过失败的经历。

而远在我国西南的成都女鞋之都的企业信息化水平相对来讲就更为落后一点。女鞋与男鞋最大的不同就是配件多，不仅款式多，工序也多，而且现在女鞋基本都是采取订货的形式按需加工，每个季节都要拿着样品去订货会征求销售商的意见，随后联系下游各类供应商进行排产。针对这种特性，派中派鞋业重点应用了生产管理和分销系统两个信息系统。前者应用于在成都的三个分厂四条生产线，后者则主要应用于广州销售中心。尽管派中派鞋业对于信息化有这样的意识，但其信息系统还是主要着眼于内部管控，包括ERP、供应链管理和OA、财务，而与上下游产业链则缺乏联系。

市场研究公司 Surgency 对美国一些实施大型 ERP 项目的公司调查表明：45%的公司期望通过项目降低人力成本，而只有34%的公司实际看到了这种结果；25%的公司期望减少IT成本，但只有12%达到目标。

（二）原因的简要分析

之所以出现企业信息化推广过程中出现的种种问题，其原因是多方面的，就当前全球制鞋企业来说，几乎都面临着这样的问题：产品的生命周期和生产周期不断缩短；多品种小批量生产比例加大；客户对产品的要求更高；全球竞争越来越激烈；一般水平的产品及制造能力严重过剩等。

企业运用现代信息技术，通过对信息资源的组织、整合和开发利用，可以大大提升企业的管理、运营效率和经济效益，进而提高市场竞争力，这是已经开展信息化建设企业的经验总结和形成的共识。

但是每个企业都有自身特定的环境和企业文化，因此每个项目的实施需要因地制宜，对系统软件做一定的二次开发。对系统二次开发的前提条件是项目实施人员精通于这个行业，提出高人一筹的作业方法和管理理论。

而目前我国鞋类企业之所以出现信息化技术手段得不到有效的应用推广，究其原因有：一把手不到位；管理理念落后；信息化基础数据不准确；信息化实施人员缺乏培训；缺乏专业和信息化技术都精通的综合性人才。

二、计算机辅助企业信息化管理

（一）计算机辅助企业信息化管理是什么

企业管理一般主要是管人、管物、管财、管信息。目前，全球经济正趋于一体化，并正在迈向知识经济和信息社会的新时代，从某种意义上说，一个公司计算机辅助管理的水平是该公司在市场上竞争力强弱的标志。

计算机辅助管理（CIMS），是一种利用计算机软硬件、网络、数据库等高技术将企业的经营、管理、产品设计、生产、销售及服务等环节和人、财、物等生产要素集成起来的计算机网络系统。该系统能根据不断变化的经营环境和市场需求，充分发挥经营管理人员和工程技术人员的智能，及时、合理地配置企业内的各类资源和生产要素，实时优化企业的产品结构，从而优质、高效、灵活地完成企业的各项工作任务，实现企业全局的最优化和企业效益的最大化，迅速提高企业的整体素质和市场竞争能力。CIMS是一个十分复杂的大系统，对它的研究是跨学科和跨专业的，其中包括各种系统理论、应用技术和管理科学。在实施过程中，除了要考虑各种技术因素之外，还要考虑各种管理措施和企业的文化建设等。CIMS的构成是立体和多层面的，包括计算机辅助设计和制造工程系统（CAD/CAM）、计算机辅助工艺设计（CAPP）、成组技术（GT）、柔性制造系统（FMS）、管理信息系统（MIS）、制造资源计划（MRP-II）和 CIMS 网络等。

对于鞋类制造企业来说，通常意义上信息化技术主要用在计算机辅助设计和制造工程系统（CAD/CAM）和企业资源计划（ERP）。ERP是MRPII（制造资源计划）的下一代，它的内涵主要是“打破企业的四壁，把信息集成的范围扩大到企业的上下游，管理整个供需链，实现供需链制造”。ERP是一种管理整个供需链的信息化管理系统，而不是专指某一个软件。以实现内部集成为例，产品研发和数据采集都不是 ERP 软件，合作伙伴之间的信息集成也不能单靠一个 ERP 软件，因此，鞋类行业可以用“鞋类行业信息化管理系统”来称呼。

（二）实施鞋类企业信息化的意义何在

据国家统计局发布的《国际地位稳步提高国际影响持续扩大》的“十一五”经济社会发展成就系列报告显示，中国国内生产总值（GDP）占世界的比重，从2005年的5.0%上升到2010年的9.5%。如果要建设资源节约型、可持续发展经济，普及企业信息化应放在战略的高度。而中小企业占我国企业的99%，没有中小企业的信息化，就谈不上国民经济的信息化。

2005年8月，国家发改委、信息产业部与国务院信息办遵照“政府倡导、企业主体、社会参与”的原则，共同启动并实施了“中小企业信息化推进工程”，其主要思路是：政府搭建平台，组织协调社会各方力量，对中小企业信息化建设提供支持和服务。

至于信息化工程的大力推进会产生何种经济效益，美国生产与库存控制学会（APICS）有个权威的统计结果：使用一个企业管理系统【企业制造资源计划（MRPII）/企业资源计划（ERP）】，平均可以使企业库存下降30%～50%、制造成本减低12%、生产能力提高10%～15%。目前，发达国家企业的 MRPII 应用已非常普遍，普及率已达到70%～80%，而中国还不及20%。从2007年中国中小企业信息化春季交流会上获悉，目前我国中小企业信息化率还不到10%，整体信息化水平尚处于初级阶段。

（三）如何实现计算机辅助企业信息化管理

中小企业的信息化建设必须分阶段、分目标、有层次地推进，在循序渐进中实现信息化。首先必须明确企业信息化的战略和管理需求。企业信息化是为企业的经营发展战略服务的，企业5年、10年将发展到什么规模，企业的生产纲领、组织结构、营销模式会有什么变化，企业目前的管理现状、存在的问题、应对措施等，这些都会对 ERP 软件和供应商的选择产生影响。

ERP 系统的实施是个复杂的系统工程，涉及企业的各个职能部门和各层级管理人员，并很可能需要改变或部分改变企业目前的管理作业流程和长期来养成的作业习惯，因此，其成功实施的难度是可以想象的。鞋业因存在诸如特殊的款型多变、包装烦琐、排程紧迫、配色复杂和鞋型多样等问题，使得鞋业 ERP 系统是一套要求衔接性极强的软件系统。目前市面上各种各样的 ERP 软件，如 CRS-ERP 制鞋企业资源计划系统、金音鞋业 ERP 系统等，真正在企业中能较好实施的都不是靠软件的成功，而是靠实施过程的控制。制鞋企业 ERP 信息化项目的实施应像其他行业一样做好以下几点准备：

（1）思想认识上要足够重视。ERP 的精髓应该是规范管理、规范作业流程，并使企业的所有资源得到更为有效和高效的运用。作为企业的领导者和 ERP 项目的组织实施者，要有坚定的信心完成企业信息化技术的改造。

（2）政策保障机制要健全。企业必须要成立企业 ERP 项目领导小组，全权负责 ERP 系统各项决策事项，同时成立企业 ERP 项目实施小组，与 ERP 供应商具体负责 ERP 系统的实施、各专业人员的培训以及系统的数据录入、维护等具体工作。

（3）基础资料准确、健全，管理要规范。就鞋厂而言，基础资料包括材料资料、鞋型资料、鞋型部位资料、鞋型部位材料资料等，因此，在正式实施 ERP 系统前，应对 ERP 系统所需要的基础资料进行收集、整理、规范和编码。

信息一致性是企业内部乃至企业间信息共享的基础。传统的信息系统中往往没有考虑信息交互和集成问题，各自使用自己的信息描述标准，虽然在各个系统内部达到了信息一致的目的，但是在系统间进行信息交互与共享时就成为了信息集成的阻碍。因此鞋类行业上下游产业链上的企业信息化标准要统一，这样便于信息可靠性和使用效率的提高，企业或者行业可以通过 Web 集成系统实现企业间的信息化管理。

除了 ERP 信息系统的实施，电子商务在鞋类企业中的普及率还是较高的，目前，我国制鞋企业大部分采用网上中介型企业间电子商务，企业利用第三方提供的电子商务服务平台，进行网上宣传，如中国皮革和制鞋工业信息网、鞋业资讯网、中国鞋网、全球纺织网等。但制鞋企业电子商务还处于初级阶段，即信息交换阶段，企业仅在互联网上建立网站，作为企业形象和产品的宣传窗口。大部分制鞋企业的网络营销仅停留在网络广告和促销上，少数拥有独立的域名网址，开展其他网络营销活动的企业则寥寥无几。真正的电子商务的后台应用系统应是以 ERP 为基础的企业管理信息系统，用于处理电子商务活动中的大量信息。因此，电子商务需要 ERP 来支持，ERP 是电子商务发展的基石，ERP 是制鞋企业实施电子商务的支撑系统。

三、鞋类企业信息化发展中存在的困难

依照我国目前中小企业信息化现状和鞋类行业发展的步伐，要全面实现信息化管理在鞋类行业的推广，还有很长的一段路要走。

（一）信息化基础设施建设缓慢、滞后

近年来虽然国家和政府出台很多政策推进中小企业信息化建设，计算机信息网络发展很快，但无论是网络技术、网络管理、信息内容、技术标准还是安全和保密条件等各方面都与发达国家存在较大的差距，从而影响企业信息化水平的提高。而我国制鞋企业属于劳动密集型企业，技术水平不高，管理水平低下，企业大部分靠低成本的运作和廉价的劳动力来获取利润。由于大部分制鞋企业对信息化管理不重视，以及自身的经济实力和技术原因，其信息化基础设施建设比较缓慢和滞后。

（二）企业管理水平落后且经营方式陈旧

企业内部管理和外部交易的制度化和规范化，是网络化和信息化的基础。我国制鞋企业的管理目前大多数处于主观、随意的经验管理阶段，只能使用计算机简单模拟原来手工操作流程，从而加大了系统实现的难度，增加了投资成本；同时，传

统手工作业的商业模式在人们头脑中已根深蒂固，要在现阶段改造这样的商业环境以适应由于信息化社会快速发展所形成的新的市场竞争格局，是相当困难的。加之制鞋企业本身在计算机技术方面的投资不大，企业的计算机技术人员缺乏、专业技术不强和一些人为等因素的影响，使得问题更为突出。

（三）专业人才培养落后

中国是制鞋大国，但专业人才缺乏，企业文化水平相对落后，信息化水平不高，这制约了制鞋业的进一步发展。目前行业专业人才的培养以职业院校教育为主，既实现了行业对专业技能人才的需求，也提高了行业从业人员的整体水平，但是掌握现代信息管理技术的鞋类行业从业人员是非常少的，要实现利用现代信息技术来推动行业进步，就必须加快鞋类行业信息化知识水平高的专业人才队伍，改变传统的手工作业模式，建立信息化管理企业的新模式，对企业的物、财、信息进行科学的系统化管理，同时要结合鞋类行业的特点进行专业信息化建设改革。

综上所述，鞋类行业信息化水平的提高是行业整体水平提升的必由之路，要实现鞋类行业信息化水平普及程度的大幅提高，需要解决政府层面的政策及国家信息化技术水平的发展程度，同时需要鞋类行业从业人员改变传统的管理理念，重新认识和分析企业发展中对信息化技术的需求，从鞋类产业链的管理角度建立统一的信息化标准，最后，人才是关键，要实现产业的新一轮的发展，专业人才的培养模式是急需解决的问题。

思考练习

1. 什么是计算机辅助造型设计？鞋类计算机辅助造型设计与它的关系是什么？
2. 鞋类造型设计的软件分为哪两类？其中二维软件设计的特点是什么？
3. 现阶段鞋类计算机辅助造型设计与手绘造型设计有何优势？
4. 在鞋类造型设计中为什么要做到软件设计多元化协作？这样做有什么优点？
5. 什么是计算机辅助物流管理？请以鞋类企业为例进行说明。
6. 计算机辅助企业信息化管理在鞋类企业中实施的意义是什么？

第三章

基于通用软件的（鞋类计算机辅助）造型设计

本章主要阐述鞋类计算机辅助造型设计的实际应用，对 PhotoShop、CorelDRAW、Rhino、3D MAX 等通用软件在鞋类造型设计中的应用进行概述。

学习目标

知识目标：

了解鞋类通用软件在效果图设计中的一般流程。
了解运动鞋配色的一般知识。
了解通用三维软件设计鞋类效果图的基础知识。

能力目标：

掌握 PhotoShop、CorelDRAW 等图形图像处理软件在鞋类造型设计中的基本应用。
掌握 Rhino、3D MAX等三维设计软件在鞋类造型设计中的基本应用。
掌握 PhotoShop 软件在鞋类计算机辅助造型设计中的配色方法及应用。

第一节 基于PhotoShop的鞋类造型设计

运用 PhotoShop 软件进行鞋类效果图设计属于鞋类计算机辅助技术范畴，是基于计算机与鞋类造型设计知识于一身的交叉技能。现阶段，应用计算机技术进行鞋类造型辅助设计的实例相对比较多，各相关网站、论坛对鞋类计算机爱好者的作品和设计方式也都进行了交流和肯定。大家结合自己的工作实践，摸索出许多行之有效的设计方法，多数已经应用到设计生产实践，并在生产实践中不断改进提高，从而为企业创造了良好的经济效益。

本书将通过对其基础知识及几次实例的讲解，逐步将 PhotoShop 软件设计鞋类效果图的全部过程及关键技术问题通过详实步骤进行研究，注重开拓学生设计思路，引起共鸣，举一反三。

一、PhotoShop 软件基本知识

如果要真正掌握和使用一个图像处理软件，不但要掌握软件的基本操作，而且还应该了解图像图形方面的相关知识，如图像类型、图像格式和颜色模式等。只有这样，才能更好地发挥出良好的创意思维，制作出高品质、高水平的设计作品。

（一）图像设计基本概念

1. 图像种类

图像类型可以分为两种：矢量图与位图。这两种图像各有特点，为了在操作时更好地完成作品，可以在绘制、处理图像的过程中，将这两种图像类型混合运用，以便达到需要的效果。

矢量图：以数学方式来记录图像内容。其优点是：所点空间小，在放大操作中，不会影响图形的清晰度（不会失真）。

位图：由点（像素点）组合成的图像，可以制作出颜色和色调变化丰富的图像，这类图像很容易在不同的软件之间进行文件交换。

2. 文件格式

由于工作环境不同，所需要的效果不同，故需要存在多种文件格式。一般来说，软件都有着自身独特的文件格式，但为了与其他文件交流（共享），也会有通用格式。为了达到设计效果，有时需要在多个软件中进行设计，这就导致数据文件要转换成相应格式。图形图像常用格式有 PSD 格式、BMP 格式、TIFF 格式、JPEG 格式、GIF 格式等。

PSD 和 PDD 是 PhotoShop 软件自身的专用文件格式，能够支持从线图到 CMYK 的所有图像类型，但由于在一些图像处理程序中没有得到很好的支持，所以它并不通用。PSD 和 PDD 格式能够保存图像数据的细节部分，如图层、附加的遮罩通道等和 PhotoShop 对图像进行特殊处理的信息，在没有最终决定图像的存储格式前，最好先以这两种格式存储。

BMP 是一种与硬件设备无关的图像文件格式，使用非常广。它采用位映射存储格式，除了图像深度可选以外，不采用其他任何压缩，因此，BMP 文件所占用的空间很大。BMP文件的图像深度可选1 bit、4 bit、8 bit及24 bit。BMP 文件存储数据时，图像的扫描方式是按从左到右、从下到上的顺序。 由于 BMP 文件格式是 Windows 环境中交换与图有关的数据的一种标准，因此在 Windows 环境中运行的图形图像软件都支持 BMP 图像格式。

标签图像文件格式（Tagged Image File Format，简写为TIFF）是一种主要用来存储包括照片和艺术图在内的图像的文件格式，最初由 Aldus 公司与微软公司一起为 PostScript 打印开发。TIFF 与 JPEG 和 PNG 一起成为流行的高位彩色图像格式。

JPEG 是 Joint Photographic Experts Group（联合图像专家组）的缩写，文件后缀名为“. jpg”或“. jpeg”，是最常用的图像文件格式，由一个软件开发联合会组织制定，是一种有损压缩格式，能够将图像压缩在很小的储存空间，图像中重复或不重要的资料会被丢失，因此容易造成图像数据的损伤。

GIF 是用于压缩具有单调颜色和清晰细节的图像（如线状图、徽标或带文字的插图）的标准格式。

（二）PhotoShop 软件工作界面

1. 标题栏

标题栏前半部分显示软件的名称和图标，后半部分用于进行最小化、最大化、还原和关闭窗口（图3-1-1）。

Adobe Photoshop

图3-1-1　标题栏

2. 菜单栏

菜单栏包括软件所有命令及各种设计面板（图3-1-2）。

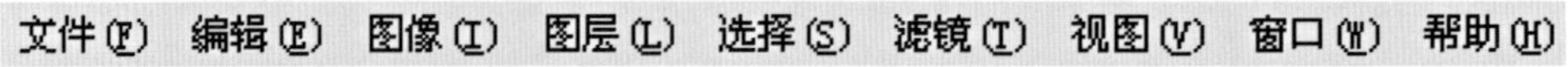

文件(F)　编辑(E)　图像(I)　图层(L)　选择(S)　滤镜(T)　视图(V)　窗口(W)　帮助(H)

图3-1-2　菜单栏

3. 工具箱

工具箱包括软件在设计过程中经常应用的工具（图3-1-3）。工具图标下有黑色小三角形标记的表示它是一个工作组。展开工作组的方法为：

- 左键单击有黑三角的工具图标，然后长按左键即可展开；
- 在工具图标上右键单击展开。

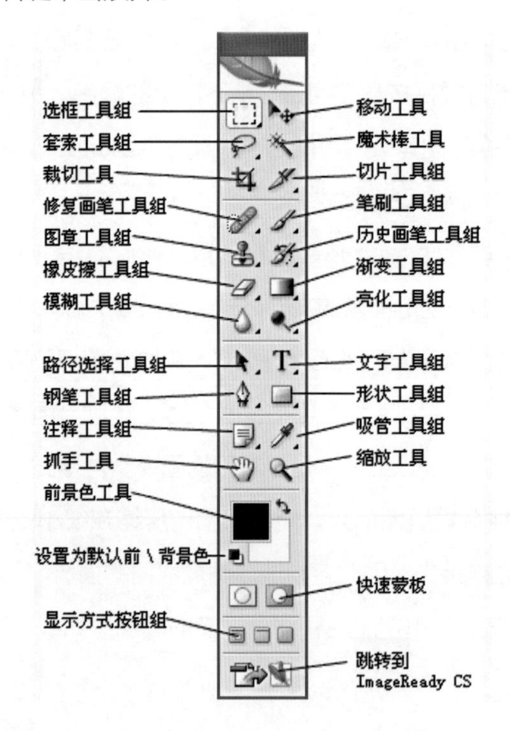

图3-1-3　工具箱

4. 工具属性栏

当选择某个工具后，菜单栏下方的工具属性栏就显示出当前工具的相应属性和参数，方便对其进行设置（图3-1-4）。

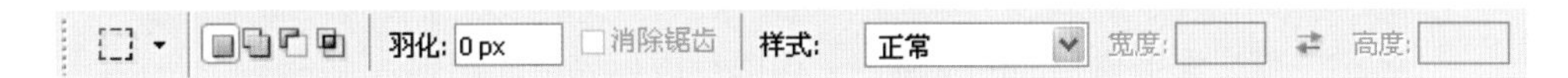

图3-1-4　工具属性栏

5. 面板组

面板组主要包括导航器面板组、颜色面板组、历史记录面板、图层面板组等。

6. 状态栏

状态栏默认为显示文档的比例、文档的大小，通过单击后面的小黑箭头，可以改变状态栏所显示的信息（图3-1-5）。

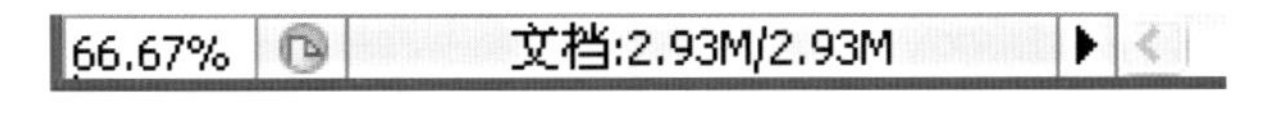

图3-1-5　状态栏

二、造型设计思路及基本操作

在鞋类效果图设计过程中，工具的基本操作是一个软件最主要的必备知识，在这里，我们将所有相关基础操作知识融入到设计过程中，对每个设计步骤逐一阐述。设计者可通过这一设计思路，拓展思维，形成自身独特的设计风格。

（一）新建文件，设置参数

在 PhotoShop 软件中创建一个空白图像文件，执行“文件”→“新建”命令，在弹出的对话框中设置文件名称及各项参数（快捷键为【CTRL+N】）。也可以按住 CTRL 键双击 PhotoShop 的空白区（图3-1-6）。

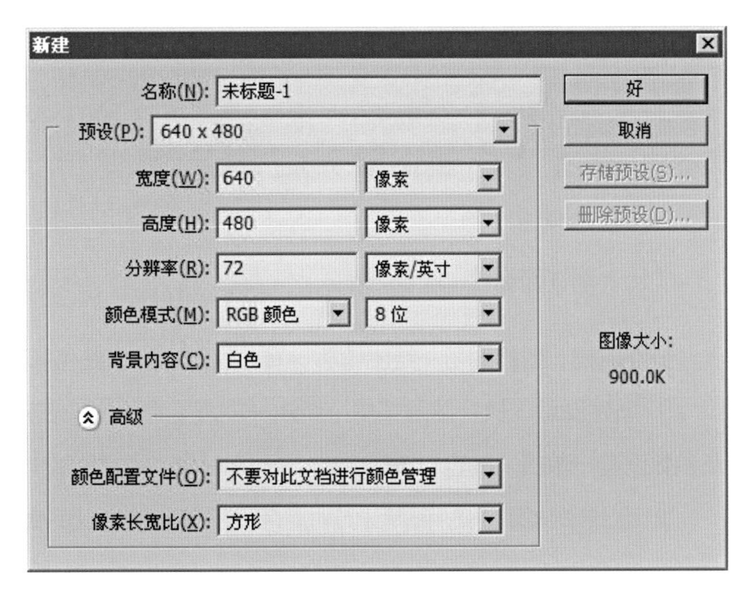

图3-1-6　“新建”对话框

“名称”就是图像储存时的文件名，可以在以后储存时再输入。

“预设”指的是已经预先定义好的一些图像大小。如果在预设中选择A4、A3或其他和打印有关的预设，高度、宽度的单位会转为cm，打印分辨率会自动设为300。如果选择640×480这类的预设，分辨率则为72，高度、宽度的单位是像素。宽度和高度可以自行填入数字，但在填入前应先注意单位的选择是否正确。

（二）创建鞋子轮廓

此项设计步骤可以使用多种编辑工具，如钢笔工具、画笔工具等。在设计过程中，主要介绍如何使用路径工具（钢笔工具）进行设计（图3-1-7）。

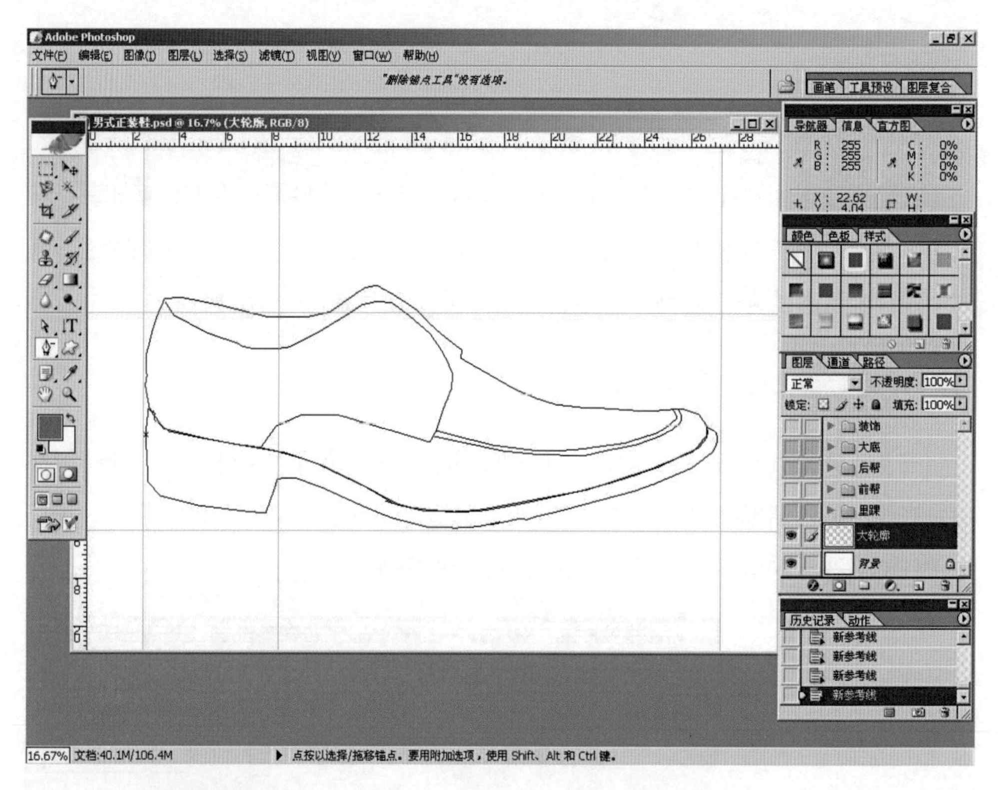

图3-1-7 鞋子轮廓图

（三）部件的设计

操作流程：新建图层→绘出轮廓→转化为选区→填充色彩。

① 新建图层，执行图层菜单→新建→图层（命令）→在对话框中填写部件名称及参数设置→单击“确定”按钮。

② 绘出部件轮廓，使用钢笔工具功能将部件图形细致绘出轮廓线（要求闭合图形）。

③ 转化为选区，单击右键→建立选区→在选区对话框中单击“好”按钮→填充

色彩，初次填充色彩。

（四）部件效果的制作

操作流程：填充色彩→效果设计→滤镜效果（根据设计需要可以省略）（图3-1-8）。

① 填充色彩，执行“编辑”→“填充”命令→选择需要色彩→在填充对话框中单击“好”按钮。

② 效果设计，执行“图层”→“图层样式”命令→选择需要效果（设置参数）→在图层样式对话框中单击“好”按钮（也可以在图层样式调板上点击“添加图层样式”）。

③ 滤镜效果，执行“滤镜”命令→选择需要效果。

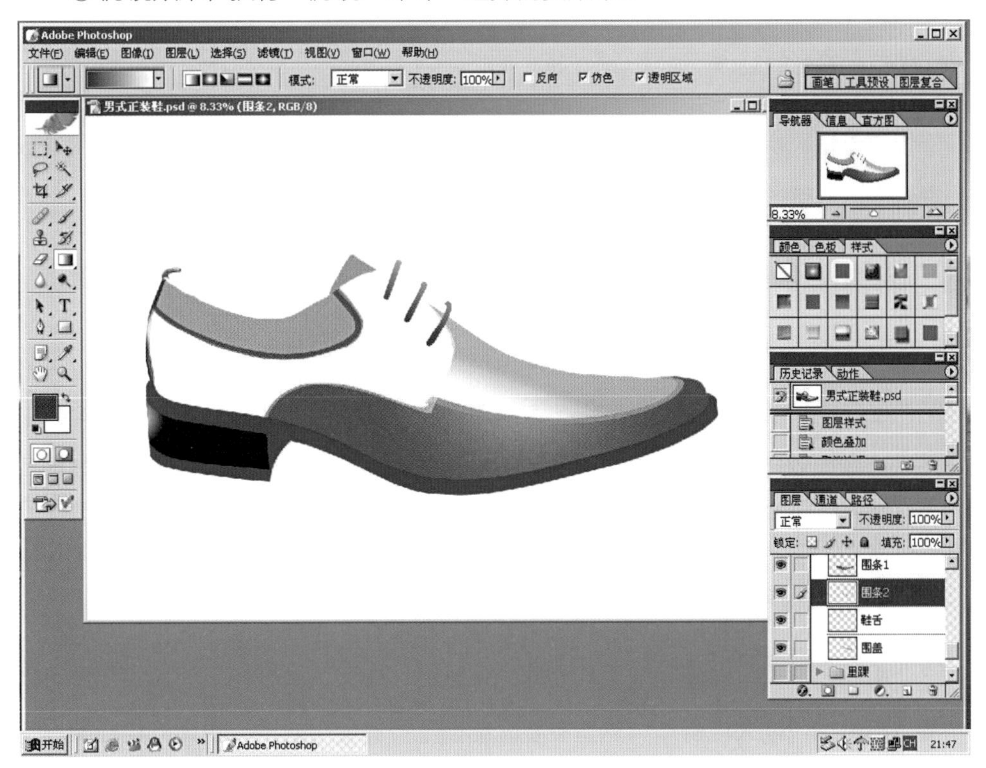

图3-1-8 部件效果图

三、工艺效果的设计

（一）缝线的制作

缝线制作主要包括两个部分：缝线边效果制作和线迹制作（路径制作、线制作、点制作）。

① 缝线边效果制作：执行“图层”→“图层样式”→“斜面与浮雕”命令→调整对话框中参数（主要针对缝线边）。

② 线迹制作：A. 路径制作，使用钢笔工具进行线迹路径设计→进入路径模板；B. 线制作，使用画笔工具并调整缝线色彩等参数→点击路径模板中的“用画笔描边路径”；C. 点制作，使用画笔工具→画笔工具选项栏中的“画笔”→“画笔笔尖形状”调整间距等参数→点击路径模板中的“用画笔描边路径”。

（二）装饰件的制作

操作流程：新建图层→选择或制作装饰件图案（设计、扫描或数码拍摄实物）→复制粘贴到新建图层（可参照效果制作部分）。

（三）投影的制作

操作流程：执行“图层”→“图层样式”→“投影”命令→调整对话框中参数→在对话框中单击“好”按钮。

四、整体效果的设计

在对各部件结构及效果基本设计完成后，还需要针对整个鞋子进行整理，主要是制作出立体效果，使得鞋款效果图更加真实、形象（图3-1-9）。在 PhotoShop 软件中，增加效果图的立体感有很多方法，在这里，只介绍较为容易掌握的两种方式，分别是“加深减淡”工具和“打光操作”。

（一）加深减淡工具

使用减淡工具可以使图像局部变得越来越亮，加深工具则相反。海绵工具可以对图像进行加色或去色操作，这里主要介绍该工具的使用方法，具体的实际操作不做讲解，因为立体效果的设计，每个人都有着不同的理解，主要根据个人感觉和熟练程度不同。

加深的阴影：这种感觉就好比同时调整对比度与饱和度，也就是向同色系深色加重（对白色无作用）；

加深的高光：好比同时降低亮度与增加灰度，向黑色靠近（可以对白色进行加重）；

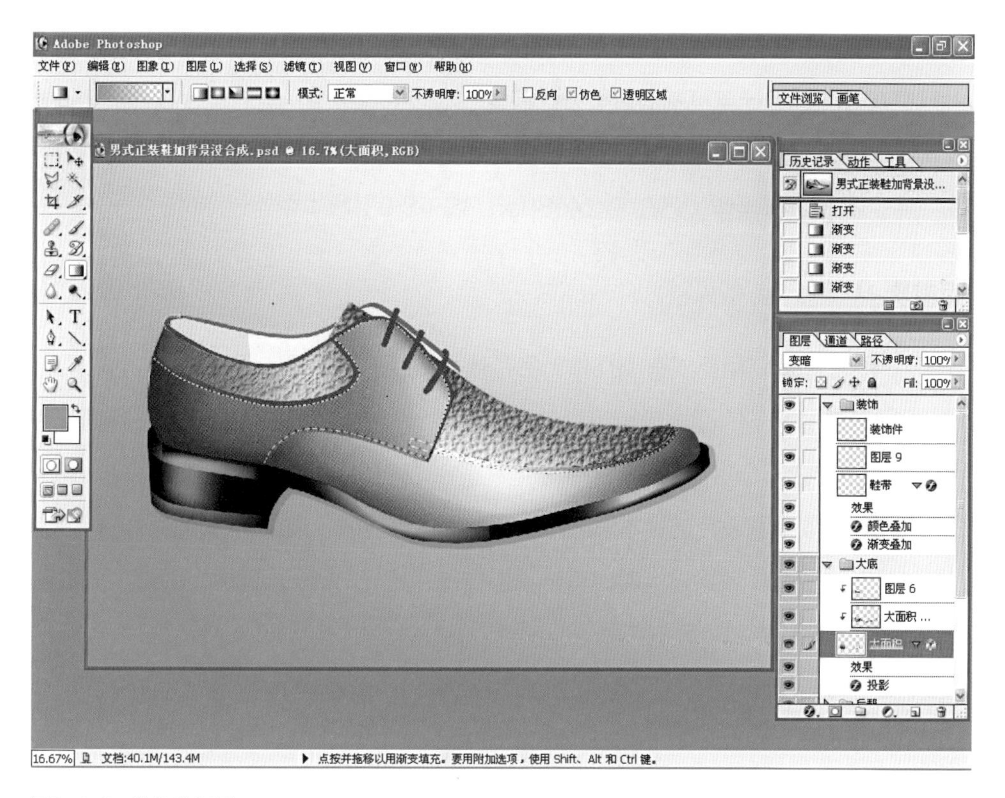

图3-1-9 整体效果图

中间色：无论加深还是减淡的中间色都是融合两种效果的形式进行加深减淡的；

减淡的阴影：与加深的高光是相对的，也就是同时提高亮度和灰度，向白色接近（可以对黑色进行提亮）；

减淡的高光：与加深的阴影是相对的，也就是同时提高对比度与饱和度，向同色系高光色靠近（很多平面设计中的高亮对比色都是这么处理的）。

（二）打光操作

此项操作，主要是针对主体图像中需要加亮（高光）位置，使用键盘上Delete键（删除键）有层次地删除部分像素的过程，从而对效果图增加亮度，体现出立体效果。

选取操作过程：选择工具栏的椭圆选框工具 →设置容差（一般为10~30）→按住鼠标左键拉动，选定一个椭圆形区域→按 Delete 键。

本节内容通过对 PhotoShop 软件在鞋类造型设计中重点基础知识的阐述，为计算机辅助鞋类造型的深入学习奠定必备基础知识。同时，将此领域中设计过程及重点技术做了初步概述，使初学者了解鞋类计算机辅助造型设计思维。在这节内容中是对一种鞋类实用知识与方法的交流和探讨，大家可以通过相关基础知识的学习和训练，进行更有效的鞋类计算机辅助造型设计探索。本节中有关 PhotoShop 软件的名词概念、工作界面等基础内容有意简写，详解可参见图形图像设计相关书籍。

注：本节所有操作，已在 PhotoShop CS（8.0）版本中通过测试。

思考练习

1. 图形图像常用格式有哪几种？各有什么特点？

2. 通常情况下的图像类型可以分为哪两种？在鞋类效果图设计过程应用哪一种比较好？为什么？

3. 鞋类效果图设计的基本思路是什么？具体进行哪几项操作？

4. 在鞋子整体效果设计时，有一项操作是“打光”，如何理解这项设计操作，主要目的是什么？

第二节 基于 CorelDRAW 的造型结构设计

CorelDRAW 是加拿大 Corel 公司推出的平面设计软件，主要有绘画与插图、文本操作、绘图编辑、出版及版面设计、追踪、文件转换等功能，在工业设计、产品包装造型设计、网页制作、建筑施工与效果图绘制等设计领域中都有应用。在鞋类行业中，也有一部分设计师运用此软件进行效果图设计。

一、CorelDRAW 软件基本知识

（一）窗口的组成

CorelDRAW 软件窗口的组成见图3-2-1。

1. 标题栏

标题栏位于整个窗口的顶部，显示应用程序的名称和当前文件名，及用于控制

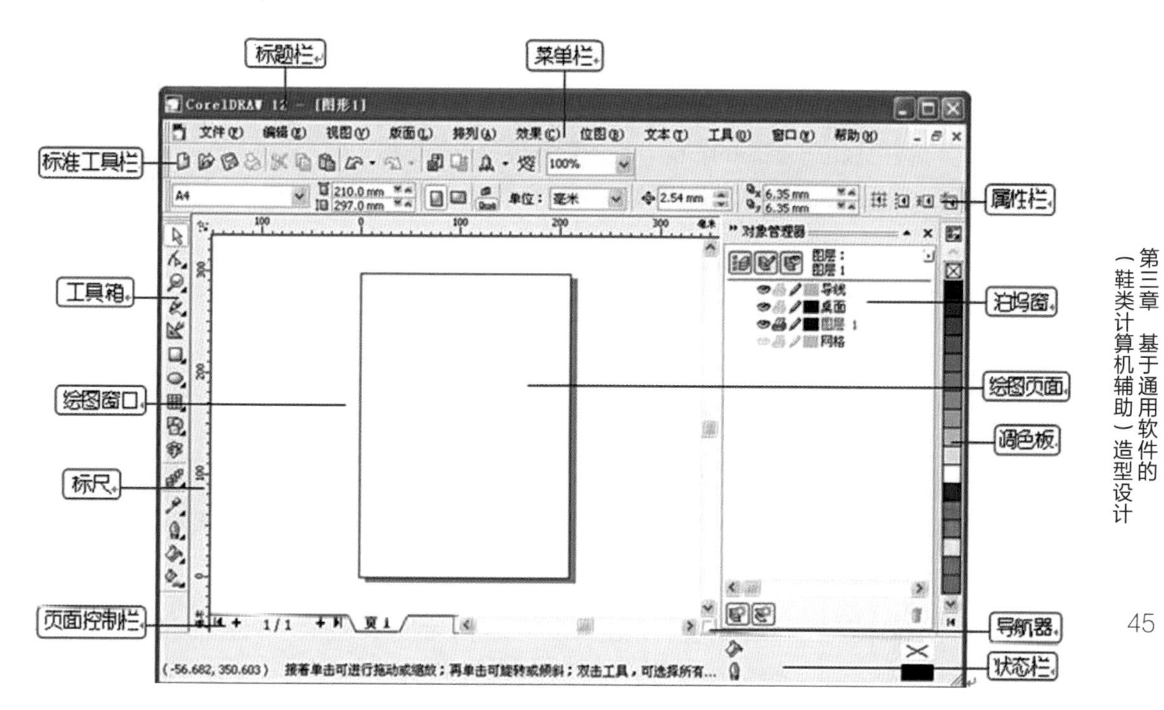

图3-2-1　CorelDRAW 软件窗口的组成

文件窗口的大小。

2. 菜单栏

菜单栏由文件、编辑、查看、布局、排列、效果、位图、文本、工具、窗口、帮助11个菜单组成。

3. 工具栏

工具栏由图标按钮组成，是一些常用菜单命令的按钮。

4. 属性栏

属性栏显示内容根据所选择的工具或对象的不同而改变。

5. 工具箱

工具箱位于窗口的左侧，包含一系列常用的绘图、编辑工具。

6. 页面与页面控制栏

页面是进行绘图、编辑操作的主要工作区域，只有位于该矩形区域内的对象才能被打印出来；页面控制栏位于工作区的左下角，显示当前页码、所包含的总页面数等信息。

7. 状态栏

状态栏位于窗口的底部，用来显示当前操作的简要帮助和所选对象的有关信息。

8. 调色板

调色板位于窗口的右侧，是放置各种色彩的区域。

9. 泊坞窗

泊坞窗是一个包括了各种操作按钮、列表与菜单的操作面板。

（二）图像类型

在 CorelDRAW 中图像类型可分为矢量图像和位图图像两种。

矢量图像是使用数学方式描述的曲线及曲线围成的色块组成面向对象的绘图图像，图像中的图形元素称为对象。矢量图像与分辨率无关，无论如何更改图形的大小都不影响图像的清晰度和平滑性，但不易制作色调丰富的图像。

位图图像也称点阵图，是由许多不同色彩的像素组成的。位图图像与分辨率有关，如放大位图图像就会有无数个单个色块，放大位图或在比图像本身的分辨率低的输出设备上显示位图，图像就会失真，但是可以更逼真地表现自然界的景物。

分辨率是指每英寸所包括的像素点，分辨率越高图像越清晰。色彩模式是把色彩协调一致的颜色用数值表示的一种方法，即把色彩分解成几部分颜色组件，然后根据颜色组件组成的不同，定义出各种颜色。

注：CorelDRAW 软件的基本操作及版面设置可查阅相关书籍。

二、造型设计思路及基本操作

（一）工具的基础操作

在 CorelDRAW 中，图形对象都是由路径组成的，路径分为开放路径和闭合路径两种，其中开放路径的起点和终点互不连接，具有两个端点，如直线、弧线、螺旋线等；闭合路径是连续的，没有端点存在，如矩形、椭圆形、多边形等。但不论是开放和闭合路径，都由节点、线段、控制线与控制点组成。

节点：是指各段线段末端的方块控制点，它可以决定路径的改变方向。

线段：是指两个节点之间的路径部分，所有的路径都以节点起始和结束。

控制线：在绘制曲线的过程中，节点的两端会出现蓝色的虚线，即是控制线。

控制点：曲线节点的两端会出现控制线，在控制线的两端就是控制点。

1. 线条的绘制

绘制线条的工具均位于工具箱中手绘工具的同位工具组中，利用这些工具可以绘制各种各样的线条，从直线、曲线到书法线等。

2. 手绘的使用

手绘可以绘制直线、连续折线、曲线、抛物线以及各种规则和不规则的封闭图形。

方法：单击左键确定线条的起点，移动鼠标至线条的终点位置再单击，即可绘制直线。绘制直线时，在终点处双击鼠标，再拖动鼠标至下一个终点位置单击，可绘制具有转折点的连续折线。

在连续折线落点处按左键拖动鼠标绘制需要的路径，松开鼠标可绘制一条自由曲线。当绘制连续折线或曲线时，拖动鼠标使起点与终点位置重合，可绘制封闭的曲线。

3. 贝塞尔工具的使用

贝塞尔工具是一个专门用于绘制曲线的工具，通过确定节点与按制点的位置来控制曲线的圆滑度。

方法：单击左键，拖动鼠标确定线条的起始点，控制点与起始点之间的距离决定曲线的深度，而控制点的角度决定线段的倾角。然后将鼠标移至需要的位置单击确定终点，即可得到一条曲线。如单击的同时拖动鼠标将再次出现控制柄，通过调其长度与角度可调整曲线的弯曲度。

（二）具体设计操作

1. 新建文件，设置相关参数

在 CorelDRAW 中建立一个新的绘图文件，可执行如下任一操作：

方法A：打开 CorelDRAW，然后在弹出的菜单中用鼠标左键单击“新文件”。

方法B：打开 CorelDRAW，执行“关闭弹出的菜单”→“文件”→“建新文件”命令。

方法C：打开 CorelDRAW，可执行“关闭弹出的菜单” →点击标准工具栏中的建新文件图标 ▫（快捷键为 Ctrl+N）。

2. 调整绘图版面的方向

在标准工具栏中点击横向或纵向图标▫即可调整绘图版面的方向。

3. 制作鞋款效果图（图3-2-2）

① 在工具箱中选中手绘工具，然后在新建的图层绘制鞋子轮廓线。

② 轮廓线的调整：在工具箱中选中造型工具，然后将画好的线条进行调整。

③ 在菜单栏中，执行“窗口”→“色盘”→“标准色彩”命令。

④ 在工具箱中，执行 “选取工具”命令，将要填充的鞋部件选中，然后点击色块上的颜色（颜色也可自行进行调配）。

图3-2-2 鞋款效果图

三、工艺效果的设计

1. 制作缝线的效果

① 在制作好的鞋款效果图上，选择“手绘工具”或“贝塞尔工具”→在标准工具栏中“外框样式选取器”选中所需要的线条→设置线条的宽度→设置线条（缝线）的针距。

② 画出并调整缝线准确位置，制作缝线的效果。

2. 制作阴影线效果

制作阴影线的方法与制作缝线方法类同。不同之处就是选择线条是实线，宽度可以根据所需要的效果而自行设置，线条的颜色用鼠标右键点击灰色色块，即可制作阴影线的效果。

3. 制作鞋款阴影效果

在制作好阴影线的效果图上，选中已做好的鞋款执行“互动式下落式阴影工具”（该工具在工具箱中“互动式渐变”栏中鼠标放到右下角的小三角即可显示出）制作效果。

4. 制作鞋底效果图

制作鞋底方法与鞋帮的方法类似，不再赘述。鞋底效果图见图3-2-3。

图3-2-3 鞋底效果图

综上所述，使用CorelDRAW设计软件，主要是对平面线条效果要求较高的效果图进行设计。特点是：线迹、图形非常清晰，色彩调换非常方便，有较多的文件格式，有利于多元化协作设计，矢量图形可自由缩放。需要注意：设计作品多数以侧视图为主，色彩变化单调时，可增加图案、底纹。

注：本节所有操作，已在 CorelDRAW 12 版本中通过测试。

思考练习

1. CorelDRAW 软件与 PhotoShop 软件在鞋类效果图设计方面有什么不同？
2. 对于 CorelDRAW 软件中名词“对象”，你是怎样理解的？
3. 缝线效果的操作步骤是什么？以单线为例操作一遍。
4. 绘制线条的主要工具是什么？它的定义是什么？操作方法是怎样的？
5. 软件之间的协作功能中，你认为 CorelDRAW 软件和 PhotoShop 软件之间的互补之处有哪些？
6. 操作：快速设计一款运动鞋（30min内）。

第三节 基于Rhino 3D的造型结构设计

随着计算机技术的不断发展，鞋类造型设计也正在向三维（立体）方向发展，本节主要介绍运用计算机通用软件（Rhino 3D）进行运动鞋设计的基本方法。

一、Rhino 3D 软件基础知识

（一）Rhino 软件

Rhino 是三维造型通用软件，主要应用于工业制造、三维动画制作、科学研究、机械设计等领域。Rhino 建立的所有物体都是由平滑的 NURB（Non－Uniform Rational B－splines）曲线或曲面组成的。

（二）界面

Rhino 的主界面由菜单栏、工具栏、工具箱、视图区、命令行和状态栏几部分组成，见图3-3-1。

1. 菜单栏

在菜单栏中是 Rhino 的各种命令，主菜单上共有12个菜单项。

File: 用于新建、打开、保存文件、导入导出其他格式的文件，打印机及系统设置等。

Edit：用于恢复、剪切、复制、选择对象、编辑对象以及合并对象等。

View：用于设置对象和视图的显示方式。

Curve：用于创建线段、弧等而为图形及混合图形等。

Surface：用于拉伸、旋转、放样等修改。

Solid：用于创建长方体、球体等三维物体以及交集、差集等运算。

Tansform：用于对三维物体的移动、旋转、复制等编辑。

Tools：用于控制对象和视图属性，如捕捉对象、视图网格单位设置等。

Dimension：用于测量对象的长度、宽度、高度等数值。

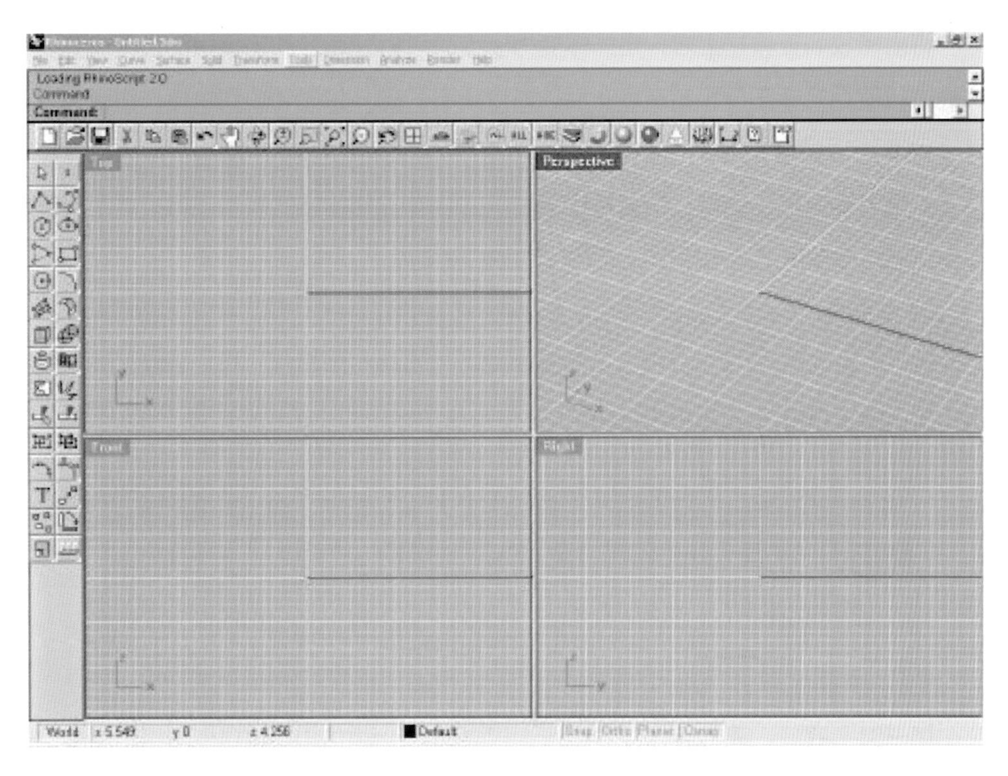

图3-3-1　Rhino 3D 主界面

Analyze：用于分析对象的长度、方向角度等属性。

Render：用于渲染对象和建立灯光。

Help：帮助文件，介绍得很详细。如果对哪个命令不明白可以先执行该命令然后打开帮助文件，这样可以获得关于该命令的帮助。

2. 工具栏

Rhino 的工具栏，在工具栏中包含了一些常用命令的快捷按钮，见图3-3-2。

工具栏上的快捷按钮由左至右分别是：

建立新文件、打开一个文件、保存场景、剪切物体、复制物体、粘贴物体、撤销上一个命令、移动视图、旋转视图、缩放视图、缩放选择区域、最大化显示可见物体、最大化显示选择物体、撤销上一次视图调整、调整视图模式、切换视图、设置基本面、捕捉点、选择物体、隐藏物体、图层管理、编辑物体属性、渲染视图、渲染、建立灯光、Rhino 参数设置、建立尺寸标注、帮助、文件属性。

图3-3-2　工具栏

将鼠标放到工具栏上方，当光标变为十字时可以任意拖动工具栏的位置。有些快捷按钮使用鼠标左键和右键点击后的命令是不同的，将光标放到快捷按钮上方，过一会儿出现快捷按钮的名称和一个标志。点击上面的标志，鼠标左键为打开文件，右键为输入输出模型。快捷按钮的右下方带有三角标志的表示还有扩展工具，在这样的快捷按钮上点击鼠标右键可以弹出扩展工具。

3. 工具箱

Rhino 界面左侧有工具箱，见图3-3-3，工具箱和工具栏一样，里面是一些常用工具，同工具栏一样快捷按钮的右下方带有三角标志的表示还有扩展工具。

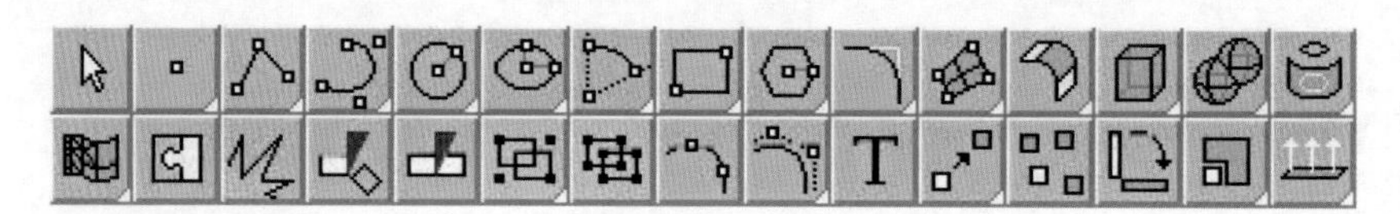

图3-3-3 工具箱

工具箱中的工具分别是：

第一组：取消、建立点、建立线段、建立曲线、建立圆、建立椭圆、建立弧、建立矩形、建立多边形、相交线倒角、建立表面体、对两个面倒角、建立三维物体、布尔运算、将曲线投射倒面；

第二组：转换为网格体、两个物体组合到一起、炸开物体、两个物体相剪、两个物体分割、成组、取消成组、显示可编辑点、显示控制点、生成字体、移动物体、复制物体、旋转物体、缩放物体、显示方向。

4. 视图区

视图区是显示模型的窗口，拖动视图区的边界可以改变窗口的大小。在 Rhino 中可以打开多个窗口，方法是激活一个视图后，使用鼠标右键点击工具栏上的 田 按钮，点击其中的 四 工具，这样窗口被分为两个，然后右键点击视图上的标题栏在弹出的快捷菜单中选择 Set View 即可切换为不同视图，见图3-3-4。

提示：使用鼠标左键按住视图上的标题栏，然后拖动鼠标，可以移动视图的位置。在视图上的标题栏上，点击鼠标右键可以弹出快捷菜单来控制视图。在视图上按住鼠标右键，然后拖动鼠标，即可移动或旋转视图。Rhino 支持滚轮鼠标，中间的键可以用来缩放窗口。

5. 命令行

在命令行中会显示命令提示，输入命令或快捷键后按下回车或鼠标右键，便会执行相应的命令。按 F2 键可以扩展命令行。

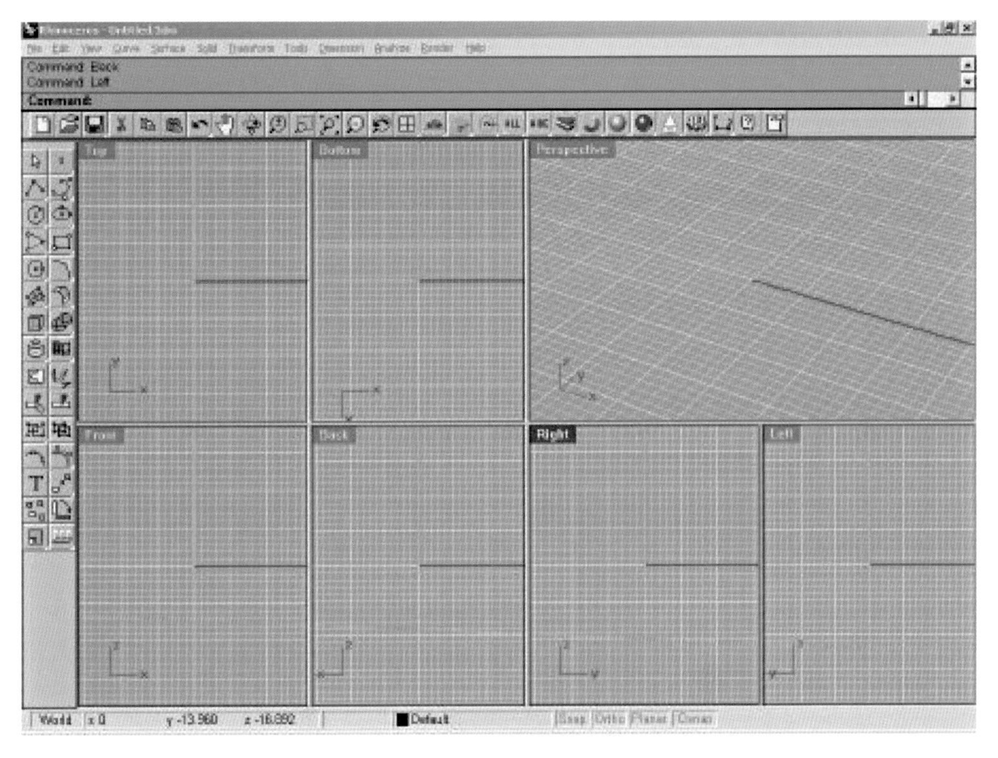

图3-3-4 视图区

提示：要执行一个命令，只要在命令行中输入该命令的前几个字母然后回车即可，如执行 Revolve 命令，只要在命令行中输入 rev 按下回车即可。如果要重复执行命令只要再次按下回车，或在视图中点击鼠标右键即可。命令行会记录前几次使用的命令，在命令行上点击鼠标右键会弹出快捷菜单，从中可以选择一个命令。

6. 状态栏

在状态栏中除了会显示物体的状态和坐标外还有几个很有用的工具，见图3-3-5。

状态栏中的 Defaule 是 Rhino 的层系统，与 PhotoShop 中的图层概念类似，在不同层创建对象既可以进行单独修改和观察，也可以当作整个图形的组成部分进行修改和观察。在黑色方框上点击鼠标左键即可切换为不同图层，在方框上点击鼠标右键会弹出 Edit Layers 窗口，在这个窗口中可以新建、删除图层，也可以更改图层的名称和颜色。在层系统后还有几个模型帮助按钮，在一个按钮上单击鼠标左键，按钮由灰色变为黑色，表示功能已经激活，其中：

Snap 为捕捉按钮，激活后光标会按网格移动，一次最少移动一个网格单位的距离。

World	x 10.207	y 0	z -19.517		Default	Snap	Ortho	Planar	Osnap

图3-3-5 状态栏

Ortho 为直角按钮，激活后，光标将按固定角度移动，默认角度为90° 。

Planar 可以用来倒角对象，也可以用来画非平面对象，就是将对象置于最后所选点，且与所倒角平行的平面上。

Osnap 具有非常方便的功能，用来选定对象上特定的点，在按钮上点击鼠标左键弹出 Osnap 工具栏。其中：

End：将光标移到曲线尾端。

Near：将光标移到离曲线最近的地方。

Point：将光标移到控制点。

Mid：将光标移到曲线段中点。

Cen：将光标移到曲线中心，如圆心，弧心等。

Int：将光标移到两个线段交点。

Perp：将光标移到曲线上与上一选取点垂直的点处。

Tan：将光标移到曲线上与上一选取点正切的点处。

Quad：曲线上与上一圆，圆弧的四分点处。

Kont：捕捉钮节点。

Project：将 Object Snaps 找到的点投射到构造平面上。

Disable：关闭以上选项。

（三）基础操作

Rhino 的基本操作有新建文件、输入模型、物体的移动、旋转等。在 Rhino 中鼠标右键用来确定或执行一个命令，而左键主要用来选择物体。

1. 自定义工具栏

在 Rhino 中可以自定义工具栏和工具箱，将工具栏上没有的命令加入进去，这样使用起来更加方便，甚至还可以更改快捷按钮的图标。

点击 Tools 菜单中的 Toolbar Layout 命令弹出 Toolbars 窗口，在这个窗口中可以对工具栏的各项属性进行修改。在 Workspace files 项中是系统默认的工具栏格式，点击 File 菜单中的 Open 命令可以打开一个工具栏格式。

2. 新建文件

运行 Rhino 后点击工具栏上的 快捷按钮，在弹出的 Template File 窗口中有6种模板，分别是三视图、厘米、英尺、英寸、米和毫米。选择哪种模板要根据所要制作模型的量度单位的尺寸而定。

3. 建立物体

点击工具箱中的 快捷按钮，在顶视图中拖拽出一个矩形，点击鼠标左键后向上拖出长方体，再次点击鼠标左键确定，一个长方体建立完成。这样建立的长方体的尺寸和坐标不是很精确，要想获得精确的模型就要用坐标来建立。

在 Rhino 中有三种坐标，分别介绍如下：

① 绝对坐标：是坐标系统的一种形式，它指明了某点在 X、Y 和 Z 轴上的具体位置。以建立一个立方体为例，点击工具箱中的 快捷按钮后在命令行中输入“0，0”，按下回车或鼠标右键确定，接着在命令行中输入“5，5”，按下回车后，输入“5”，点击确定，这样一个立方体建立完成。

② 相对坐标：在视图中选取一点后，Rhino 会将它的坐标作为最后选取点的坐标保存起来。相对坐标就是以保存的点的坐标为基础进行计算。在输入相对坐标时要在前面加上 r。以一个矩形为例，点击工具箱上的 快捷按钮，在命令行中输入“0，0”，按下回车，在命令行中输入“r5，0”后回车。接着输入“r0，5”回车，最后输入“r-5，0”，回车后输入“c”闭合线段。

③ 极坐标：极坐标确定一点与原点的距离和方向。使用极坐标建立一个三角形，点击工具箱中的 快捷按钮，在命令行中输入“0，0”回车后输入“r5<60”，接着输入“r5<300”，回车后在命令行中输入“c”闭合线段。

4. 移动物体

在视图中建立一个正方体，使用鼠标左键点击正方体，这时正方体变为黄色高亮显示，表示已被选中，选择多个物体可以用框选。选中物体后拖动鼠标，可以看到从鼠标点击的点处拖出一条线，用于定位。配合上面介绍的 Snap 和 Ortho 按钮可以在视图中准确地移动物体。

5. 旋转物体

Rhino 中的旋转命令可使物体围绕一个基准进行旋转。方法是：在视图中建立一个立方体，鼠标左键点击工具栏上的 快捷按钮，在视图中选中正方体后点击鼠标右键，这时光标变为十字，在视图中点击鼠标出现一个点，这个点是旋转的圆心，接着拉出一条线段，拖动线段即可旋转物体，要想精确地旋转一个角度可以在命令行中输入。如果在 快捷按钮上右击鼠标是另一种旋转方式 Rotate 3-D，这种旋转很像镜像，就是在视图中拖出两个坐标轴，然后沿着其中一个坐标进行旋转。

二、设计比例的确定

1. 通过手绘效果图确定比例

手绘效果图是在平面上进行的设计，部件比例容易掌握，在运用计算机进行三维设计前，可将画好的手稿导入设计工程。

2. 通过软件工具确定尺寸

通过 Rhino 软件进行鞋类三维造型设计，主要是在虚拟的设计空间里进行仿真设计，可以借助软件内自带工具进行测量，确定部件尺寸，但是掌握起来比较难。

三、鞋体建模

（一）整体造型

1. 基本线条设计

首先，打开 Rhino 或建立一个新的工作区。使用控制点曲线工具（选择菜单 Curve→Free-form→Control points），在顶视图和前视图里画鞋体剖面曲线。

如果需要对曲线进行修改，可以使用 工具（Edit→Edit Point→Control Points On）打开曲线的控制点显示，用鼠标拖动控制点对曲线的曲率进行修改。完成后，用鼠标右键点击该按钮可以关闭控制点显示（图3-3-6）。

2. 生成曲面

在应用二维扫描将鞋体剖面曲线转成曲面之前，先绘制cross-section curves（交叉曲线），使用 工具（选择菜单Curve→Free-form→Interpolate points），打开状态栏的 Osnap（锁点）捕获里的 Near（靠近锁点），在曲线上捕获点，通过捕获两个点来绘制多条带有4个控制点的直线段。

选择菜单 Surface→Sweep 2 Rails，在命令栏提示 Select 2 rail curves 后，选择两条曲线（红色图层的线）。在命令栏提示 Select cross-section curves（Point）后，选择交叉曲线。单击鼠标右键系统将弹出 Sweep 2 Rails Options（二维扫描选项）对话框，勾选 Maintain Height（保持高度一致）前的复选框和 Close Sweep 前的复选框，单击“OK”按钮退出该对话框，完成二维扫描（图3-3-7）。

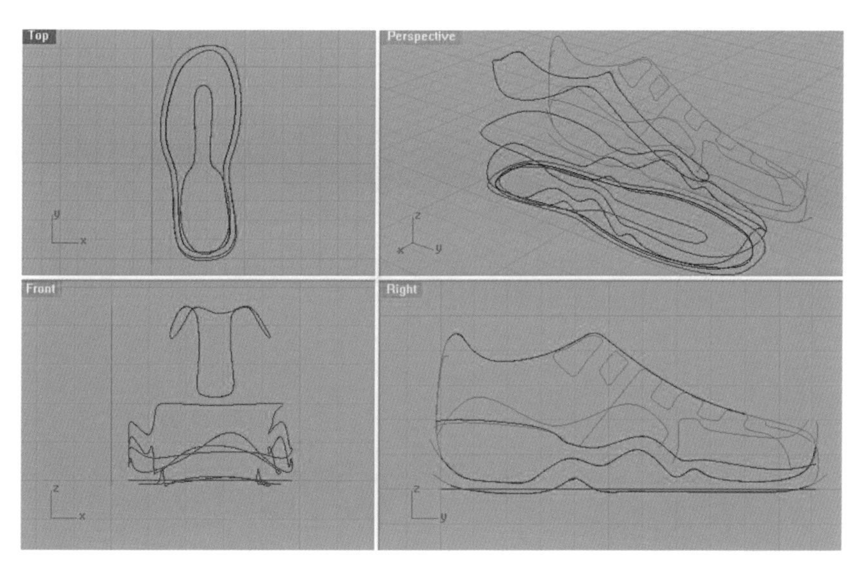

图3-3-6 鞋体主要曲线图

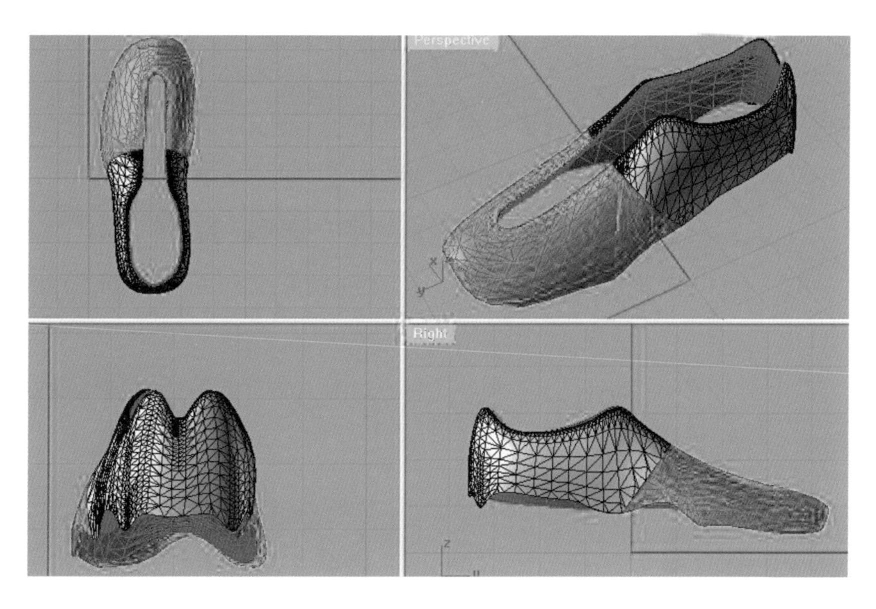

图3-3-7 帮面造型图

（二）鞋底设计

鞋底设计过程与上述方法基本雷同，生成鞋底侧面，选择菜单 Surface→Edge Curves，在命令栏提示 Select 2，3或 4 curves后，在顶视图内选择左边曲线，再选择右边的曲线，单击鼠标右键即可构建曲面。分离鞋底底面的扫描路径后，构建鞋底面（图3-3-8）。

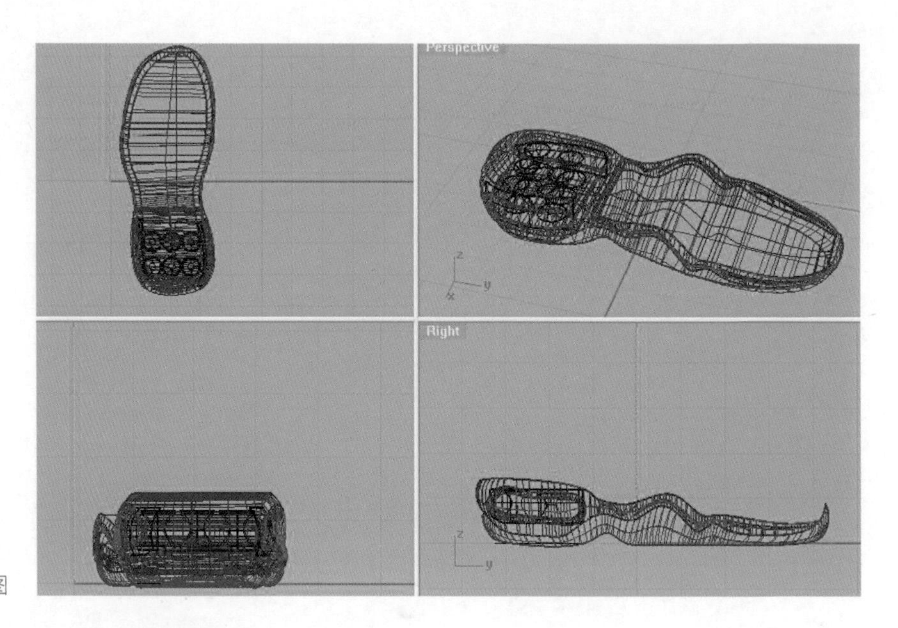

图3-3-8 鞋底造型图

（三）其他辅助部件设计

鞋带的设计是应用管道（Pipe）命令构建的，使用 工具（菜单 Curve→Free→form→Interpolate points）绘制鞋带曲线，选择菜单 Solid→Pipe，在命令栏提示 Select curve to create pipe around 后，选择鞋带曲线，输入数值 0.2，按 Enter 键，在命令栏提示 End radius<0.2>（Diameter）后，再次按 Enter 键（图3-3-9）。

运动鞋辅助部件较多，在设计过程中，可根据功能、美观等要求进行特殊设计，在这里不做一一介绍。

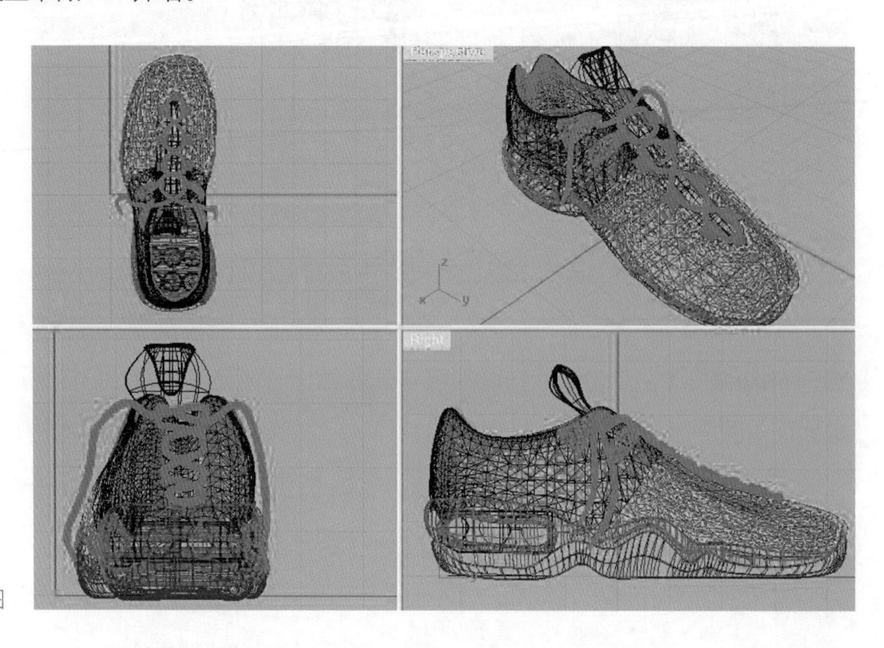

图3-3-9 整体造型结构图

四、材料（材质）设计

在鞋子整体建模全部制作完成后，可以通过 Rhino 自带的渲染器，使用工具为其设定简单的材质属性，使用工具添加灯光。也可使用 Save as 将鞋子导出到 3D MAX 等其他软件中对模型进行材质的编辑和渲染（图3-3-10）。

图3-3-10 运动鞋效果图

在鞋类造型设计领域，产品效果图设计的软件较多，且正由二维设计向三维设计过渡，随着计算机技术及鞋类专业设计水平的提高，鞋类专业软件在三维设计功能上也会逐渐完善起来。运用 Rhino 软件进行鞋类产品设计能有效地提高设计效率，具有较好先进性，值得深入推广。

注：本节所有操作，已在 Rhino 3D V3.0 版本中通过测试。

思考练习

1. Rhino 软件在鞋类效果图设计中的优势是什么？与鞋类专业设计软件相比，有哪些不足之处？请举例说明。

2. Rhino 软件在鞋类设计行业，除本节所介绍可以设计鞋款效果图外，你还知道可以应用到鞋类设计中哪几个环节？

3. 使用三维软件设计鞋子时，怎样对尺寸进行控制？具体操作时可用的工具有哪些？

4. 三维鞋款设计完成后，渲染的具体操作是怎样的？请详细说明。

第四节 运动鞋配色

色彩的爱好既有个人习性，也有时代的差别，人们对色彩的选择与鞋款类别、穿用对象、个人习惯爱好和整体服饰有关。同样鞋子的色彩也因性别、年龄、区域、季节等方面的不同而不同。一般女性喜好清雅或鲜艳的色彩；儿童对丰富多彩的色彩比较敏感；老人对颜色不很注重，一般在乎穿用鞋服是否合体舒适保暖，而对颜色只好于素雅、单纯。因为有了以上的个人喜好，所以要把各款鞋样配出不同人员所喜好的色彩来迎合大众群体的需求。

一、鞋款设计技巧

鞋类计算机辅助造型设计有很多方式方法，但在本节中，只向大家介绍使用PhotoShop软件设计鞋类的一般技巧。

（一）一般设置

① 分辨率：一般为300以上，图像大小：一般宽度为28cm（步骤：选择“图像”菜单中的“图像大小”→分辨率为300～500像素/in→图像大小宽度为28cm，选取约束比例）。

② 常用的模式：RGB模式或CMYK模式（选择“图像”菜单中的“模式”→选择为“RGB”或“CMYK”的模式）。

③ 新建自己的设计文件夹，将打开的鞋样文档另存为到新建立的文件夹中（目的为备份），选择（PSD. *Photoshop）格式输入文件名。

（二）常用工具

1. “钢笔”工具描绘直线和曲线

选择“钢笔”工具在任何鞋样的部件上起点（单击鼠标左键），将鼠标移动到另一个位置再单击，就可以描绘一条直线段。如果在单击下一个点时，按住鼠标左键不放，同时移动鼠标，此时这条线段就变成曲线了，并且在端点上会出现两个

“手柄”（用来修改曲线弧度），按住 Ctrl 键，并在点击手柄圆形点的同时按住鼠标，移动鼠标就可以修改曲线的弧度。

2. 用“矩形”工具套用方形、圆形等形状图案

用“直接选择”工具修改曲线和复制线条。用“路径选择”工具“复制”并“粘贴”线条，也可以剪切、穿洞、集合曲线图形、对齐线或曲线图形。

3. 描边路径

画笔设置方法：选择“工具栏”中的“画笔”工具（在“菜单栏”下的“工具设置栏”设置画笔工具）。

具体设置：模式（正常）；不透明度（100%）；流量（100%）；笔尖形状：直径（1像素）、硬度（100%）、间距（1%）；动态形状：控制（钢笔压力）、最小直径（100%）、其他设置（0）；散布（关）、数量（3~7）。

描边路径步骤：用钢笔描好鞋样各部件后，要进行描边路径。

方法A：新建图层→将该图层填充白色→选择路径面板→在路径层用鼠标单击右键→选择描边路径→计算机自动沿路径描为黑线。

方法B：将该图层填充白色后，单击鼠标右键，选择描边路径，计算机也会自动沿路径描为黑线。

方法C：选择“画笔”工具按 Enter 键执行描边路径。

注意：① 描边路径时不可选取任何路径，否则只会描该条线段，而其他未被选取的路径不能描边。② 每块部件都应被所描边的黑线封闭式包围，不得有空白缺口。

二、配色制作

（一）配色前的准备

① 双击桌面 PhotoShop 图标进入软件。

② 打开一款鞋样图片。

③ 选择“工具栏”中的“度量工具”，在该鞋的底部沿大底拉一条直线→选择“图像”菜单中的旋转画布→“任意角度”→确定。

④ 在“工具栏”中将前背景色设为默认的颜色（黑和白）→选择“载切”工具将图像裁切和鞋样差不多的大小。

⑤ 选择“图像”菜单→图像大小→文档大小宽度（参考数据：28cm）、高度（按比例），分辨率（300像素/in以上）→约束比例→确定。

⑥ 将文件存储到自己建立的文件夹中，格式改为 PSD 格式。

注意：观察原鞋样是否变形。如果变形则先将其改正过来。方法为：在“图像”菜单中的“图像大小”设置栏中改变宽度或高度；也可以在“编辑”菜单中的“自由变换”来设置宽和高。

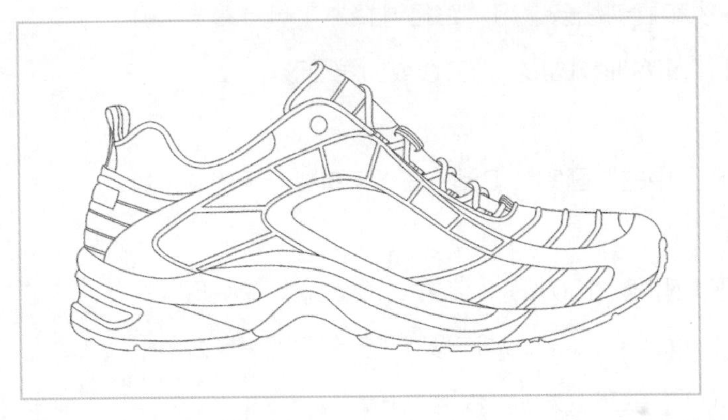

图3-4-1　运动鞋主要线条图

图3-4-2　运动鞋填充颜色效果

（二）配色制作步骤

① 将鞋款的外形和各部件用“钢笔”工具描绘出来【在描绘过程中要注意线条准确和流畅，每块部件上的线条（路径）的端点必须到位，与其他线条接触到】。

② 新建图层并填充该图层为白色（将用钢笔所描绘好路径进行描边为黑色线条），见图3-4-1。

③ 填充颜色：一般按部件的层次分先后，先处理最里层的部件（在这里可先将该鞋的网布做好），见图3-4-2。

三、运动鞋常用特殊效果设计

（一）网布制作步骤

① 选择“文件”菜单→打开→“网布”文件夹→打开和原鞋网布相同或相似的一块已扫描好的网布。

② 用“度量”工具将网布调平→“矩形选取”工具在该网布上圈取一部分（注意：选取纹理有规律和比较平整的部分）。

③ 选择“编辑”菜单中的定义图案→输入名称→确定。

④ 网布纹理也可以用另外方法进行制作：用“矩形选取”工具在该网布上圈取一部分后，选择“编辑”菜单中的“复制”→选择“文件”菜单中的“新建”一个

文档→选择“编辑”菜单中的“粘贴”，然后合并图层并保存该文件。将文件存储到自己建立的文件夹中（备用），一般制作皮革纹理时用这一方法。

⑤ 用“魔棒”工具在图层选取所有要填充网布的部件（为了部件与部件之间不露白要扩大选区）。

⑥ 选择“选择”菜单→修改→扩展1～2像素→并在该菜单中选择羽化0.2像素。

⑦ 建立新图层。

⑧ 制作纹理方法常用的有以下几种：

A. 选择“编辑”菜单→填充→使用（图案）→选择刚才定义的网布图案（一般会在计算机默认图案的后面）；

B. 填充颜色后选择“滤镜”菜单中的纹理→纹理化→载入纹理，打开自己建立的文件夹中的“备用”纹理→按“打开”；

C. 填充颜色后选择“混合选项”中的“图案叠加”，选择混合模式为（叠加）图案，选择自己定义的网布纹理。

⑨ 制作网布的斜面浮雕效果：在图层选项卡下方的（斜面和浮雕）工具→用鼠标单击（f）图标→设置栏选择斜面浮雕→将使用全局光不选择→样式内斜面、方法平滑（70%～80%）、方向：上、大小250像素、软化16像素、角度和高度分别为120度和30度、选择消除锯销、高光20%、暗调20%～30%→确定。

⑩ 用“加深”工具将每块网布的下半边和皮革旁边颜色略微加深些（每块网布在填纹理时可一起填充，但是斜面和浮雕效果要分开图层制作，因为角度和凸出的高度不相同）。

制作完成的网布效果见图3-4-3。

图3-4-3　网布效果

（二）皮革制作

① 与网布制作（1～7）步骤相同，不同的就是定义皮革纹理。

② 制作各皮革的斜面浮雕效果：鞋舌：内阴影、混合模式下片叠底、不透明度20%、角度-105度、不使用全局光、距离2像素、大小1像素、其他默认为0。斜

面和浮雕效果：样式内斜面、深度15%、大小250像素、软化16像素、高光不透明度67%、暗调不透明度54%，斜面和浮雕效果一般都不使用全局光，其他为默认设置，包里布旁边的鞋舌用“加深”工具将颜色加深些。

③ 鞋头：斜面和浮雕设置：深度100%、大小10像素、软化0像素、角度158度、高度28度、高光不透明度21%、暗调不透明度40%，靠近鞋底的旁边部分用“加深”工具将颜色加深些，而上半部分则用“减淡”工具将颜色减淡些。

④ 边肚：斜面和浮雕效果设置：深度大小、软化等设置同鞋头，只做该皮革的厚度，角度为180度，凸出部分的斜面和浮雕效果设置：深度170%、大小13像素、角度180度、高度34度、高光不透明度17%，其他设置同上。

⑤ 后缝：斜面和浮雕效果设置：深度61%、大小7像素、软化16像素、角度153度、高度28度、高光不透明度24%、暗调不透明度25%。

⑥ 鞋底塑料：斜面和浮雕设置：深度121%、大小79像素、软化12像素、角度50度、高度70度、高光不透明度25%、暗调不透明度63%。

（三）热切塑料制作

① 用“魔棒”工具选择鞋头7块塑料区域，填浅灰色，斜面和浮雕效果设置为：深度220%、大小40像素、高光不透明度40%、暗调不透明度18%，其他设为默认值。

② 将边肚颜色填充好后，斜面和浮雕效果设置为：高光不透明度51%、暗调不透明度31%，其他为默认值。

③ 将鞋头和边肚分别做塑料效果“滤镜”菜单中的艺术效果→塑料包装效果，设置为默认值→好。

④ 后封和鞋舌效果必要做出金属和塑料所具有的高光亮点效果，并且要做两次斜面和浮雕效果，第一次是做出塑料的厚度，然后新建立一个图层并且与该图层链接合并；再做一次斜面和浮雕效果，此时设置为：深度141%、大小9像素、软化2像素、角度45度、高度84度、高光不透明度(100%)最高，暗调不透明度10%（将塑料做成半透明状的效果）。

制作完成的热切塑料效果见图3-4-4。

（四）鞋带里布效果制作

鞋带里布要表现出圆度形状，明度在上，暗度在下，并表现出布的纹理效果

（纹理效果同网布做法）。

做斜面和浮雕效果时，要将阴影角度调为和鞋带或里布的方向成90°角状，一般光照在左上方，高光不透明度要小些，因为布一般不可能反光太强烈，里布在“斜面和浮雕”的光泽等高线可设置成和里布的曲线相似，这样能使里布上半部分向下半部分为明暗调（图3-4-5）。

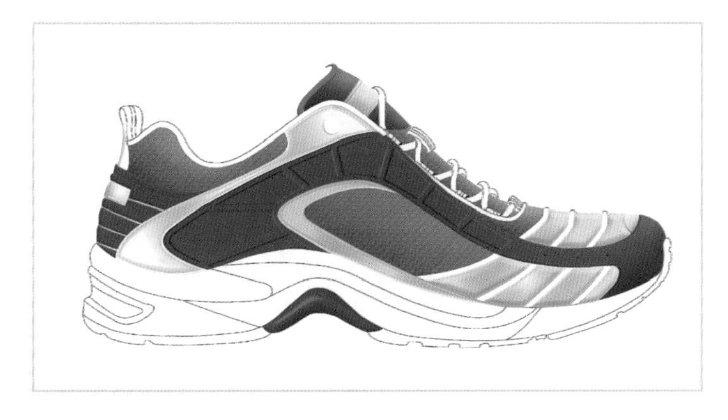

图3-4-4　热切塑料效果

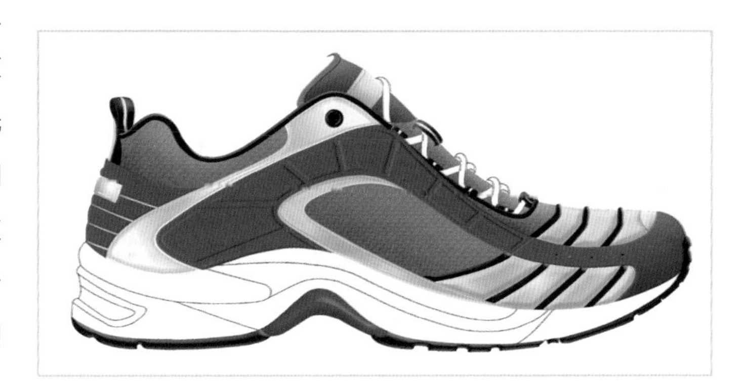

图3-4-5　鞋带里布效果

四、鞋样配色

当样鞋各个部件的效果制作完成后，要给样鞋搭配其他颜色（图3-4-6）。具体操作步骤如下：

① 先将制作完成的样鞋保存，再存储为到其他文件中以作备份。

② 把各个部件的颜色进行更换，一般常用“图像”菜单中的“调整”、“色相饱和度”来操作，改为所需要的色调。如果两块或多块部件的材料质地和颜色相同，但却在不同的图层中，可以先更改一个图层中的颜色，再用鼠标点击其他需要颜色更换为相同颜色的图层，然后用快捷键（Ctrl+Alt+U）来执行，就可以自动换为和上文相同的颜色了。

③ 把原鞋图层和背景图层删除，只留自己建立的图层，除描边路径这一图层外，将其他所有图层合并（合并可见图层）。

④ 新建一个文档，宽度选择29cm，高度选择20cm，分辨率和制作的鞋样文档相同，模式：RGB，内容：白色，再用“移动”工具将刚才合并的图层拉到该文档中去，最后用“自由变换”工具按住 Shift 键缩放至适当大小。

如果需要再搭配其他不同的颜色，就将前面保存“备份”的文档打开，用“色相饱和度”更换成其他颜色，步骤和技巧参考以上步骤。

图3-4-6 配色鞋款

思考练习

1. 运动鞋效果图配色的意义是什么？

2. 通常运动鞋效果图配色的准备工作中，参数设置有哪些？请根据一款设计举例说明。

3. “皮革制作”环节中，参数设置及具体步骤是什么？

4. 你了解到的其他能够进行配色设计的软件有哪些？请尝试设计操作过程。

第四章

基于专用软件的（鞋类计算机辅助）造型结构设计

本章主要阐述鞋类计算机辅助造型结构设计专用软件的一般功能，并对Shoemaster、FAST、Shoepower 等鞋类专业软件在鞋类造型结构设计中的应用进行概述。

知识目标：

了解常用鞋类专业软件的操作流程和设计思路。
了解鞋类专业软件进行设计的基础知识。
了解现阶段鞋类专业软件发展及应用情况。

能力目标：

掌握 Shoemaster、FAST、Shoepower 鞋类专业软件设计程序。
掌握一种鞋类专业软件设计及整体操作方法。

第一节　基于 Shoemaster 的造型结构设计

Shoemaster（数码达）是众多鞋类专业软件中功能比较全面的二维、三维设计软件，可以进行效果图设计、样板设计、底跟设计、样板扩缩等。Shoemaster 是鞋类行业的 CAD/CAM 系统，具有二维和三维单独设计功能，也可以整合于整套解决方案的程序模块。Shoemaster 系列的 CAD/CAM 解决方案为鞋业行业提供必要的功能来缩减成本、提升产品品质和提高生产效率。

一、软件概述

Shoemaster 是由总部位于意大利的 Torielli 公司和位于英国的子公司 CSM3D 公司共同开发的鞋类辅助设计/制造软件。Torielli 是一家有着80多年历史、广受鞋业界尊敬的鞋机公司。利用其多年来积累的丰富经验和技术力量，Torielli 公司提供包括备用零配件、材料、单台机器、整条生产线甚至整间工厂。除了传统的业务外，多年来，Torielli 也一直站在科技的前沿，致力于提供高科技解决方案。CSM3D 是一家有着30多年经验、一直为鞋业界提供 CAD/CAM解决方案的软件公司。通过不断完善，目前已经在45个国家450多家企业安装超过2200个Shoemaster使用授权，被多个一级品牌鞋业所采用多年，包括：bally magli、chanel、giorgio armani、prada、diadora、sergio、rossi、pancaldi、lloyd等，遍布全球40多个国家，并且有20余家鞋类专业院校作为教学用途，其中包括世界著名的意大利 Arts Sutoria 设计学院、中国广州白云学院等。

Shoemaster 鞋类专业软件，共包括7个模块，分别是Shoemaster Forma 鞋楦设计软件、Shoemaster Creative鞋样设计软件、Shoemaster Power三维开板扩缩软件、Shoemaster Classic二维开板扩缩软件、Shoemaster Esprite二维扩缩软件、Shoemaster Interface 排料切割软件、Shoemaster Spa排料算料软件。

二、Shoemaster 各模块功能介绍

1. Shoemaster Forma

Shoemaster Forma 主要是进行鞋楦设计的软件（模块），可以为刻楦机建立电子鞋楦档案和母楦。

2. Shoemaster Creative

Shoemaster Creative 主要是进行鞋样设计的软件（模块），能够读取电子鞋楦（有的软件中称数字化鞋楦），可以进行三维造型设计、大底跟型设计、材质套用、颜色搭配等，完成鞋子拟真效果图。

3. Shoemaster Power

Shoemaster Power 主要是进行三维开板扩缩的软件（模块），能够读取由 Shoemaster Creative 制作的鞋子拟真档案（效果图）进行三维转二维的展平、取跷处理及拆帮取片；同时可以为样板添加各类标记、文字、折边位、搭位（压茬）及合缝位（合缝）等快速完成鞋面样板扩缩生产（样板扩缩）。

4. Shoemaster Classic

Shoemaster Classic 主要是进行二维开板扩缩的软件（模块）。通过平面数字化仪（又称二维图形输入仪）输入由手工制作的展平板（样板）进行取跷处理，拆帮取片，添加标记、文字、折边、搭位及合缝位等进而完成鞋面样板扩缩生产。

5. Shoemaster Esprite

Shoemaster Esprite 主要是进行二维开板扩缩的软件（模块）。通过平面数字化仪输入手工制作的组合半面版，在 Esprite 里拆帮取片，加上各类标记、文字、折边位、搭位及合缝位等，最后完成扩缩生产纸版。

6. Shoemaster Interface

Shoemaster Interface 主要是排料切割的软件（模块），能够连接样板切割机或者输出档案至真皮切割机，真正实现无刀模生产。

7. Shoemaster Spa

Shoemaster Spa 主要是排料算料的软件（模块），以最优化的方式对计算机样片计算用量。

三、Shoemaster 操作

（一）Shoemaster Forma

鞋楦扫描仪自动将所有楦头扫入计算机，形成楦头资料库，通过计算机软件任意对换头型与后身搭配产生新的楦型，也可以通过软件单独更改楦头的跷度、底样及肥度。

Shoemaster 在“威力手”的配合下，能快捷地采集楦头数据，只要沿着物体的轮廓进行描绘，在短时间内就可建立复杂的三维数据集（图4-1-1至图4-1-6）。

（二）Shoemaster Creative

通过数据库，Shoemaster Creative 鞋样设计软件可以读取由鞋楦开发软件扫描的楦头，在三维立体的一个楦面上设计造型线条，套上皮料的材质，更改颜色，加入饰扣，配上自己设计的大底，直接虚拟鞋样（图4-1-7）。

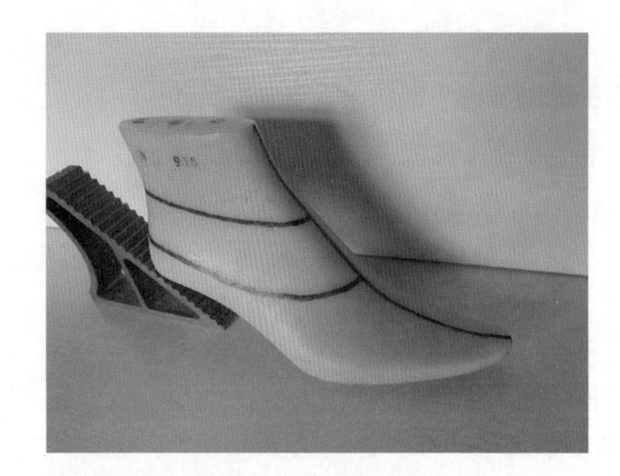

图4-1-1　在楦上画出经纬线条

图4-1-2　固定鞋楦

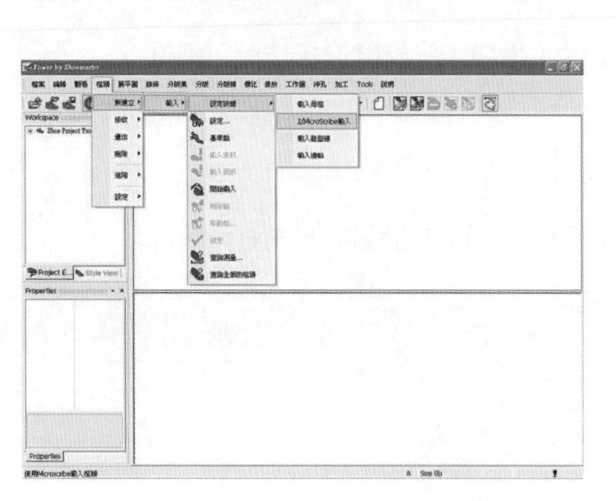

图4-1-3　通过 Shoemaster 连接“威力手”

图4-1-4 按照楦上网格（点）逐一采集数据

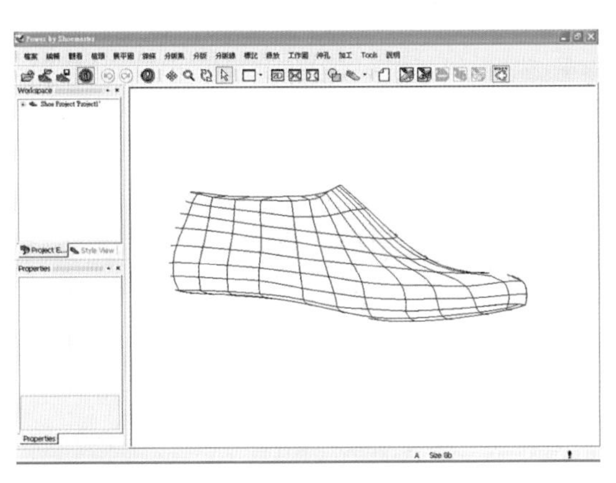

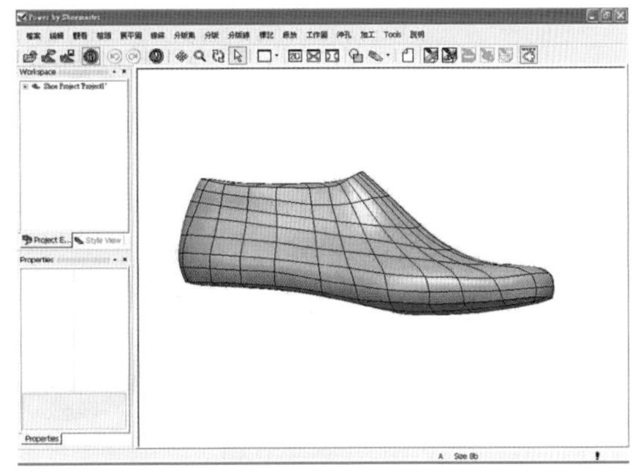

图4-1-5 生成三维图形（鞋楦）

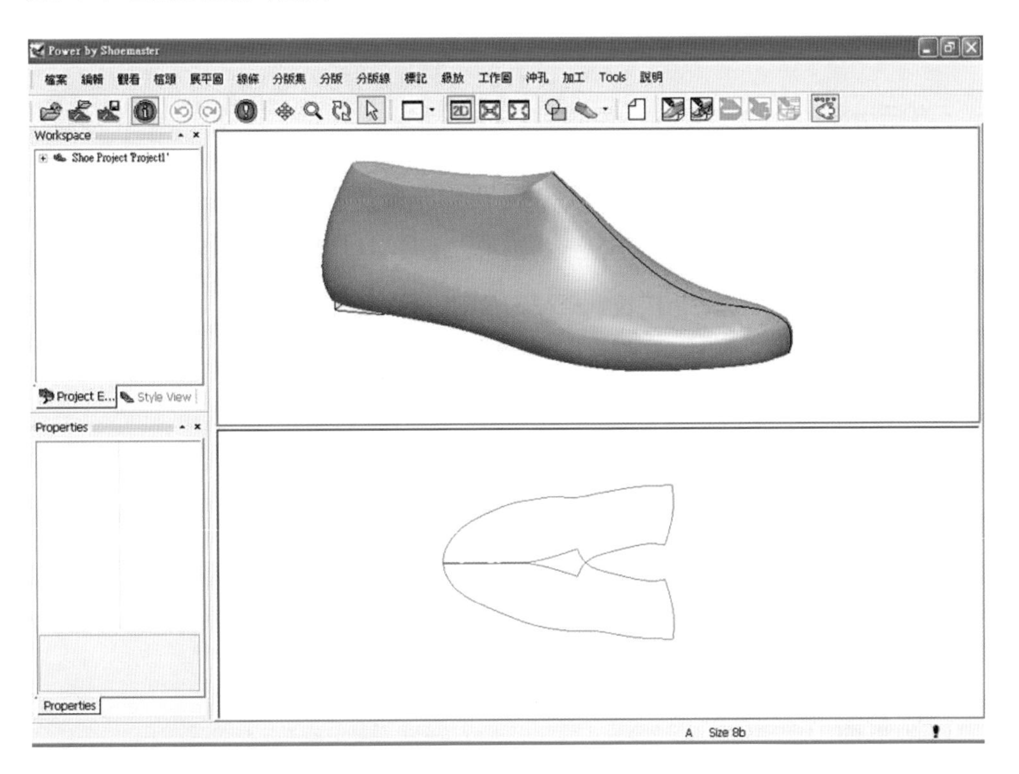

图4-1-6 楦面展平

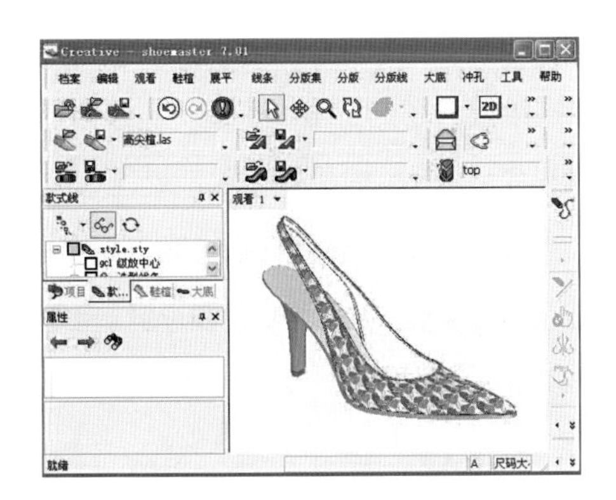

图4-1-7 虚拟鞋样

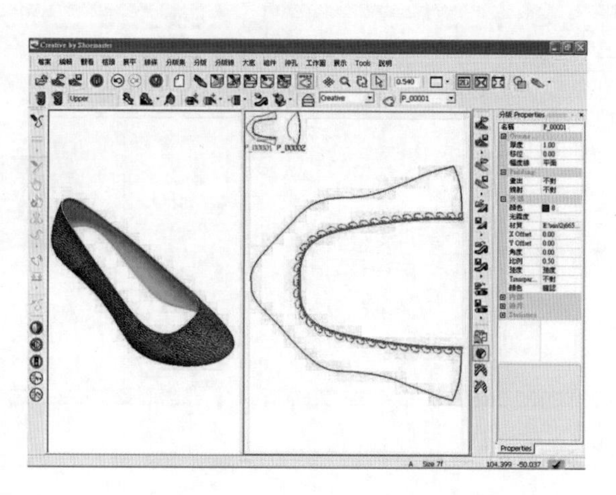

图4-1-8　平面二维展开

（三）Shoemaster Power

刻楦机刻出楦头，雕刻机刻出大底，通过开板自动取跷软件直接完成样板制作，可以通过 Shoemaster Power 从三维楦面展平成平面二维展平板，经过取跷处理，再拆帮取片，加上折边位、搭茬、合缝位等细节的工程处理，如果在试做第一次没有问题的话，纸板不用再次输入计算机，直接扩缩试产后转而投入生产（图4-1-8）。

（四）Shoemaster Creative

Shoemaster Creative 包括鞋样设计中所有的必要功能。可以直接导入数字化的楦头档案，如果有必要，可以对楦头进行修改。二维鞋样草图也可以通过扫描仪输入，而且这张草图可以先在 Creative 里面直接调用。

1. 鞋图

通过扫描仪，可以将鞋图或者照片输入到Shoemaster Creative 系统，然后将其附在楦头表面，沿着图片上的线条，便可以在楦头上描绘出鞋子的三维线条造型。作为选择，可以在Creative 内更换楦头或鞋图，还可以在Creative 内直接打开其他的图形处理软件将鞋图修改好后再返回 Creative，接着原来的步骤继续进行设计（图4-1-9）。

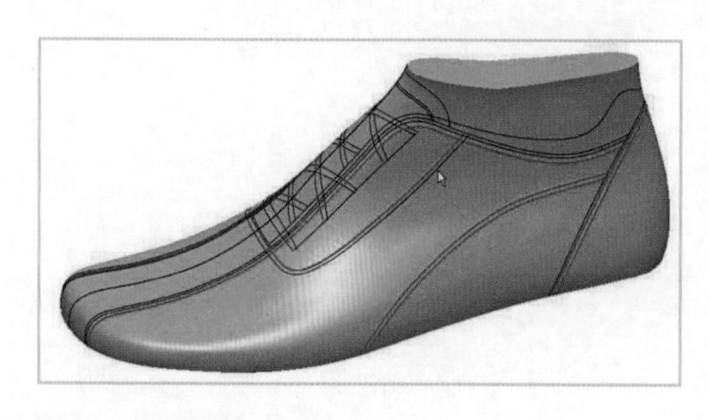

图4-1-9　三维线条造型

2. 楦头修改

Shoemaster Creative 提供了修改功能，包括楦头的缩放、楦尖和后踵的弧度、楦头合并以及楦头高度的增减，这些修改都不会牵涉到楦型设计人员在早期阶段的设计。

3. 成分

Shoemaster Creative 提供的功能除了可以在鞋子上面添加一些装饰成分外，还可以导入 VRML 格式的 3D 成分，这意味着可以直接从生产这些成分的制造商那里获得 CAD 数据，更快更完美地设计和开发鞋样。

4. 造型转移

Shoemaster Creative 内置了三维造型转移装置，可以将一个设计好的造型套用到一个新的楦头上。这种转移很容易控制，而且保证能维持正确的尺寸，同时，它会保留原来的分板及设定。

5. 鞋底设计和修改

Shoemaster Creative 可以建立三维大底，包括复杂的外围曲线、水沟纹路、嵌入和修整。大底可以建在楦头基线的下方，既可以显示为实体形状，也可以显示为轮廓线架构。完成后的大底可以套用到任何形状的楦头，而大底又可以从其他 CAD 软件以 VRML 的格式导入（图4-1-10）。

6. 修整

冲孔程序界面可以设计出各种各样的冲孔图案，包括用户设计的图案，这些冲孔图案将以所选的线条为中心轴黏附在线条上面，改变线条，冲孔线也跟着改变。

7. 三维鞋样

利用已描好的造型线和建好的分板，便可以做出一只虚拟的三维鞋子，通过属性面板，可以控制分板的厚度、材质、颜色等，还可以做出泡棉的效果；材质既可以自己设计，也可以通过扫描仪、数字相机输入，这些材质可以套用到材料例如真皮的各个表面，可根据需要旋转、缩放（图4-1-11）。

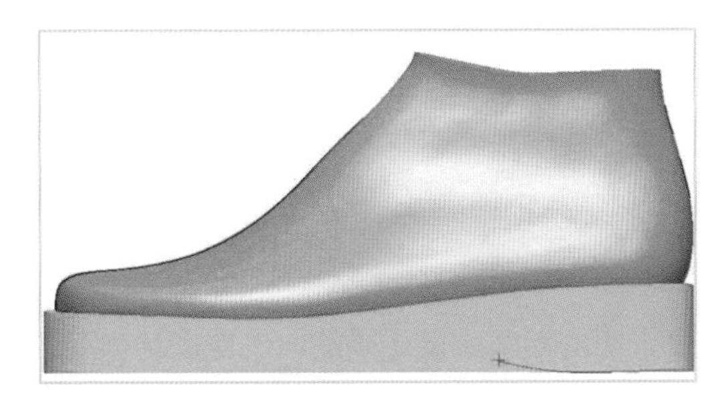

图4-1-10　三维大底

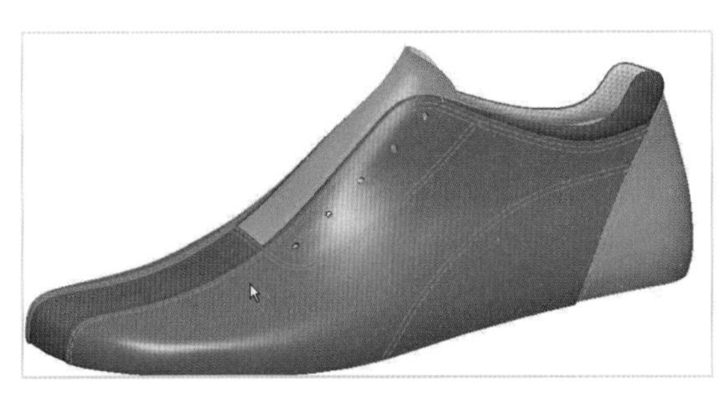

图4-1-11　分板

（五）Shoemaster Power

Shoemaster Power 除了拥有 Shoemaster Esprite 以及 Shoemaster Classic的所有功能外，还提供了三维鞋楦和二维基本板等功能。鞋样的造型可以轻松地创建并显示在三维楦头上，而 Shoemaster 提供的展平系统可以将三维楦头转换为二维分板工程。

1. 二维数字输入

二维分板可以通过数字板或者扫描仪输入，输入的数据将保存为轮廓线的形式。

2. 三维数字输入

支持多种输入设备，包括 Ideas、Newlast、Vorum、Microscribe、CMI、3D Scanners、VRML、IGES，用户可以自行设定设备的驱动程序，方便快捷地建立各种三维数据。

3. 三维展平为二维

独立的展平系统可以快速地将三维展平为二维，而且操作非常简单，展平出来的二维面可以直接用来建立分板。二维和三维界面是相互关联的，它们使用相同的工具，只要在其中任何一个界面建立或修改造型线，则另一个界面也会同时跟着建立或修改。

4. 二维和三维扩缩

Shoemaster Power 可以将单一的楦头扩缩成整套的楦头，包括使用特殊扩缩规则来限制某些特定区域，例如：进行大底群组扩缩时，可以控制楦底的形状。对于二维造型线，可以使用指定的扩缩模型，包括群组、特殊、中心和后踵扩缩。相互结合的二维和三维用户界面，可以预示扩缩出来的二维造型能否套在相应码数的三维楦头上。中心、群组、区块等扩缩可以由用户自行设定套用，各种方向都可以受限制，各种成分均可以套用特殊扩缩规则。造型线可以不加限制“自然扩缩”，也可以由用户加以各种规则进行限制扩缩，以确保所需的分板能符合要求。在造型线扩缩的同时，分板也同时分别进行扩缩。

5. 造型转移

Shoemater Power 的造型转移功能包括了二维对二维、三维对二维、三维对三维甚至二维对三维的转移。

6. 切割输出和打印输出

利用 Windows 内置的打印驱动程序，切割档案能按正确的比例直接从标准的

Windows 打印机打印出来。当然，切割档案还可以输出到 Shoemaster 的切割程序Interface，通过 Interface，分板可以有效地切割成各种材料。

（六）Shoemaster Classic

Shoemaster Classic 是传统模式下的鞋类二维CAD/CAM模块。

1. 建立分板

按照顺时针方向，依次选取造型线，由这些线条组成的闭合图形便成为各种形状的分板，在此其间，可以设定线条的不同属性，如：线条种类、连续性等。

2. 修改分板

分板既可以通过修改造型线来修改，也可以单独进行修改。修改的项目包括移位值、齿沟、冲洞、文字以及以中心线为对称轴展开或折叠分板等。

3. 控制移位值

围绕着基本板，Shoemaster 可以通过一系列的设定之后，建立起结帮位。此过程可以以宏的形式保存起来，用于其他基本板，从而保证材料用量的准确性，提高基本板的品质，减少材料的浪费。

4. 转移基本线

Shoemaster Classic 不但可以加载基本线，还可以将基本线转移到其他基本板，分板（包括移位值等细节）将会与新的基本板相匹配。系统可以限制转移的各个区域，整个过程只需花费数秒钟的时间；如果采用传统的方法来达到相同的目的，则可能需要花费几个小时。

（七）Shoemaster Esprite

Shoemaster Esprite 可以简单而快速地输入分板，它提供了一系列的扩缩工具，包括分段扩缩，群组扩缩和肥度扩缩。Esprite 作业界面直观，兼容各种主流的纸板和皮料切割机。

1. 二维分片输入

纸板可以经由各种数字板输入，当然也可以用标准的扫描仪输入。

2. 修线

Shoemaster Classic 与其他 Shoemaster 核心产品一样，屏幕中显示的线条可以被修改、延伸、镜射、复制、移位以及结合等。修改造型线时，分板会自动做相应的变化，不需要因造型线的改变而重新建立分板。

3. 自动建立标记

用数字板输入分板时，分板上的各种标记可以自动建立，这不但可以提高输入的速度，而且这些标记以后还可以进行修改。用户可以用鼠标将这些标记显示在屏幕上，这些标记可以是针车线、冲孔或者圆洞，用户甚至可以定义冲孔的形状。

4. 修改分板

分板既可以通过修改造型线来修改，也可以单独进行修改。修改的项目包括移位值、齿沟、冲洞、文字以及以中心线为对称轴展开或折叠分板等。

综上所述，Shoemaster 鞋类专业设计软件无论是结构设计还是工艺设计，都有着自身的优势所在。

注：本节所有操作，已在Shoemaster 7.01 版本中通过测试。

思考练习

1. Shoemaster 鞋类专业设计软件的背景是什么?

2. Shoemaster 鞋类专业设计软件主要包括哪几部分? 各部分的主要功能是什么?

3. Shoemaster 鞋类专业设计软件的设计流程是什么?

4. Shoemaster 鞋类专业设计软件与其他鞋类设计软件相比，优点体现在哪几个方面?

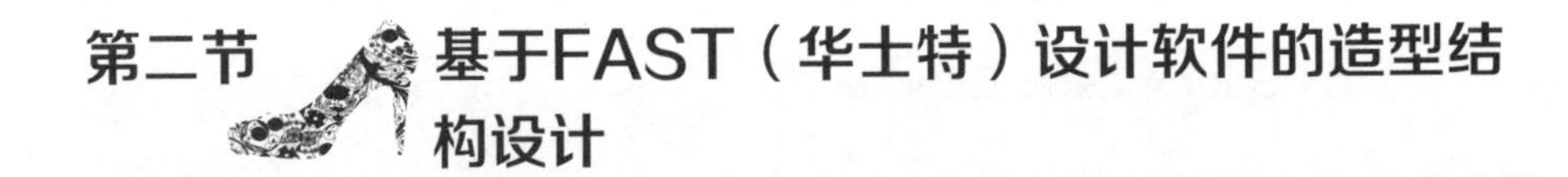

第二节 基于FAST（华士特）设计软件的造型结构设计

一、FAST（华士特）软件的基本操作

华士特软件的操作界面包括菜单栏、工具箱、命令行、状态栏和工作区等（图4-2-1）。

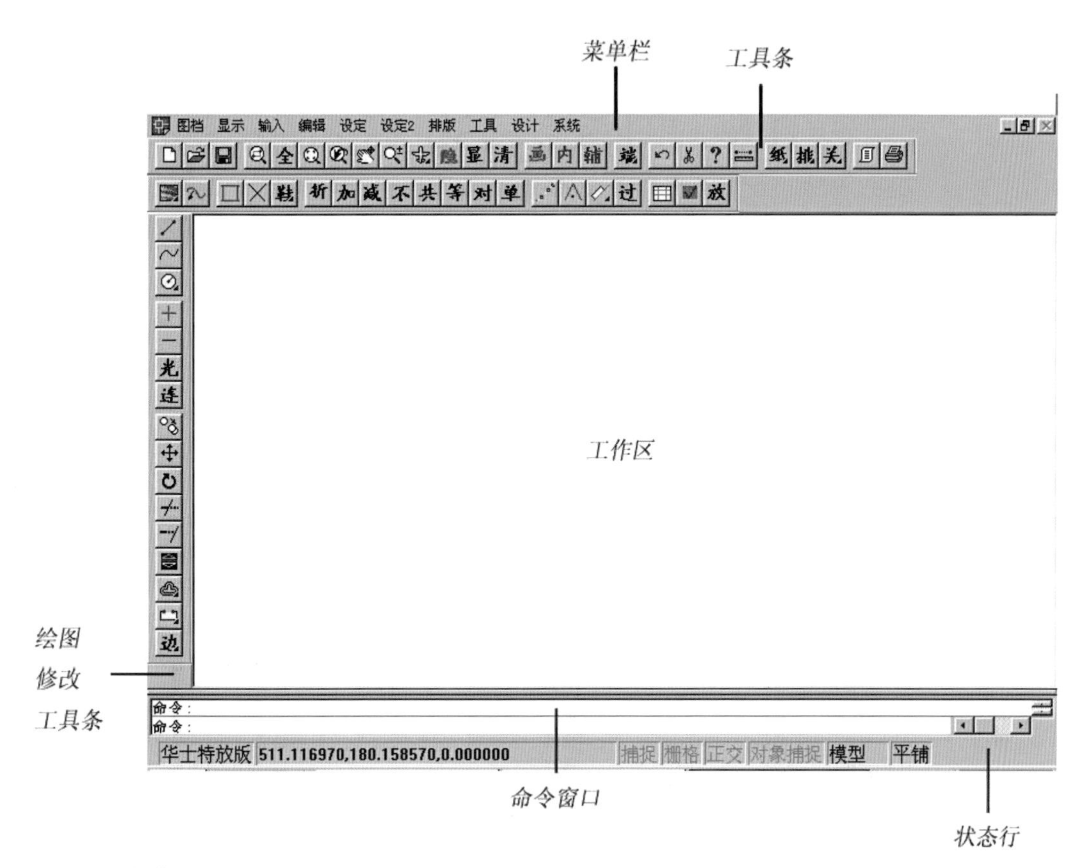

图4-2-1 操作界面

（一）菜单栏

菜单栏共有10项，分别是图档、显示、输入、编辑、设定、设定2、排版、工具、设计和系统。单击其中之一，就会出现下拉式菜单，如果指令为灰色，则代表该指令在目前的状态下不能执行。以下是10个菜单的基本用途。

1. 【图档】菜单

功能：负责文件的管理工作，包括打开、保存、切割的基本文件操作，还可以合并文件、转换文件格式等。

2. 【显示】菜单

功能：显示图形的大小、位置，隐藏图形和清理屏幕。

3. 【输入】菜单（图4-2-2）

功能：输入各种线条、图形、图案和文字，调整线条上的点数与方向，改变线条的属性，确定图形的各种点。

4. 【编辑】菜单（图4-2-3）

功能：对线条进行复制、移动、删除和旋转，还可以对线条进行整理、测量和查询等。

5. 【设定1】菜单（图4-2-4）

功能：设定图形的基本属性。

6. 【设定2】菜单（图4-2-5）

功能：设定图形的特殊属性。

7. 【排版】菜单（图4-2-6）

功能：对将要输出的样片进行排列。

8. 【工具】菜单（图4-2-7）

功能：设定系统的各种参数。

图4-2-2 【输入】菜单

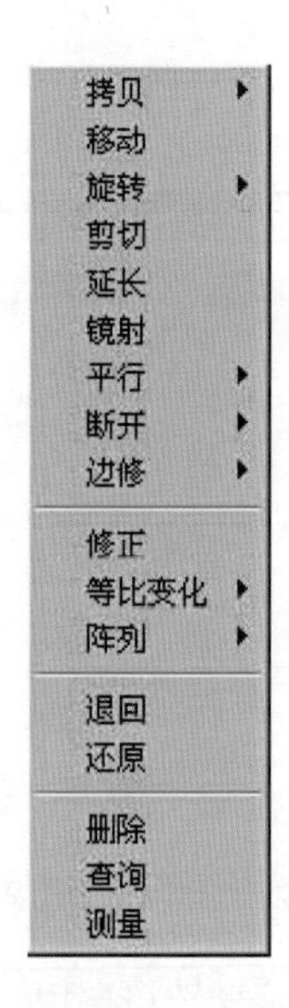

图4-2-3 【编辑】菜单

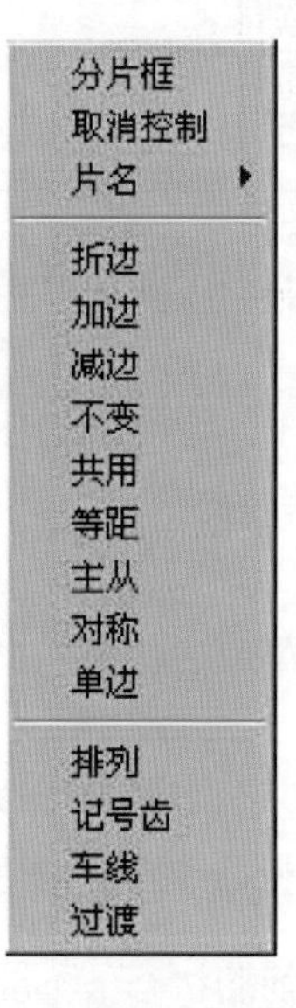

图4-2-4 【设定1】菜单

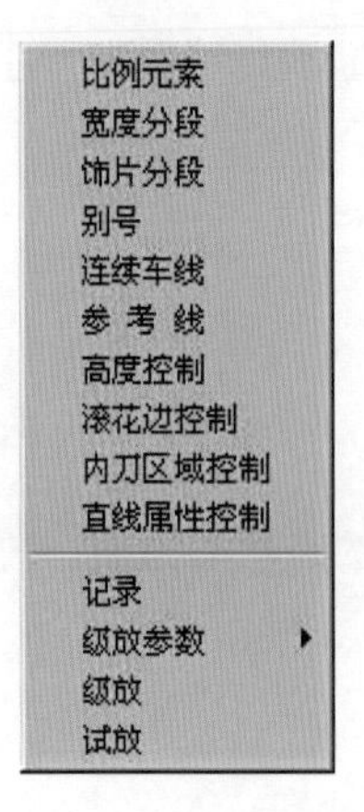

图4-2-5 【设定2】菜单

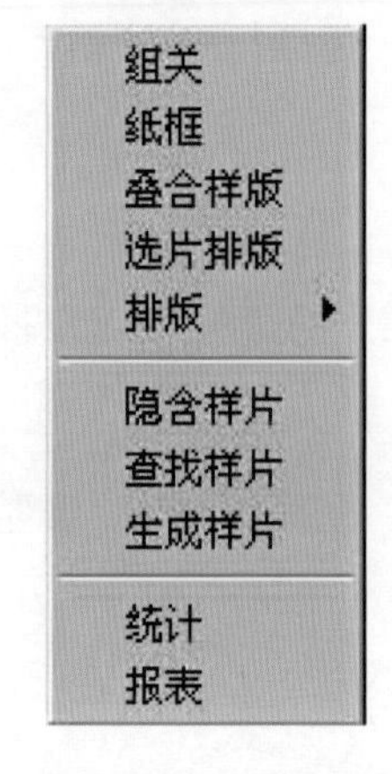

图4-2-6 【排版】菜单

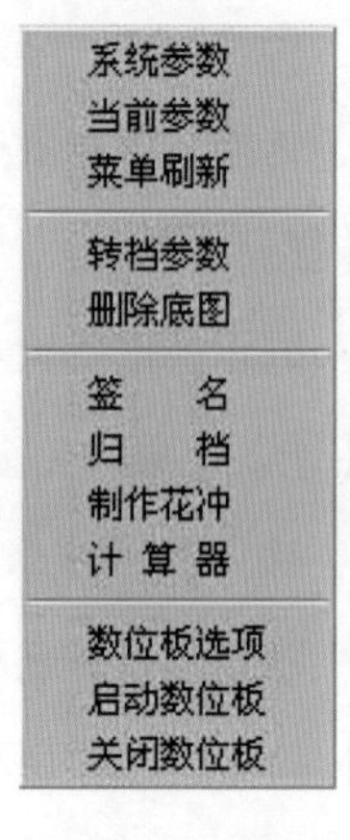

图4-2-7 【工具】菜单

9. 【设计】菜单（图4-2-8）

功能：用于架设各种辅助线、确定样板以及制作简单的效果图等。

10. 【系统】菜单（图4-2-9）

功能：软件高低版本的切换，与 AUTOCAD 14 的切换，增加系统功能。

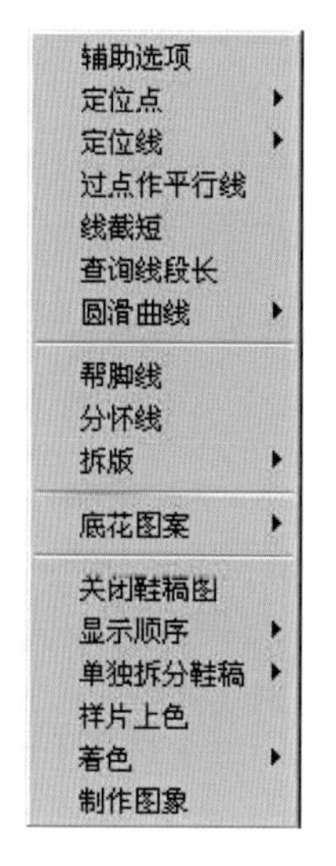

图4-2-8 【设计】菜单

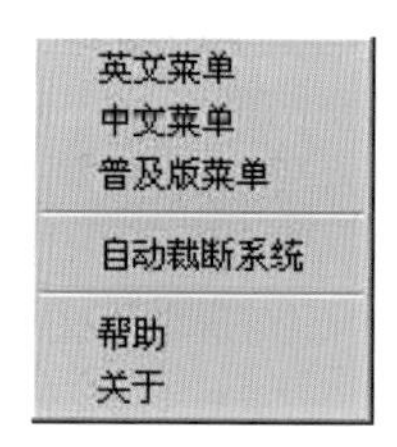

图4-2-9 【系统】菜单

（二）输入菜单（主要工具简述）

1. 【输入】-【直线】

功能：绘制与处理直线。

操作方法：

① 输入-直线-直线化：左键选曲线变成直线（比如在描线时，中线却描成为曲线），曲线两端点变成直线的两端点。

② 输入-直线-拉直：左键选曲线将曲线变成直线，且直线的长度等于曲线的长度。

③ 输入-直线-垂线：对准直线上的一个点位按鼠标左键，通过此点作它的垂直线。

2. 【输入】-【曲线】

功能：绘制各种曲线。

操作方法：

① 输入-曲线-改变封闭曲线的始点：自动描线时，可能底板之类封闭曲线的

始点位置不太好，切割的效果不好，要改变它的始点。选曲线：对准曲线按鼠标左键；选新的始点，此点作为切割的开始处。

② 输入-曲线-曲线化：将圆、椭圆、弧、直线变成曲线。按照【光顺精度】作为步距，可以先选多条线。

3.【输入】-【圆】

功能：绘制圆和椭圆。

操作方法：

输入-ELL（椭圆）：用来做图案，椭圆的大小扩缩时会变化。还有另外一种方式的画法（圆心方式）：输入-C（长轴一端点），在最长轴的一端按左键；另一端点：在最长轴的另一端按左键。

4.【输入】-【文字】

功能：输入文字，处理文字。

操作方法：

① 输入-文字-打字（快捷键 DZ）：在样片上打上【片名】命令以外的说明性文字。比如：装饰性的文字作为商标等。可以先按【工具】-【当前参数】输入新的“字高”、“字体”。

② 输入-文字-改变文字属性（快捷键 DE）：用来改变文字的字高、字宽（值越大，字越宽）、斜角、字体、倒立、反向。只有打字、片名、型体名、楦头名才可以改变。

③ 输入-文字-改变文字（快捷键 DD）：直接改变文字的内容。对准要改变的文字按左键，再输入新文字，按右键结束命令。

5.【输入】-【图案】

功能：绘制、处理各种图案。

操作方法：

① 输入-图案-多边形：画正多边形，各边长相等，如三角形、四边形等作为装饰图案。它的大小会扩缩，如果不要变化，则要做【不变】控制，不变的基点一般在它的中心位置。边形:输入几边形（最少为3）；起点：在一条边的起点位置按左键；另一点：在此边的另一端点按左键；或者移动光标到合适的方向（按F8成水平或竖直）再输入边长。

② 输入-图案-三角形边（快捷键TL）：在直线或者曲线上画连续的V形作为装饰图案。

先在对话框中输入参数，在线B上从点A处开始画V形：在点A按左键（选线），在线B按左键，要在线的另一边画V形，按“Y”，当选中“主线断开”，则线B会从点A到点C打断（图4-2-10）。

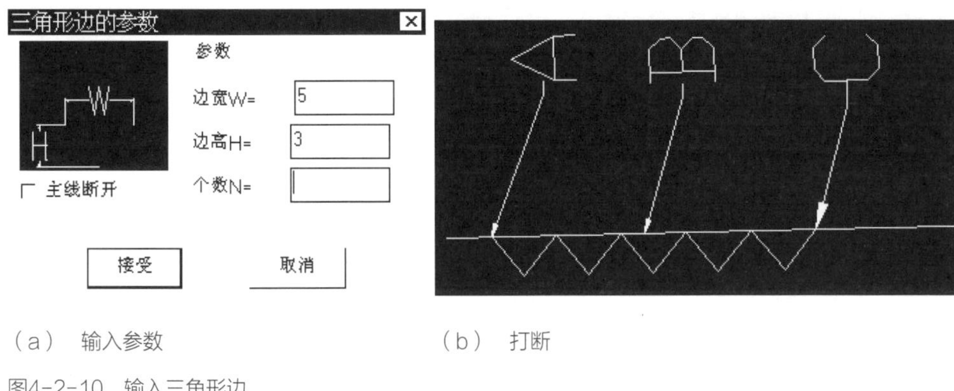

（a） 输入参数　　（b） 打断

图4-2-10　输入三角形边

③ 输入-图案-折线（快捷键 PL）：折线由多个线段或者弧段组成，主要用来构成图案。四边形、三角形的边长不相等。再可以制作花冲，以用于排列（图4-2-11）。

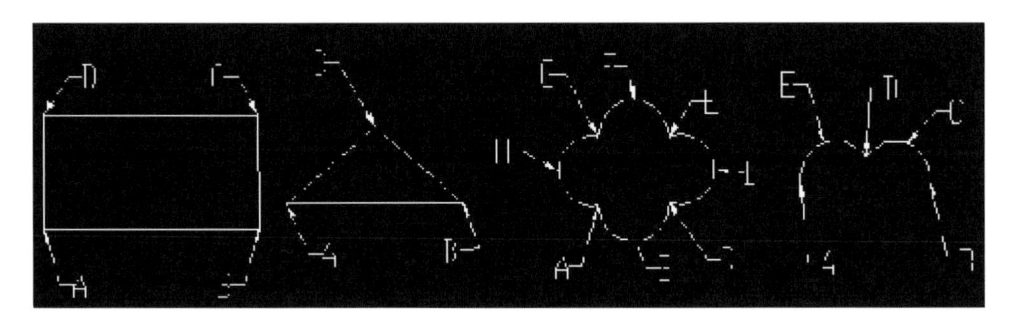

图4-2-11　输入折线

6.【输入】-【块】

功能：将花冲定义成块，分解花冲图案。

① 输入-块-建块 BLK：类似【制作花冲】，构造图块，用于做冲子等来排列，与花冲不同，“块”只能用于本图档。会先显示出这个文件内已经有的块名。

② 输入-块-插块（快捷键【Ctrl+V】）：做完【扣眼】后，如果还有同样的扣眼，可以按这个命令来继续；将【建块】的图案放到样片上作为一个个的装饰。

（三）编辑菜单

1.【编辑】-【复制CP0】

选线复制得到同样的线（由 1 条线变成 2 条线）。

主要用于比较（比如：比较光顺、连接、延长等是否变形）、内外腰线的一部分相同，另一部分不同（可以先复制一条，再来调整）等，以及从控制线复制母线。

2. 【编辑】-【等比变化S】

有些图案可能要放大或者缩小，以相同的*X*、*Y*比例放大或缩小图形。

3. 【编辑】-【不等比变化SS】

以不同的*X*、*Y*比例放大或缩小图形。

（四）设计菜单

1. 设计参数（辅助选项）

【设计参数】对话框如图4-2-12所示。

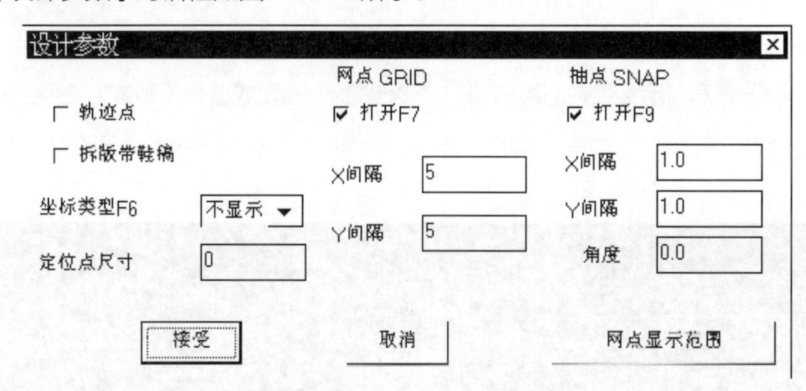

图4-2-12 【设计参数】对话框

如果要显示参考坐标点，按 F7 键网点（状态行 GRID）；

如果线要通过坐标点，按 F9 键抽点（状态行 SNAP）；

按 F6 键改变坐标系，状态行上显示；

“网点间隔”，按“范围”改变显示区域。

2. 定位点

功能：勾线时的定位辅助点。点的大小按【辅助选项】“定位点尺寸”。

操作方法：

①【定点】：按左键直接标示用做定位的点。

②【全线定点】：从选线那一端开始，按全线长的百分比进行定位，或者按右键在所需尺寸处定位。

③【线段定点】：取线上一段的百分比尺寸。先确定线段（选线一得到线段一从线段的第一点开始操作），再取线段长的百分比。

④【等分点】：标示线平均分为几段的点位。

⑤【等距点】：从选线的那一端开始，按输入的间隔布点。

3. **定位线**

功能：勾线时的定位辅助线。

操作方法：

①【构造线】：通过确定直线的中间点和线上的一个点，绘出定长的直线。

②【射线】：通过确定直线的始点和线上的一个点，绘出定长的直线。

③【垂直线】：通过直线上的一点作它的垂直线。

④【过点作平行线】：通过线外的一点作它的平行线。

⑤【线截短】：从选线的那一端开始，将线截短为输入的长度。

⑥【查询线段长】：查询曲线一段的长度。

二、FAST（华士特）软件工具条的应用

鞋样是否设计、扩缩得满意，与控制是否到位有关。有些复杂的情况，可能要组合多种控制方式。必须真正理解各种控制的用处，才能灵活运用。

（一）显示与画面

1. 【窗显】（快捷键Z）

功能：将两点之间的画面充满整个屏幕，用来放大显示局部的图形。

2. 【全显】（快捷键ZE）

功能：将所有的样板全部显示在屏幕上。

3. 【览图】（快捷键 P 或 Ctrl+右键）

功能：拖动显示画面。按住左键不松开，拖动画面到合适的位置再按空格键结束。

4. 【快显】（快捷键F11）

功能：放大或者缩小画面。

5. 【刷新】

底图关闭时，只显示底图；有隐藏线时，只显示隐藏线。

6. 【清屏】

关闭底图，清除屏幕上的曲线方向符号及查询命令的点位符号。

（二）文件

每款鞋样在计算机上都存为一个文件，文件名最好取为鞋样的型体名，便于以

后查找档案。文件内包含鞋样的原始数据、做控制数据、设计后的样板及排版。

1. 【存档】 （快捷键 Ctrl+S）

每次启动扩缩系统或者在系统内按【新建】命令，表示还没有文件名，当输入鞋样后，必须按【存档】命令才保存，出现对话框，在“文件名（N）”后输入文件的名字，比如“9602”，再按“保存（S）”按钮。

2. 【新建】

扩缩完一款鞋样后，还有另一款鞋样要扩缩时，按这个命令来新建一个空的文件。

注意:在按这个命令之前，先决定是否要按【保存】命令来保存最后的工作，因为【新建】命令不会自动保存最后的工作。

3. 【打开】

当这个鞋样以前扩缩过，现在要加放一个码或者改样，就要打开以前的文件。出现对话框，在列表中用鼠标左键选中文件名，比如“9602”，在右边会出现这个文件的图形，再按“打开（O）”按钮。

4. 【合并】

合并另外一个文件进来，比如合并底图。另外一个文件内有张纸还没有排满，则合并那个文件进来，就可以排版到空白的地方。如果要【移动】刚才合并进来的线，可以在“Select objects”时按【前】（在【完】下面）快捷键“P”，不用按左键去逐个选。

【图档】-【输入DXF档】：比如，在另外的CAD系统中画好的图形，要放到本系统来扩缩样板，则可以先在那个系统中将图形转成 DXF 格式，再转到本系统中，选那个 DXF 档。

【图档】-【转化DWG档】：比如，在 AutoCAD 系统中画好的图形，要放到本系统来扩缩样板，直接选中那个 DWG 档。

【图档】-【鞋档管理】-【修复图档】：由于非正常死机等原因，图档不能再次打开时，表示损坏，能自动修复。如果损坏太厉害，修复后还不能打开，就要【新建】再【合并】。

【图档】-【格式转换】-【输入】：可将WMF（Metafile）、DXF、SAT（ACIS）、EPS（Encapsulated PS）、3DS（3D Studio）5种格式的图形文件进入到本系统。

【图档】-【格式转换】-【输出】：将本系统的图形文件转换到别的系统，可以转成WMF（Metafile）、SAT（ACIS）、STL（Lithography）、

EPS（Encapsulated PS）、DXX（DXX Extract）、BMP（Bitmap）、DXF（AutoCAD R14 DXF）、DXF（AutoCAD R13/LT95 DXF）、DXF（AutoCAD R12/LT2 DXF）、3DS（3D Studio）、DWG（Block）、DWF（Drawing Web Format）12种格式的图形文件。

注意：如果在按【打开】之后，出现对话框，表示当前的文件还没有完全保存，想保存，按“是（Y）”，否则按“否（N）”，按“取消”不继续打开命令。在按【图档】-【结束系统】命令后，也可能出现这种提示。

鞋样图的文件为 dwg 格式，扩缩参数文件为 grd 格式，都在工作目录 C：\SHOE 中。

（三）专业处理工具

1.【片名】命令

在每一个基本样板上分别打上样板的基本码号（来确定标注码号的位置），扩缩后的每个码会自动变成相应的码号。如果不需要打上样板名字，则选择【设定】-【片名】-【只打鞋号】命令。

如果在【工具】-【当前参数】中选中“非设定”，则与【打字】命令是一样的效果，而不是作为一种控制。比如码号在扩缩后，不会变成各自的码号，而总是为本码号。

如果先在【工具】-【系统参数】中选中“楦头”、“型体”、“样长”、“围长”、“日期”、“周长”、“面积”，则会在打【片名】命令时，自动在基本样板上标注出来。

其他的说明性文字按【输入】-【文字】-【打字】命令。如果要在每个样板上都打上同样的说明性文字比如厂商名，也按【片名】命令。

【鞋】（【自动标注】、【做】、【划】、【托】、【底】）:【自动标注】自动在每一个母样（分板框的中心点位或者样板中心点）上标注码号、型体、楦头、日期。

2.【分板框】命令

确定样板是否进行扩缩（全包含在这两点之间的线作为一个样板来扩缩）。

样板上的车线、排列、记号齿、过渡、连续车线等，是依附在样板的线上进行扩缩的，这些称为部件，而那条线称为主线。必须先做主线的控制（如边、加边、减边、等距、不变、共用、对称、单边），再做部件控制。

3. 【折边】（快捷键W1）

将边线折回到母线的位置，从边线到母线的这一段距离将不会放大或者缩小，而且边线是随着母线而扩缩点位的。

4. 量出两条线（点）之间的距离

功能：测量点或线间的距离。

操作方法：

按【测量】命令，或按快捷键【Ctrl+5】，再对准线1的任意一个位置按左键，再按【Ctrl+4】键，再对准线2的大致相同的位置按左键，就会在命令行显示两线的宽度"距离=65.02"（如果，命令行只有一行，则看不到，要按【F2】键才能看到）。

5. 【加边】

母楦板（或称净样、做帮样），边线加余量得到划料样板，余量总固定。

加出去的边线称加边子线，而原来的边线是母线。曲线可以分为三段距离加边；加边后还需要对称时，先沿中线剪切掉出头的线段，再做对称。

6. 【减边】

与加边正好相反，从边线减边得到衬板，得到的减边线就如同加边线可以修改。

7. 【等距】

当曲线与另一线之间的间隔不均匀，但是间隔不扩缩；这线（等距子线）随着等距母线扩缩点位。

8. 【主从】

从线与主线的间距不会扩缩，而且扩缩后可以按【调整曲线】来改变主线的点位，从线自动改变。

9. 【不变】

线的大小每个码都相同，比如装饰件、商标等，而且与某一点（不变基点）的距离也不变。

10. 【共用】

装饰件等从 225#～235# 取 230# 作为基准，从 240#～250# 取 245# 作为基准，称为共用，而且与某一点（共用基点）的位置也随码号而共用。

11. 【对称】

如果样板是对称的，则只要描一边的线再做这一边的控制，再做对称控制，而且另一边的线先不要。

如果已经镜射出对面的线，要先【删除】对面的线，而且要按【剪切】命令沿中线剪齐。

12. 【单边】

如果样板整体是对称的，而只有个别线迹不同，比如内外怀腰窝线，则需要将内怀部位中两边相同的线迹删除，如果线迹较多，则还要先将部分线（包括控制线）【隐藏】，再按【镜射】命令将那些线镜射到另一边。

13. 【显示】-【隐含多线】

功能：显示或隐藏线条。

14. 【排列】

在样板上排列图案（花冲、圆冲或切刀），可以排几排，按个数或间隔排，而且图案个数或间隔还可以隔几个码增加或减少，或者不同的码数图案个数不同。

15. 【记号齿】

在线上标上记号齿。

16. 【车线】

在描线时，不用画出车线；如果车线依附的线不需要，则可先改为辅助线；如果要不同的车线类型，则先按【工具】-【当前参数】或者按【Ctrl+T】键，输入“车线间隔”（一般为1.5mm）、选“车线类型”。

车线的切割有两种方式：一种是从线的一端开始顺序切割（称顺边切）；另一种是从线的中间开始顺序切割（称过中切）。

17. 【过渡】

两条线有个圆弧状的连接（圆弧的半径各码都不变，两条线都要先出头）。

18. 【设定2】-【宽度分段】

把两线之间的宽度分为几段，比如凉鞋的鞋带条等。

19. 【设定2】-【比例元素】

圆弧状曲线等在扩缩中要保持圆形，圆的半径一般是不变的，但是如果圆的半径也要按着码数来变化，则做【比例元素】的【等比元素】控制，如果圆的半径要分为几个码数分段来变化，只能做【共用】控制。

20. 【设定2】-【饰片分段】

样板上有饰片图案，分为两个，已经有一个大的原样，一个小的原样，要求从235# 到 245# 用小的饰片，从 250# 到 260# 用大的饰片。

21. 【设定2】-【参考线】

选线作为参考线，参与扩缩，但不会切割出来，用来扩缩后做比较用。

22. 【设定2】-【高度控制】

选择样板的部分区域，修改区域内样板X或者Y方向的长度。如靴筒的高度及宽度，后跟高度，腰帮高度。另外，修改单方向的长度，样板的形状不会改变等。

23. 【设定2】-【滚花边控制】

在边线上按个数排列滚花，可增加个数，见图4-2-13。

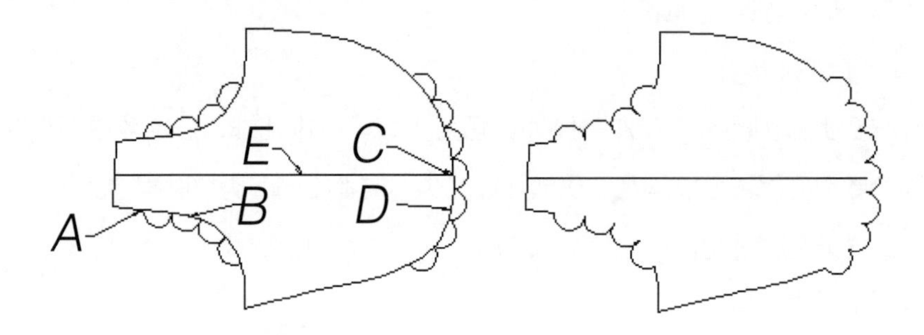

图4-2-13 排列滚花

A—滚花起点 B—边线 C—滚花中点 D—边线 E—样板中线

注意事项：①花边总是沿逆时针方向，才朝外排列。②线先做好主控制；花边可再做对称控制。

24. 【设定2】-【内刀区域控制】

样板内形成一个封闭区域，内刀。

25. 【设定2】-【直线属性控制】

直线的两个端点与某点的方位不变，常用于凉鞋。

26. 【取消控制】☒（快捷键G）

如果线做了控制，或者线上做了部件控制，但要取消这些控制，则选取那些线（包括一些控制的控制线）来取消控制，还原到本来的状态。

主控制（折边、减边、加边、不变、等距、共用、对称、单边）取消控制后，它们的控制线会删除，而本来的线会还原。而部件控制（排列、记号齿、车线、连续车线、过渡）取消控制后，连同它们的控制线都一起删除了。

另外，部件控制比如排列、记号齿、车线、连续车线、过渡等，如果要改变，只能先按【删除】选取那些部件，再重新做部件控制。

三、FAST（华士特）的结构设计方法

FAST（华士特）鞋类软件同样可以进行鞋类结构设计，这里以浅口式女鞋的设计为例，介绍如下。

（一）设计基础

1. 设计原理点（图4-2-14）

部位点：与脚型规律点相对应的点；

边沿点：鞋楦底边与部位点相对应的点；

标志点：楦背上与部位点相对应的点。

2. 结构控制线

低腰鞋控制线见图4-2-15；

筒靴控制线见图4-2-16。

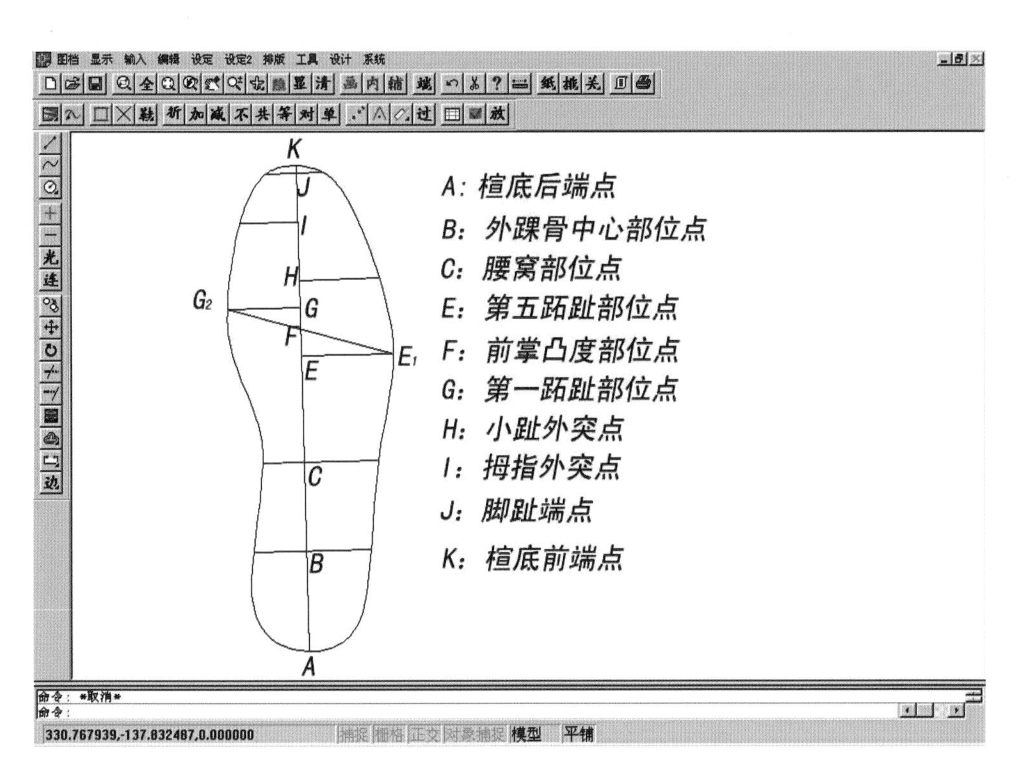

图4-2-14 设计原理点

注：G_2—第一跖趾边沿点、E_1—第五跖趾边沿点

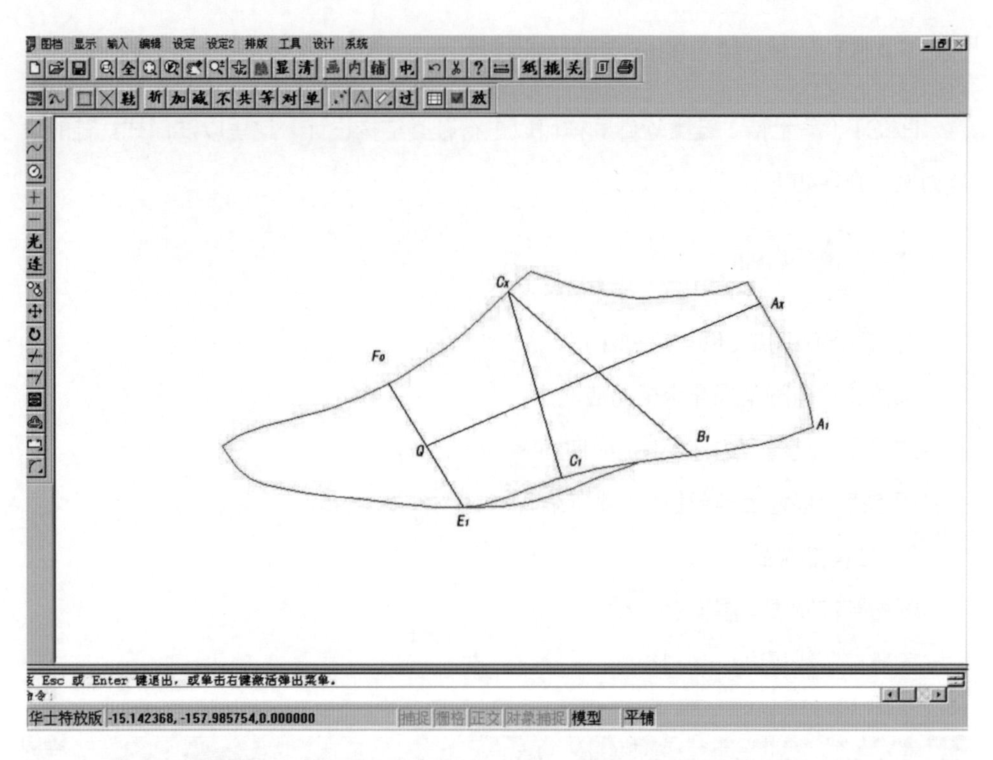

图4-2-15　低腰鞋控制线

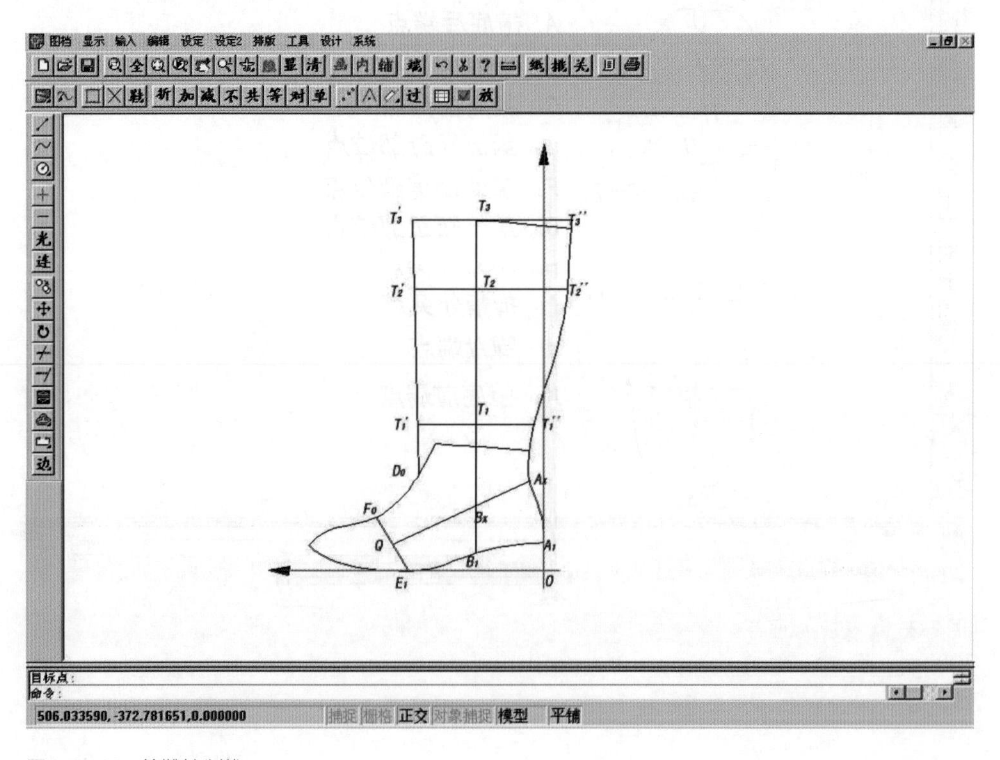

图4-2-16　筒靴控制线

（二）浅口式女鞋的设计步骤

设计步骤如下：构思（效果图）—设计鞋楦—选择材料（帮、底及辅助材料等）—结构设计（生成各种样板）—制作。实物图见图4-2-17。

图4-2-17 浅口式女鞋实物图

1. 展平图、半面板的处理

将帖楦得到的展平图输入计算机。启动 PhotoShop 等软件，执行【文件】-【输入】-【扫描】命令，扫描类型为黑白二值，分辨率为 200dpi，阀值根据扫描材料而定，调整阀值，进行预览，直到得到清晰图形后再进行扫描。扫描后，得到 1.pcx 格式的图像，存入 c:/shoe 文件夹（图4-2-18）。

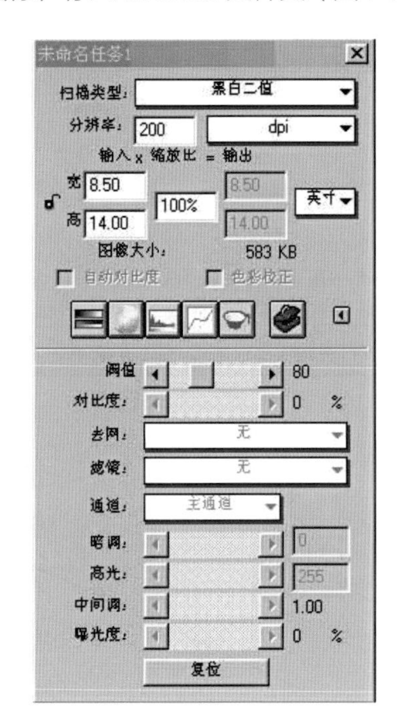

图4-2-18 输入参数

2. 启动华士特软件

单击【转档参数】，弹出对话框，选择自动定圆和自动转档，最小圆半径为 0.30mm，最大圆半径为1.50mm，单击，选择 c:\shoe\1.pcx 文件，分辨率为200dpi，逼近度1.5，细化值0，污点10，单击【接受】结束（图4-2-19）。

将捕捉最近点打开，描绘背中线、筒口线、后缝线和底边轮廓线，画控制线 F_0E_1 和 QA_X（图4-2-20）。

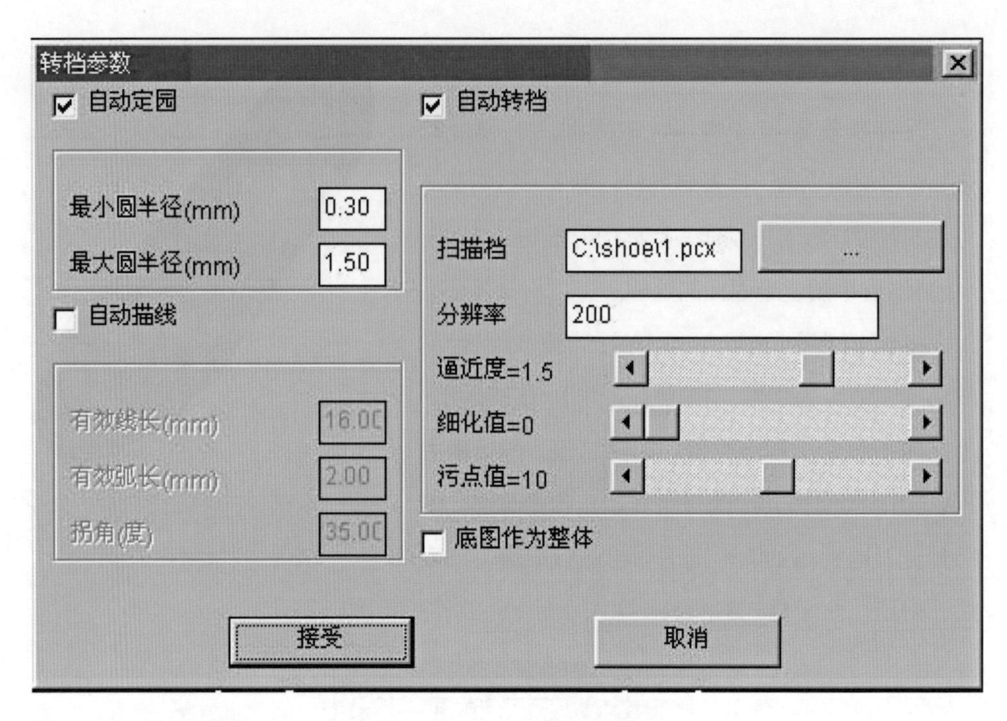

图4-2-19 转档参数

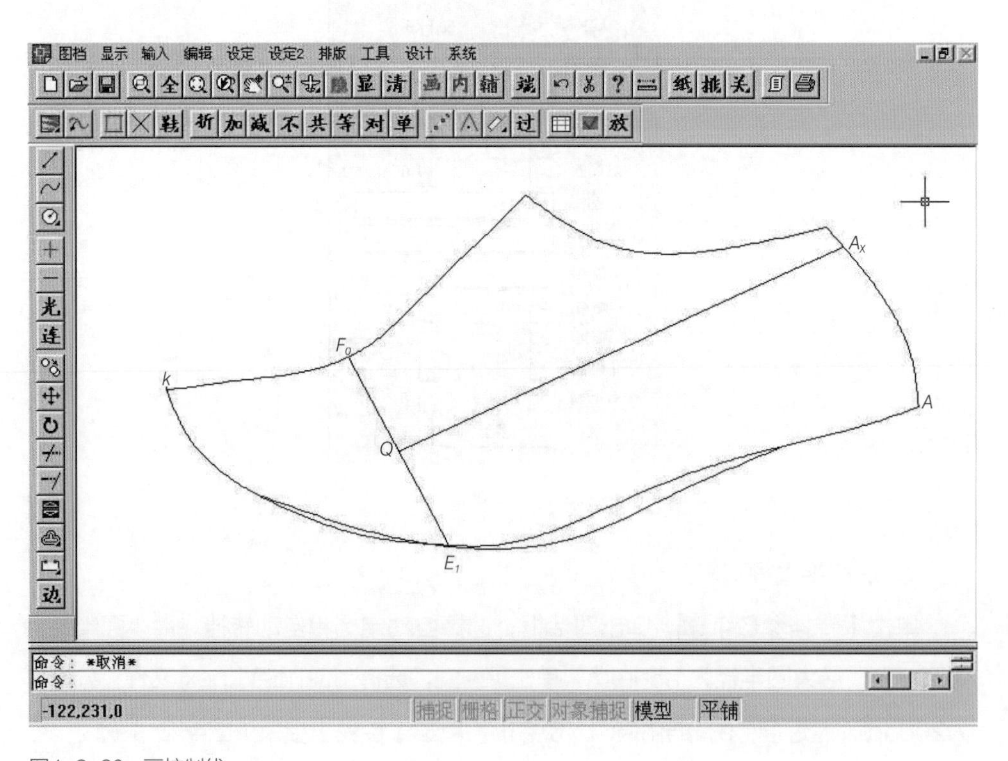

图4-2-20 画控制线

（三）浅口式女鞋的结构设计

1. 帮面的设计

（1）确定鞋脸的长度为60mm。单击直线工具，设置端点为捕捉点，绘制前脸长直线（图4-2-21）。

（2）绘制鞋口。以口门点与后帮高控制点为端点，绘制两条直线（图4-2-22）；选择两条直线，执行【设计】-【圆滑曲线】-【圆弧过渡】命令，圆弧半径设置为40mm（图4-2-23）；绘制里怀曲线（图4-2-24）。

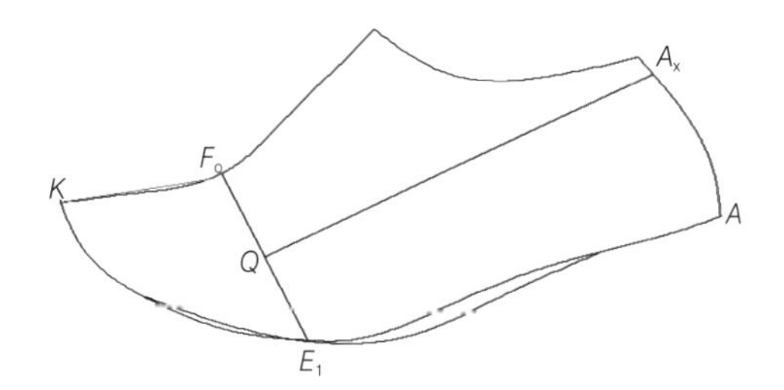

图4-2-21 确定鞋脸

图4-2-22 绘制两条直线

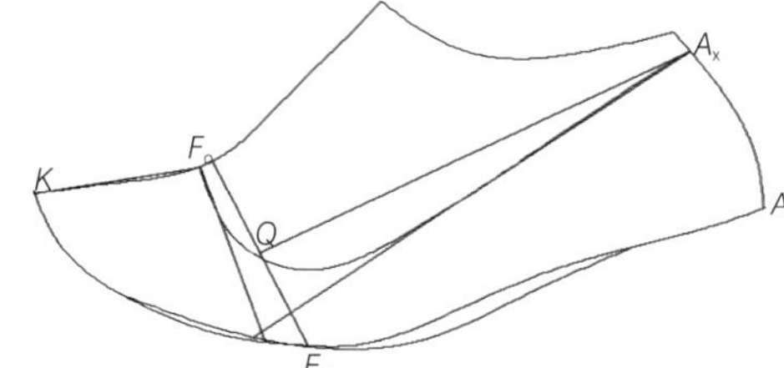
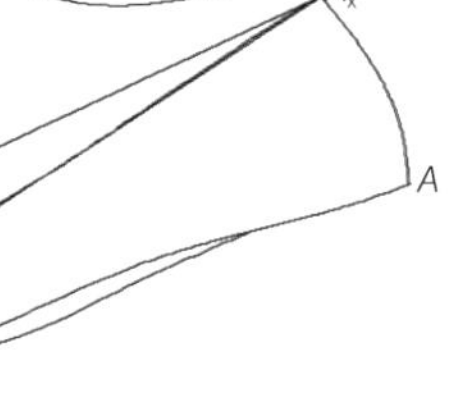

图4-2-23 绘制圆弧半径

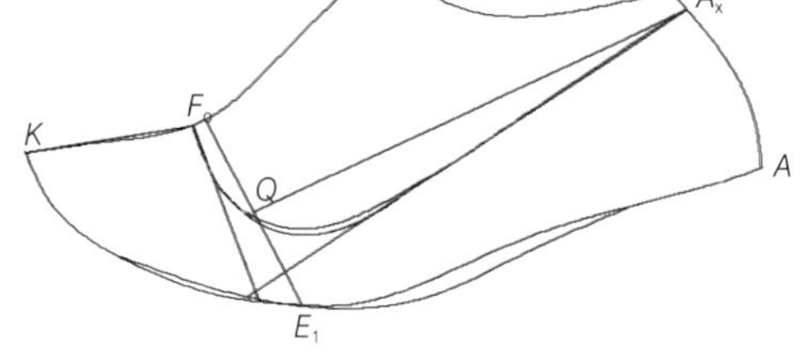

图4-2-24 绘制里怀曲线

（3）绘制里怀断帮线（图4-2-25）。单击直线工具，在腰窝处绘制直线。

（4）处理后缝线（图4-2-26）。单击平行工具，选择的距离为2mm，此线与后帮上口线相交于一点，以此点为圆心，单击旋转工具得到图4-2-26所示的曲线。

（5）绘制帮脚线（图4-2-27）。执行【设计】-【帮脚线】，选择帮脚线，确定方向及绷帮量的大小；执行【设计】-【分怀线】确定里怀线条，按 ESC 键结束操作。

（6）确定前帮装饰线条。执行【输入】-【直线】-【垂线】命令（图4-2-28）；单击平行工具，选择垂线，向右距离为8mm，向左32mm（图4-2-29）；再单击平行工具，选择前帮中线，向下平行40mm（图4-2-30），得到矩形。执行【设计】-【圆滑曲线】-【圆弧过渡】命令，半径为10mm（图4-2-31）。

（7）绘制鞋带（图4-2-32）。执行【输入】-【直线】-【垂线】命令，确定矩形的中线，选择平行工具，确定鞋带的宽度15mm，确定开口的距离边缘10mm，开口的距离为8mm，卡子的孔距8mm。

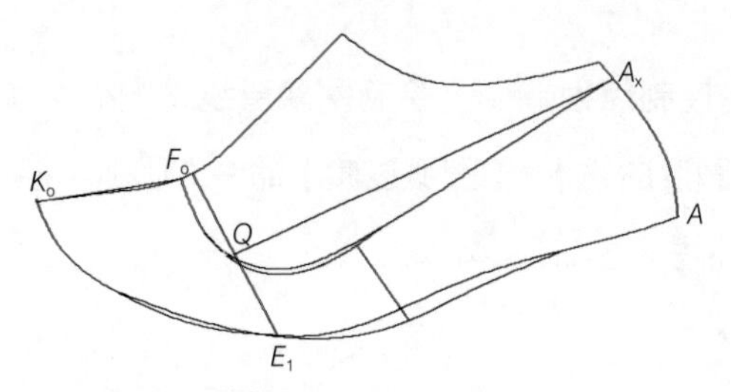

图4-2-25　绘制里怀断帮线

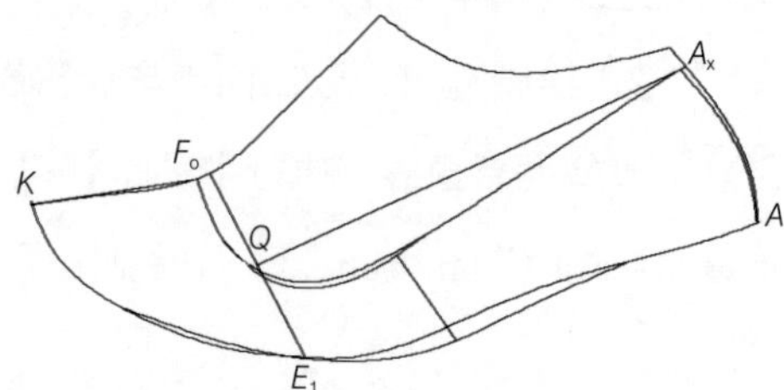

图4-2-26　处理后缝线

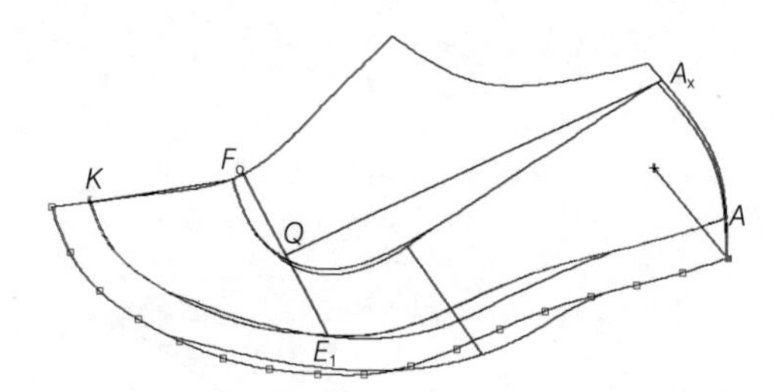

图4-2-27　绘制帮脚线

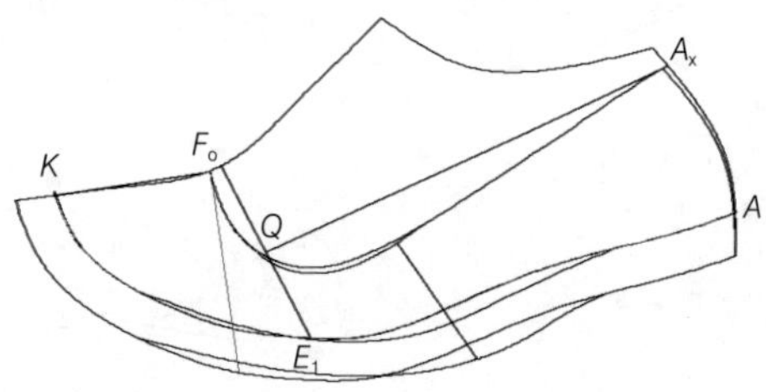

图4-2-28　绘制前帮装饰线条一

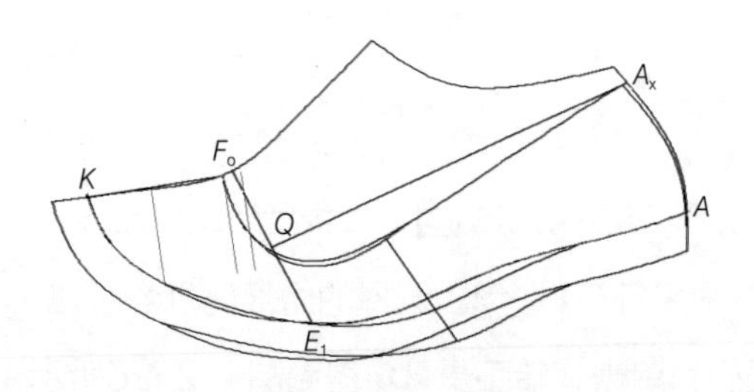

图4-2-29　绘制前帮装饰线条二

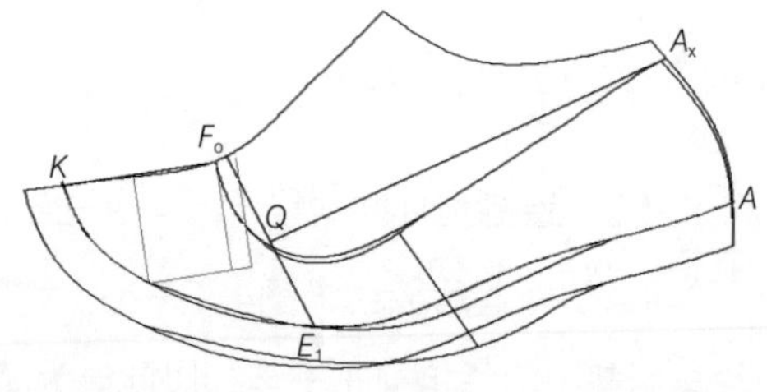

图4-2-30　绘制前帮装饰线条三

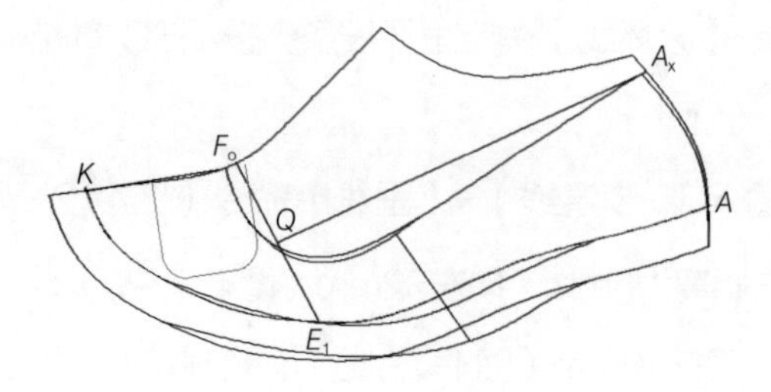

图4-2-31　绘制前帮装饰线条四

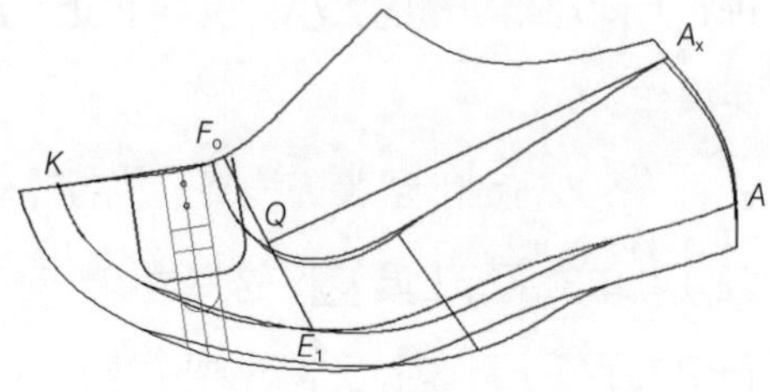

图4-2-32　绘制鞋带

2. 鞋里的设计

选择平行工具，上口平行2mm，前后帮搭接8mm，后帮上口收2mm，楦底前端降3mm（图4-2-33）。

3. 制取样板（净样板的制取）

单击镜射工具，得到里怀轮廓（图4-2-34），单击连接工具。

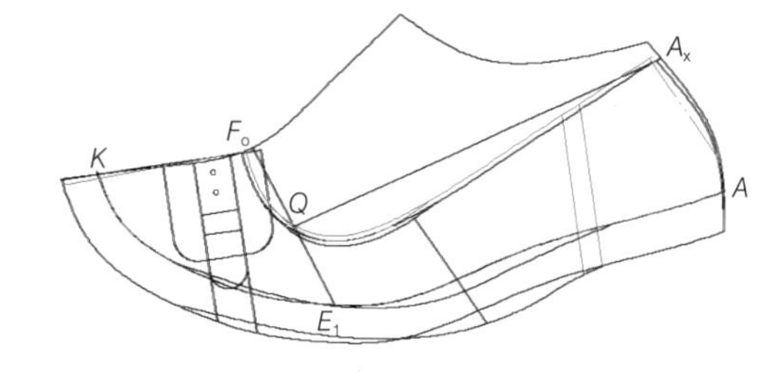

图4-2-33 鞋里的设计

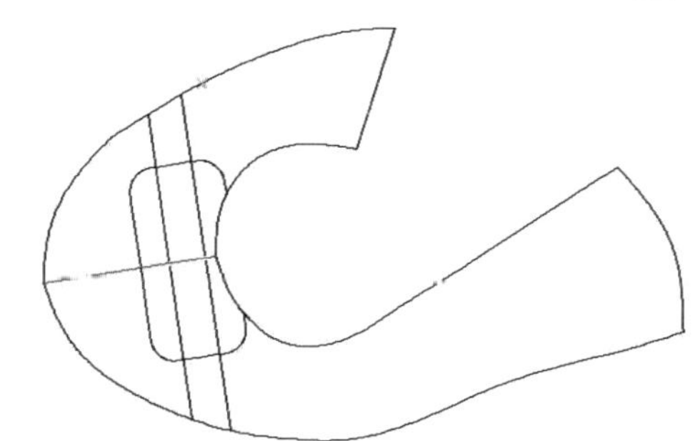
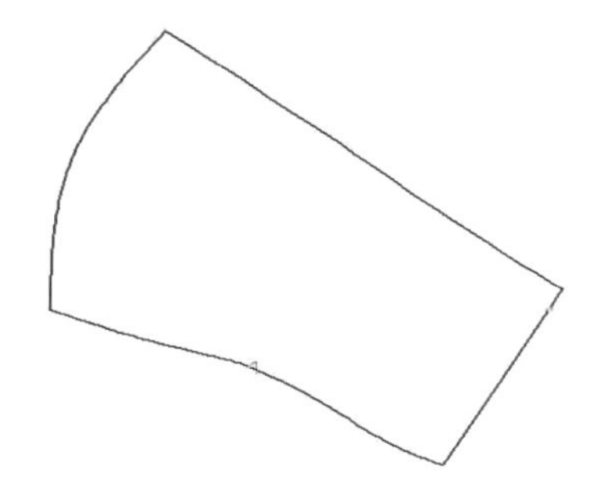

图4-2-34 浅口式女鞋净样板

四、FAST（华士特）用于女式低腰鞋的设计

女式低腰鞋实物图见图4-2-35。

图4-2-35 女式低腰鞋实物图

（一）计算机扫描、输入并处理半面板

半面板如图4-2-36所示。

（二）结构设计

1. 设计前脸长

以*K*点为基点，单击直线工具，输入鞋脸长为75mm；过此点作直线的垂

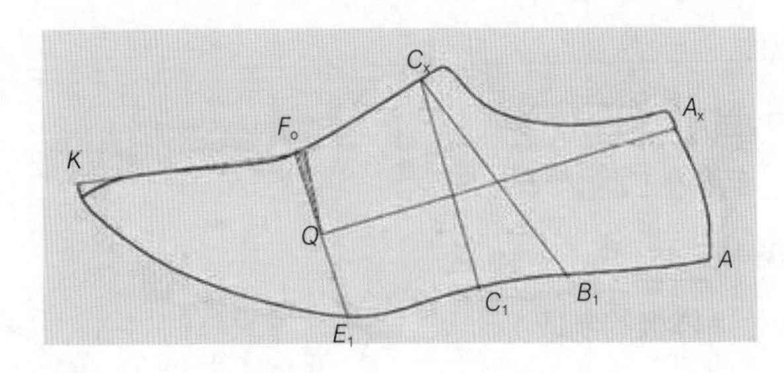

图4-2-36　半面板处理

线。单击平行工具，将背中线向下平行8mm，然后执行【设计】-【圆滑曲线】-【圆弧过渡】命令，半径为5mm，确定前脸及鞋口的形状（图4-2-37）。

2. 设计鞋口

将鞋口线旋转，执行【编辑】-【旋转】-【旋转】命令，旋转角度为5°，单击平行工具，将后帮高度线向上平行2mm，并与后缝相交于一点，单击曲线工具，将此点与鞋口线相连接（图4-2-38）。

3. 设计前脸形状

（1）确定里怀：单击镜射工具，确定前帮里怀（图4-2-39）。

（2）确定里怀断帮处：以背中线为基础，执行【输入】-【直线】-【垂线】命令，延长到帮脚，单击平行工具，向后平行18mm，旋转5°，并延长到帮脚（图4-2-40）。

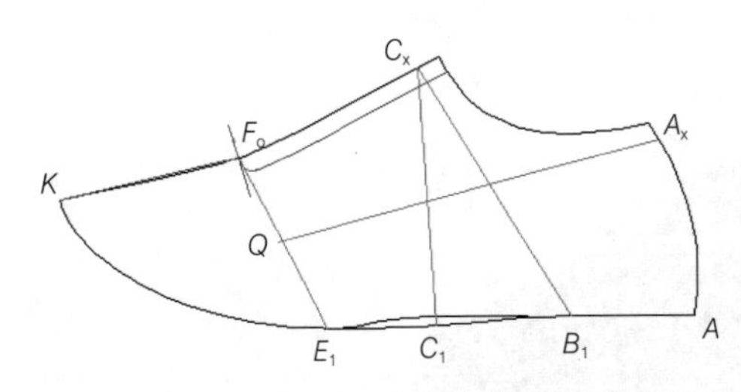

图4-2-37　前脸设计

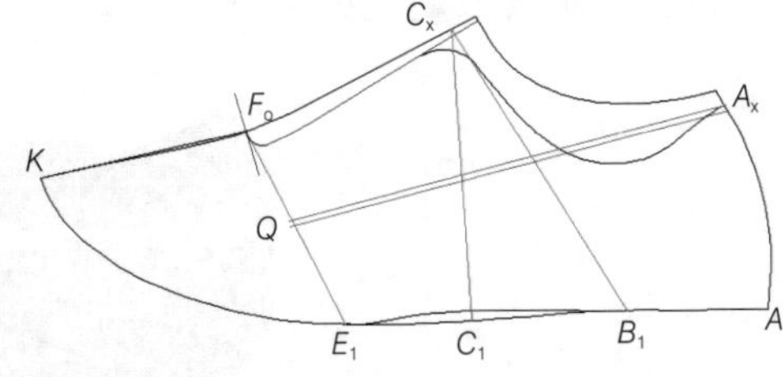

图4-2-38　鞋口设计

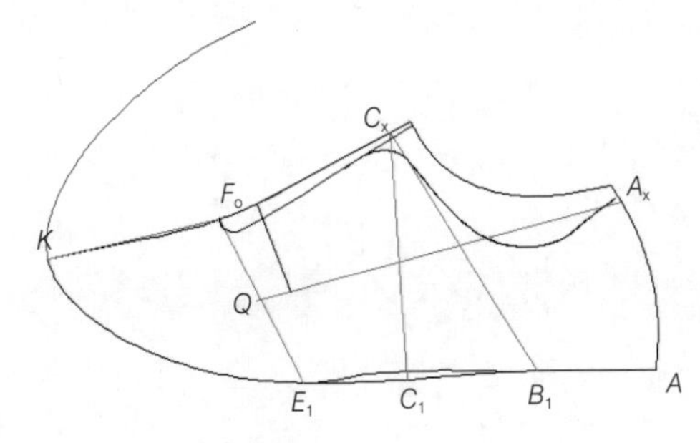

图4-2-39　确定里怀

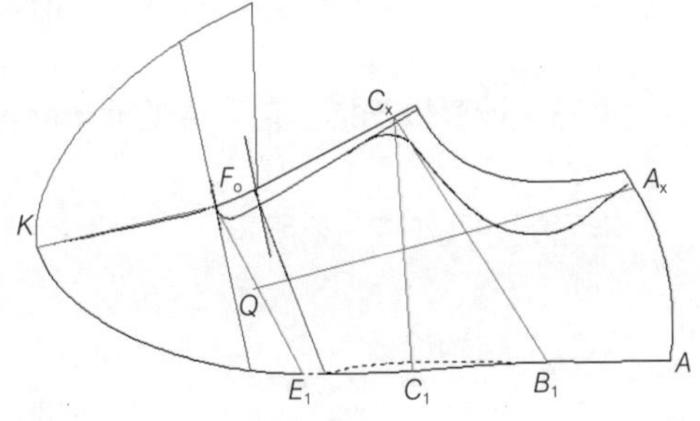

图4-2-40　确定里怀断帮处

（3）确定前脸的形状：过K点，执行【输入】-【直线】-【垂线】命令，作此垂线的平行线，距离为28mm；距离背中线向上7mm、18mm，向下50mm分别作背中线的平行线，单击曲线工具，绘制出曲线（图4-2-41）。

4. 确定后帮的位置

单击平行工具，距离后缝50mm作后帮上口控制线的垂线；单击平行工具，将后帮上口控制线向下平行移动26mm；对两条直线执行【设计】-【圆滑曲线】-【圆弧过渡】命令，半径为8mm，然后使用曲线工具，绘制出曲线（图4-2-42）。

5. 处理后缝线

单击平行工具，将后缝线向内平行移动2～4mm，此线与后帮上口相交于一点，以此点为基点，执行【编辑】-【旋转】-【旋转】命令，参考点为A点（图4-2-43）。

6. 设计中帮

（1）单击直线工具，以C_XC_1线与QA_X线的交点为基础，作背中线的垂线，此线为后条带的中线（图4-2-44）。

（2）单击平行工具，将背中线向下平行移动30mm和55mm，分别与中帮连接线（前条带中线）与后条带的中线相交，这两点分别为中帮弧线的凸点（图4-2-45）。

（3）单击平行工具，分别将中帮连接线（前条带中线）与后条带的中线向前后两边平行移动12.5mm（图4-2-46）。

（4）单击平行工具，将前帮线向后平行移动7mm，整理此线，并使用曲线工具，绘制出曲线，此线即为中帮曲线（图4-2-47）。

7. 设计帮脚线

执行【设计】-【帮脚线】命令，选择帮脚线，确定方向及绷帮量的大小；执行【设计】-【分怀线】命令确定里怀线条，按 ESC 键结束操作（图4-2-48）。

8. 设计前帮镶钻的位置

单击平行工具，将前帮线向后平行移动3.5mm，使用剪切工具，将线条

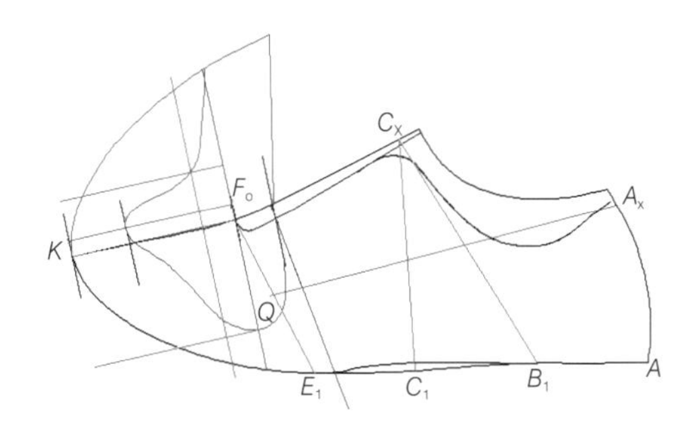

图4-2-41　确定前脸的形状

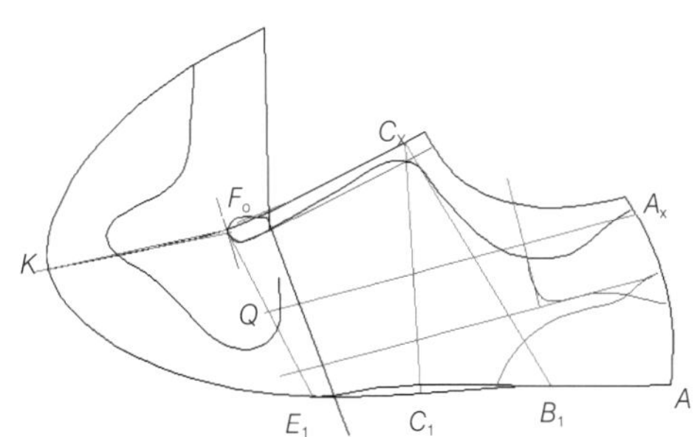

图4-2-42　确定后帮位置

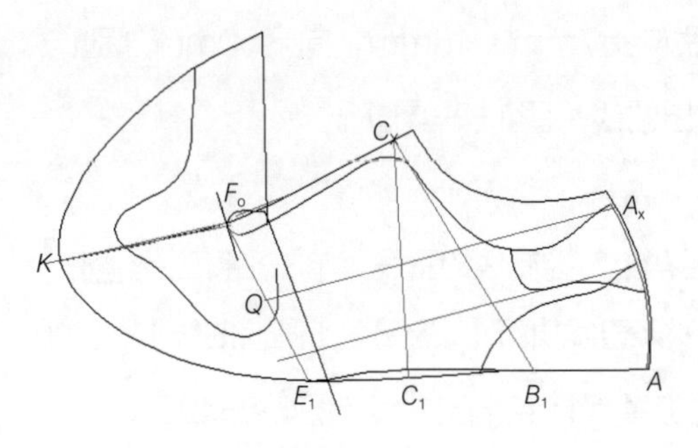

图4-2-43 处理后缝线

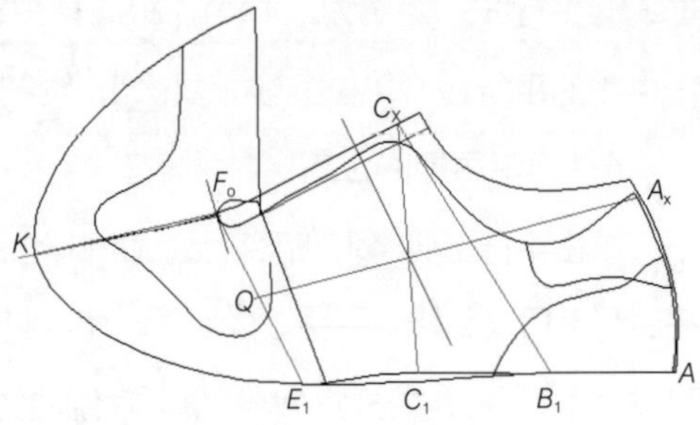

图4-2-44 作背中线的垂线

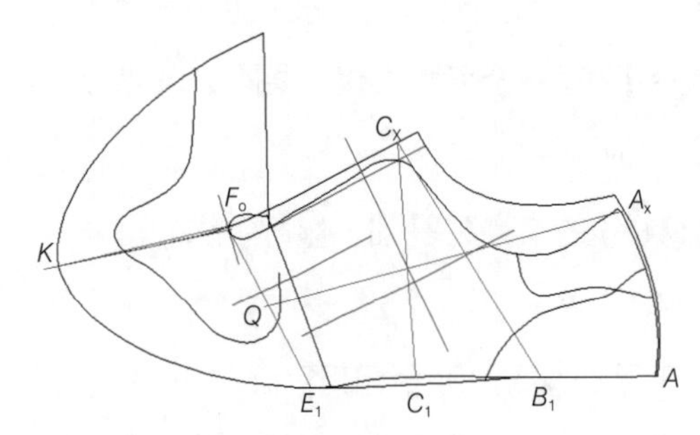

图4-2-45 确定中帮弧线的凸点

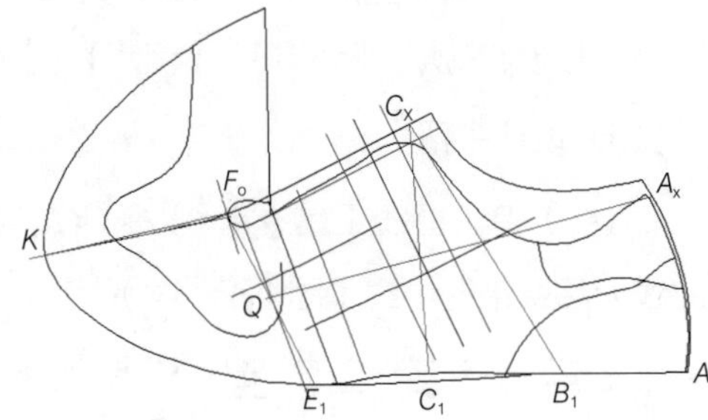

图4-2-46 绘制条带中线平行线

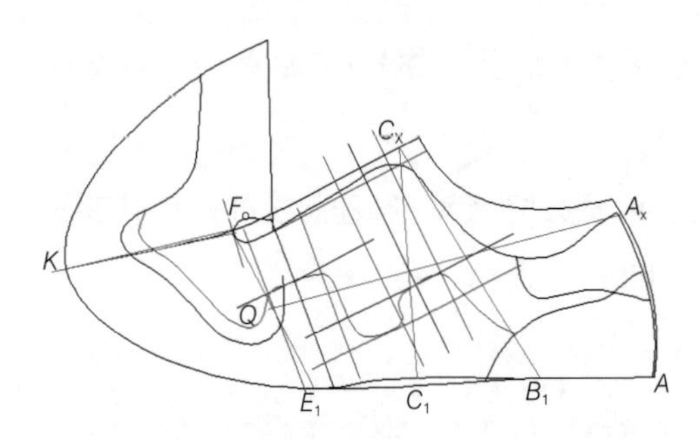

图4-2-47 绘制中帮曲线

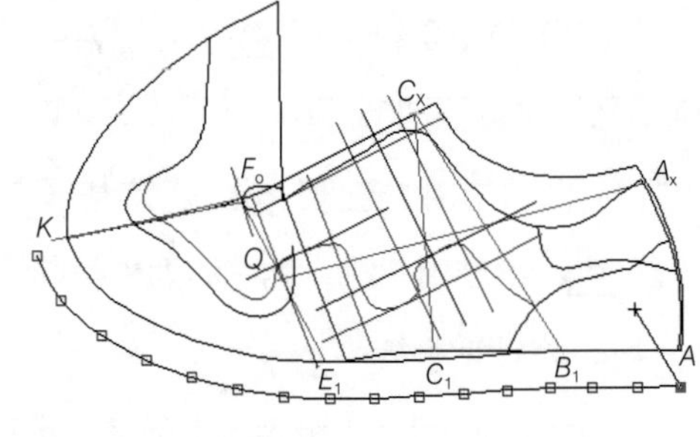

图4-2-48 确定里怀线

封闭于前帮与中帮之间，然后单击排列工具，设置半径为2.0mm，个数16，排列出镶钻孔位（图4-2-49）。

9. 设计前部装饰条

在中帮连接线（前条带中线）与后帮高度线QA_X线的交点处，作中帮连接线的垂线，单击平行工具，向下平行移动5mm确定断帮处；向上平行移动10mm 8次后，再平行移动5mm，确定里怀断帮线，这样就在前部装饰条的中央产生9条与中帮连接线相垂直的线，然后使用平行工具，将中帮连接线向前后分别平行移动7.5mm，所产生的线条与上述9条线就形成交点，使用圆三工具，在交点处绘制出镶钻孔位，到此前部装饰条设计完毕（图4-2-50）。

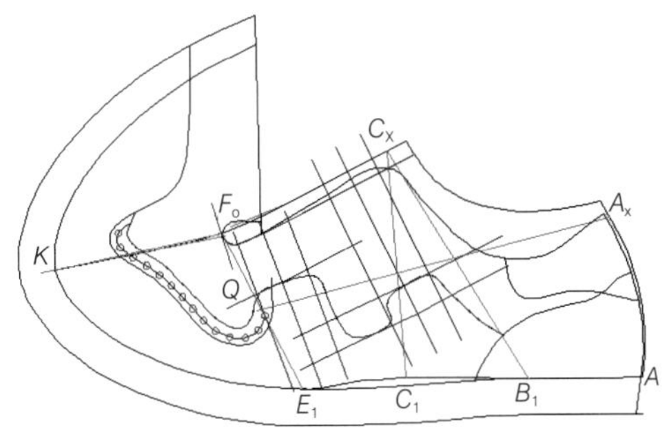

图4-2-49 确定镶钻位置

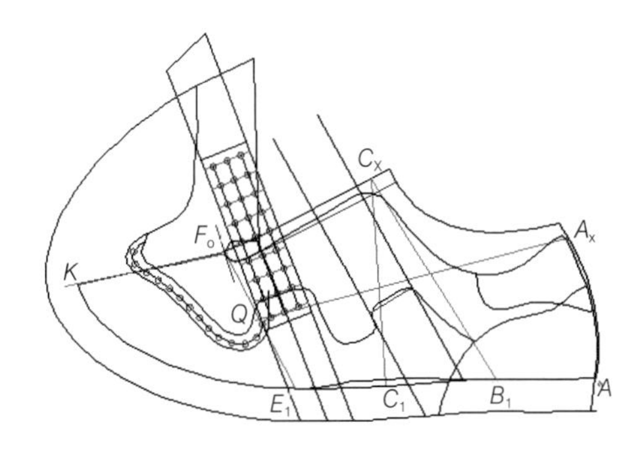

图4-2-50 设计前帮装饰线

10. 设计后部装饰条

（1）外怀后部装饰条的设计：单击平行工具，将背中线向上平行移动25mm，执行【设计】-【圆滑曲线】-【圆弧过渡】命令，半径为5mm，圆弧连接，得到外怀装饰条。

（2）里怀后部装饰条的设计：单击平行工具，将背中线向上平行移动23mm，得到圆环车线位置，然后分别向上平行移动20mm和30mm，此线与后部装饰条的两条直线相交，使用剪切工具，将多余的线剪掉即可（图4-2-51）。

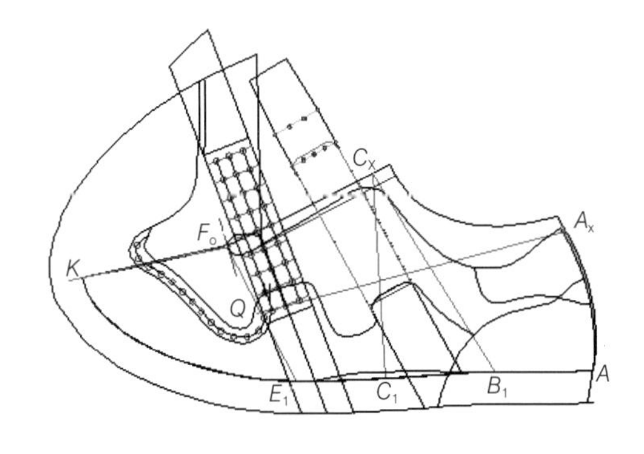

图4-2-51 里怀后部装饰条的设计

11. 设计鞋舌

（1）在鞋口线的端点，执行【输入】-【直线】-【垂线】命令，单击平行工具，将此垂线向前平行移动10mm；继续单击平行工具，将背中线向下平行移动27mm（图4-2-52）；刚产生的两条线上，执行【设计】-【圆滑曲线】-【圆弧过渡】命令，半径为20mm，圆弧连接，得到鞋舌的前部（图4-2-53）。

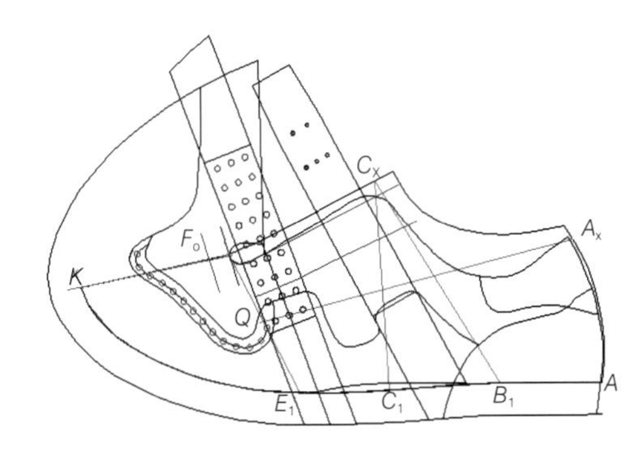

图4-2-52 鞋舌前部设计一

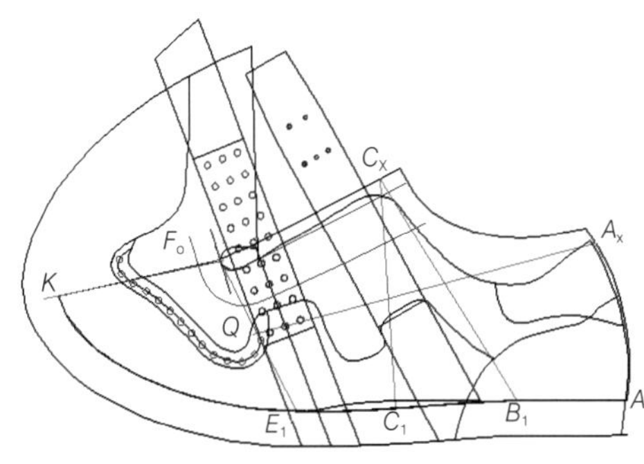

图4-2-53 鞋舌前部设计二

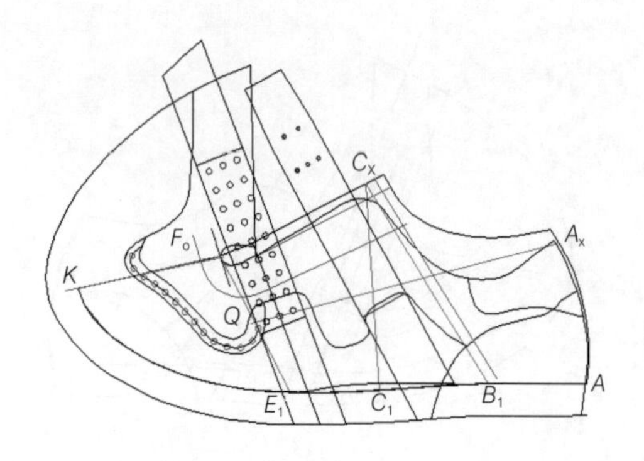

图4-2-54　鞋舌后部设计一

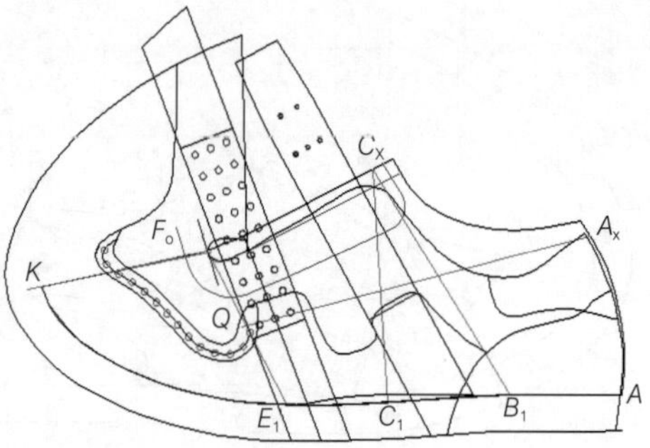

图4-2-55　鞋舌后部设计二

（2）单击平行工具，将C_XB_1线向后平行移动5mm，确定鞋舌后部的线条（图4-2-54），执行【设计】-【圆滑曲线】-【圆弧过渡】命令，半径为10mm，圆弧连接，得到鞋舌的后部（图4-2-55）。

（三）制取净样板

分别选取上述结构图中的每个样板的封闭线条，执行【设计】-【拆版】-【自动+内线】命令，然后对每一块样板进行处理，得到下列样板（图4-2-56至图4-2-60）。

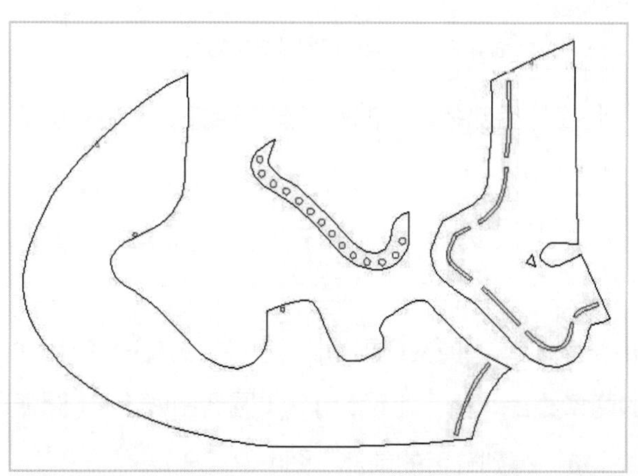

图4-2-56　样板一

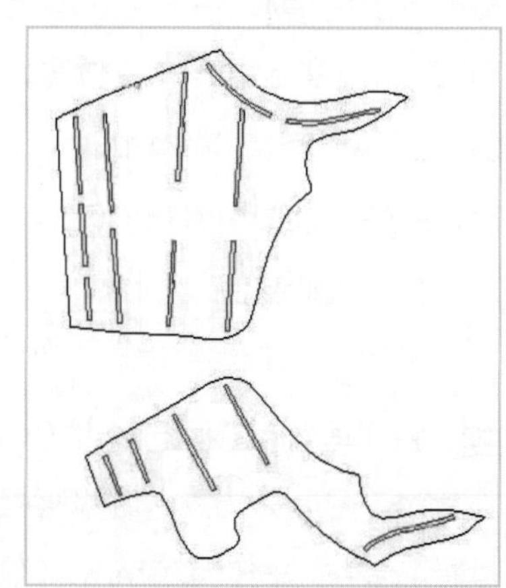

图4-2-57　样板二

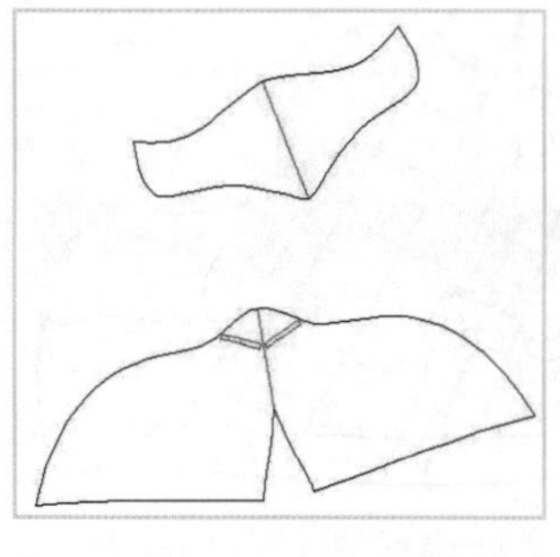

图4-2-58　样板三

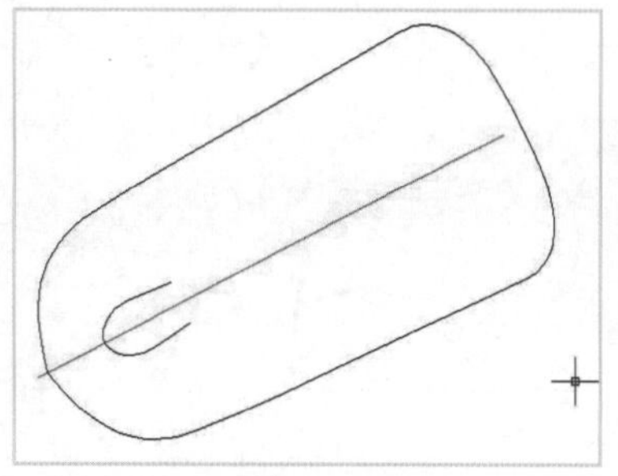

图4-2-59　样板四

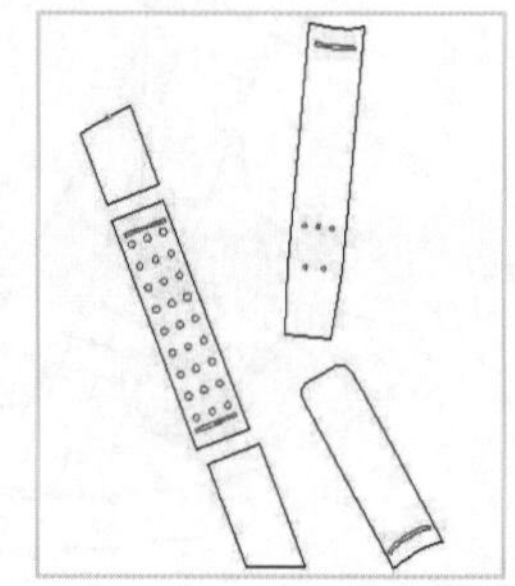

图4-2-60　样板五

五、FAST（华士特）用于女靴鞋的设计

女靴鞋实物图见图4-2-61。

图4-2-61　女靴鞋实物图

（一）计算机扫描、输入并处理半面板

（1）扫描展平图面板，生成*.PCX格式文件。

（2）启动华士特软件，修改、整理*.PCX格式文件，另起文件名存入计算机中。

（3）设计半面板（图4-2-62）：

① 使用直线工具，设置坐标系，确定后跷的高度，然后将展平图放到坐标系中。

② 在展平图的筒口前点8～10mm处，作水平坐标的垂线，此线为筒前控制线的参考线。

③ 根据已知的参数，单击直线工具，绘制出筒前线和上口线，然后再单击曲线工具 ，绘制出靴筒的后缝线。

（二）结构设计

1．设计前后帮的连接线与拉链位置（图4-2-63）

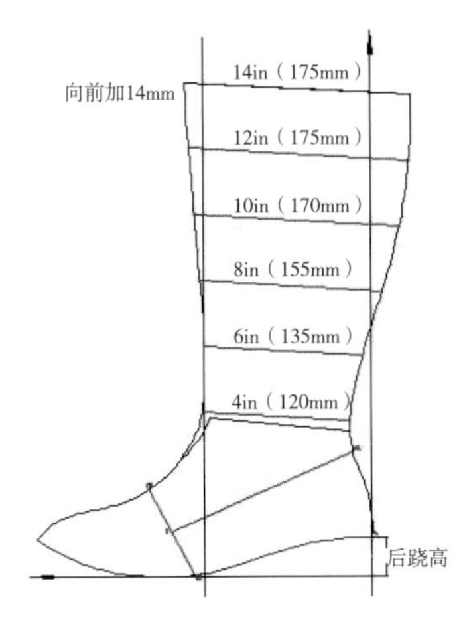

图4-2-62　半面板

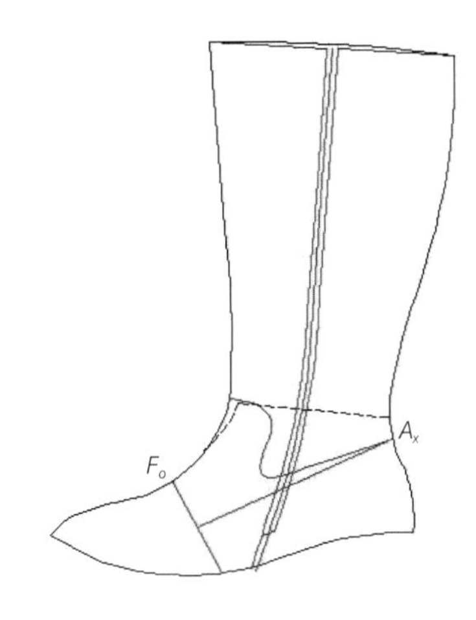

图4-2-63　连接线与拉链的位置

（1）设计前后帮的连接线：在F_0点处，沿着背中线，向上量取73mm，确定一点，单击曲线工具 ，以此点为端点，以A_X点为结束点，绘制出一条光滑曲线。

（2）设计拉链的位置：以上口的中点为起点，腰窝点为结束点，执行【输入】-

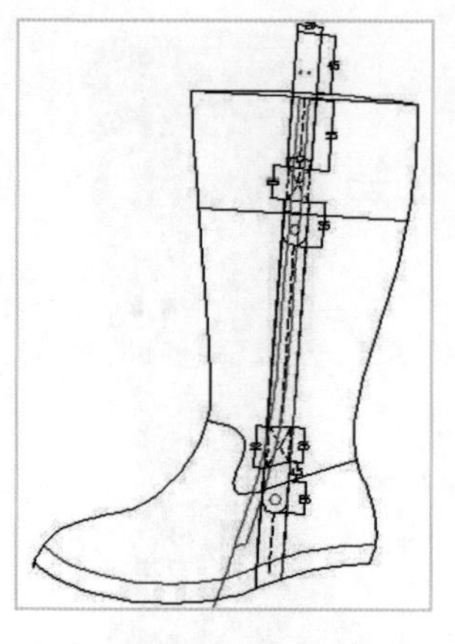
图4-2-64　设计装饰条

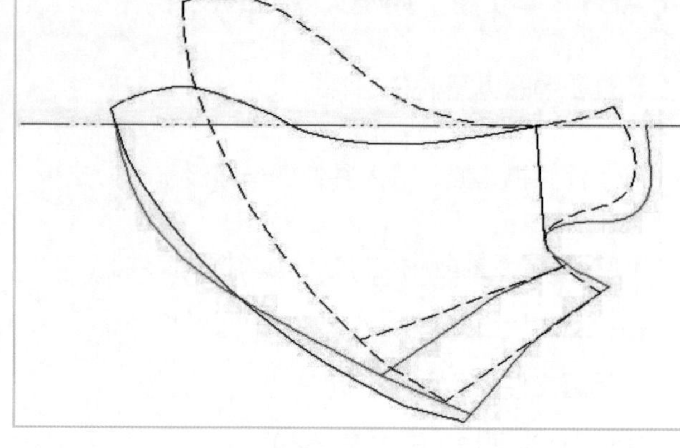
图4-2-65　取跷处理

【曲线】-【曲线】命令，绘制出拉链的中线，单击平行工具，得到拉链的形状。

2. 设计装饰条（图4-2-64）

（1）加放帮脚：执行【设计】-【帮脚线】命令，选择帮脚线，确定方向及绷帮量的大小；执行【设计】-【分怀线】命令确定里怀线条，按 Esc 键结束操作。

（2）单击直线工具，将外怀面板均分，绘制出所需的线条。

3. 取跷处理

（1）单击复制工具，将鞋头面板复制出来。

（2）单击直线工具，作一条水平线，执行【输入】-【直线】-【垂线】命令，以此线为旋转轴线，将帮面的两端进行降跷处理，相对应地修剪多余的线条（图4-2-65）。

（3）使用对称工具，通过外怀得到里怀的面板（图4-2-66）。

4. 鞋里设计

根据帮面结构设计图来确定鞋里的结构线。

（1）单击复制工具，将帮面结构图复制出来，将鞋里前帮进行降跷处理，其跷度为鞋楦的自然取跷角。

（2）单击平行工具，根据其结构，加放、收缩加工量（图4-2-67）。

（3）选择里怀曲线，单击镜射工具，再使用剪切与延长工具，使得外怀鞋里成一封闭的曲线（图4-2-68）。

（4）使用平行工具，加放拉链清剪量4mm，再使用延长与剪切工具，使得里怀的鞋里样板成一封闭的整体（图4-2-69）。

（5）拉链护条的设计：将拉链的两侧分别平行8mm，执行【设计】-【圆弧曲

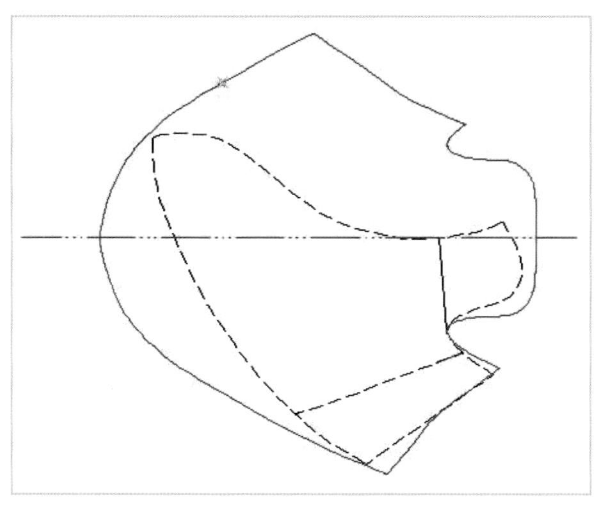

图4-2-66 里怀面板

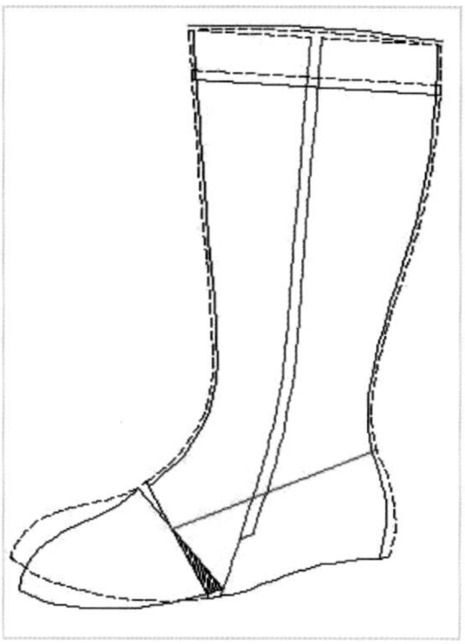

图4-2-67 鞋里设计

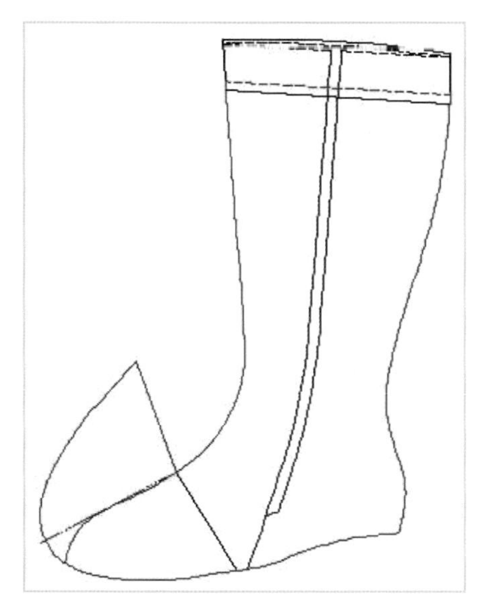

图4-2-68 外怀鞋里

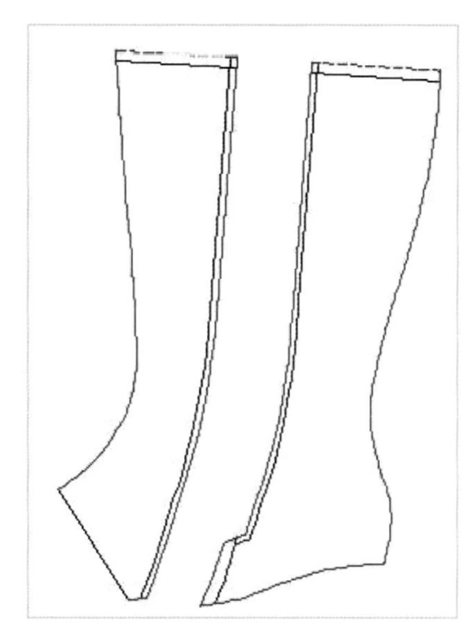

图4-2-69 里怀鞋里

线】-【圆弧过渡】命令，半径为18mm（图4-2-70）。

（6）设计口条：选择对称轴，单击镜射工具，再使用剪切与延长工具，使得口条里成一封闭的图形（图4-2-71）。

（三）制取帮面净样板

分别选取结构图中的每个样板的封闭线条，执行【设计】-【拆板】-【自动拆板】命令，然后对每一块样板进行处理，得到下列样板（图4-2-72至图4-2-75）。

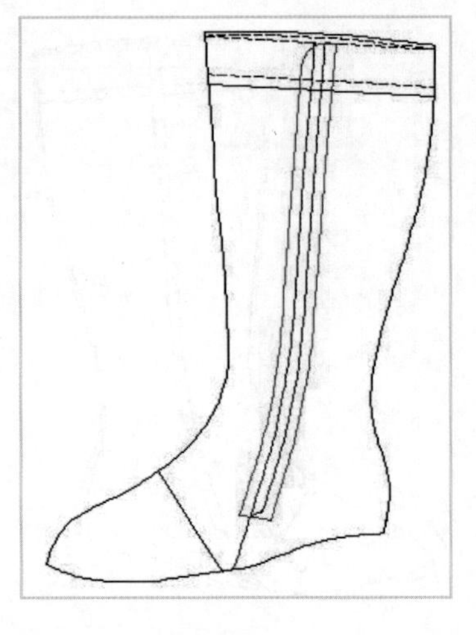

图4-2-70　拉链护条

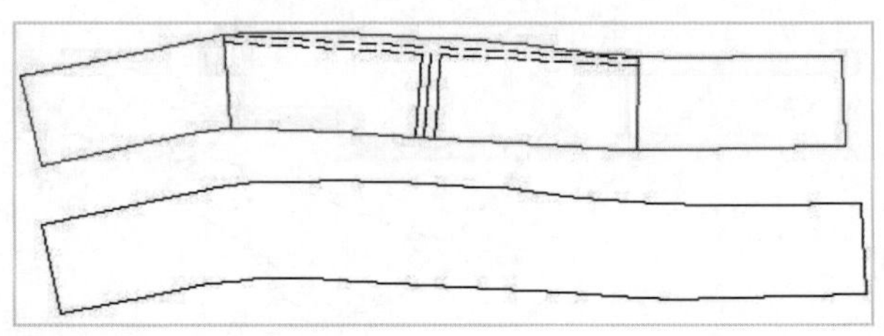

图4-2-71　口条设计

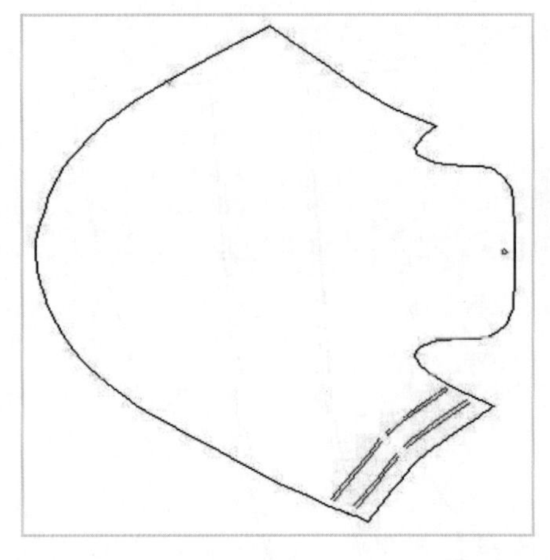

图4-2-72　样板一

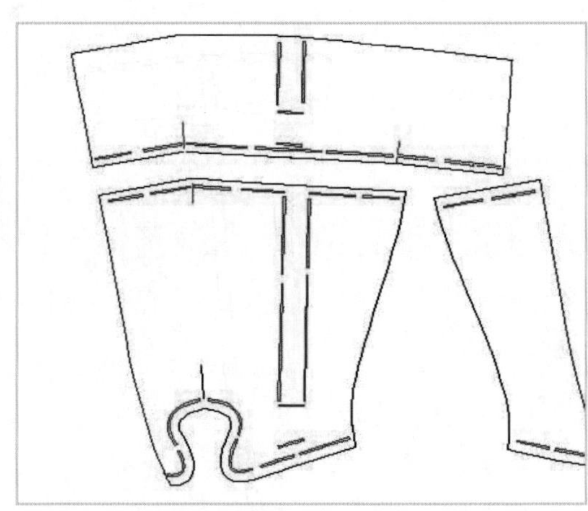

图4-2-73　样板二

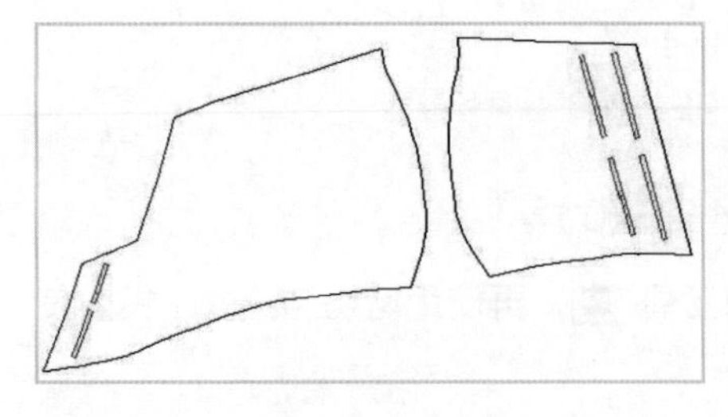

图4-2-74　样板三

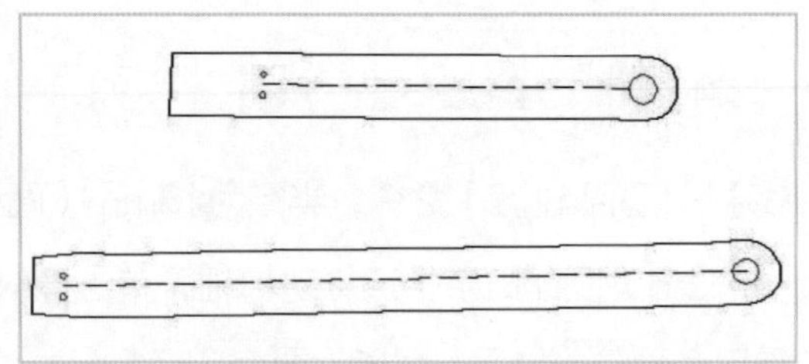

图4-2-75　样板四

思考练习

1. FAST（华士特）鞋样软件的主要功能特征有哪些?
2. 使用FAST（华士特）鞋样软件设计一款男式三接头皮鞋。

第三节 基于印象鞋样设计软件的造型结构设计

一、印象软件功能介绍（输入菜单）

印象软件工作平台见图4-3-1。

（1）打开图片：导入扫描图片（图4-3-2）。

（2）自动描线（快捷键Shift+F）：对当前打开位图进行自动描线，但必须先调配好“自动描线设置”（图4-3-3）。

（3）自动描线设置（快捷键Shift+E）：设置自动描线效果参数及误差系数。调整误差系数的方法：将一个长300mm、宽200mm的长方形放在扫描仪上进行扫描，进入软件后将横向与纵向设置为1：1，再选择自动描线。分别用对象属性查看此样片的长与宽，接着分别用原板的实际两面边长与宽的总和除以对象属性所得出的两边长与宽的总和，得出横向与纵向的误差系数（即扫描仪较正）。

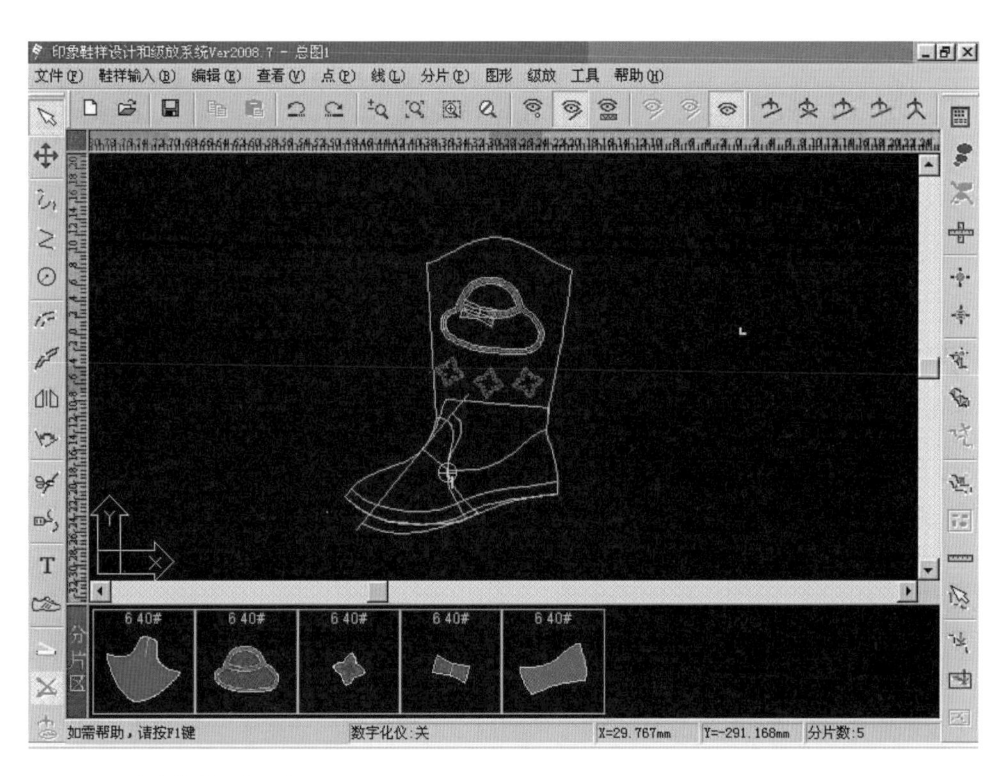

图4-3-1 印象软件工作平台

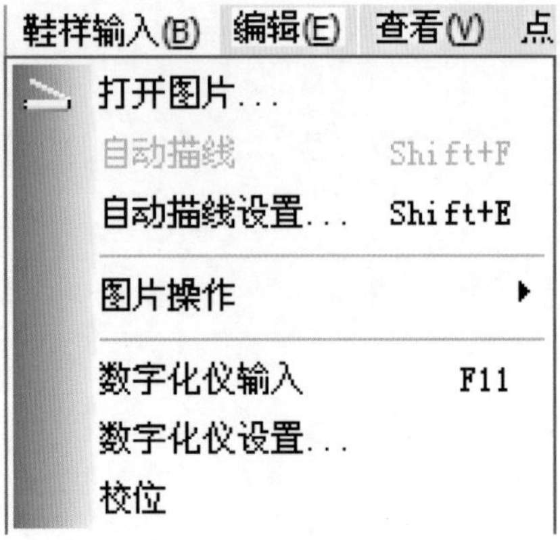

鞋样输入(B) 编辑(E) 查看(V) 点
打开图片...
自动描线 Shift+F
自动描线设置... Shift+E
图片操作 ▸
数字化仪输入 F11
数字化仪设置...
校位

图4-3-2 导入扫描图片

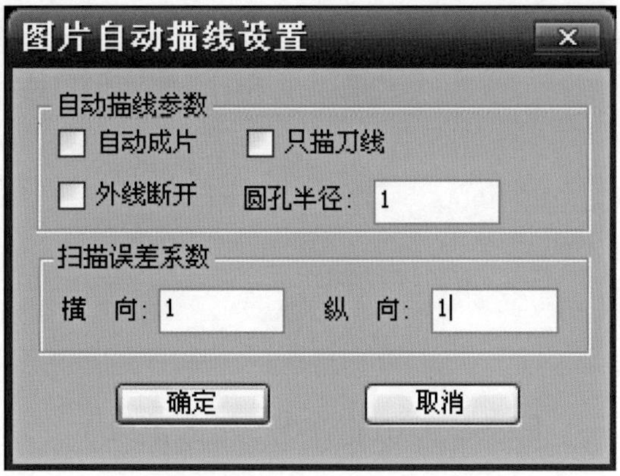

图片自动描线设置
自动描线参数
自动成片 只描刀线
外线断开 圆孔半径: 1
扫描误差系数
横 向: 1 纵 向: 1
确定 取消

图4-3-3 自动描线

<自动成片>：自动描线时自动取样板。

<只描刀线>：自动描线时只对刀线进行处理，而对笔画线等都不进行自动描线处理。

<外线断开>：自动描线时在外边线尖角点处自动断开。

<圆孔半径>：描线前可对样板中的小圆孔根据实际的大小定义小圆孔的半径。

（4）图片操作：可对扫描导入的样板进行90°或45°旋转，用键盘上的上、下、左、右键可进行微调。

（5）数字化仪输入（快捷键F11）：使用数字化仪导入样板，但必须先调好“数字化仪设置”。

（6）数字化仪设置（图4-3-4）：

选定数字化仪品牌或厂家，正确设定数字化仪的分辨率，在数字化仪导入样板过程中可选择是否自动取样板，可根据数字化仪具体情况进行曲线精度的设定，一般情况下建议使用默认的设置。

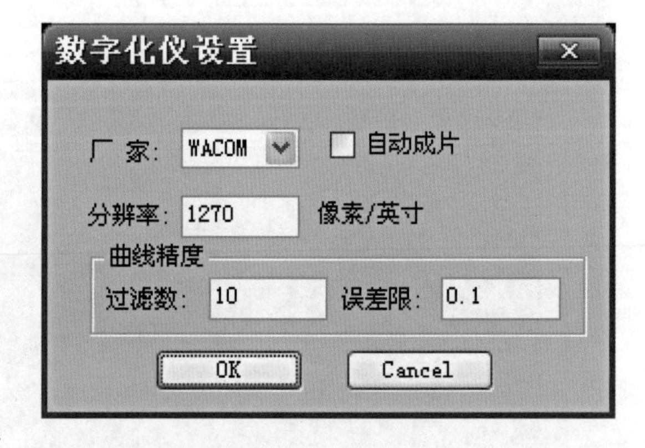

图4-3-4 数字化仪设置

① 曲线精度设置：过滤数在5~50可选，误差限在0.01~2可选。

② 校位：数字化仪校位。如果在数字化仪导入样板后发现漏掉导入了一条或几条线，但此时原样已从数字化仪上拿开，这种情况下可以将原样再放在数字化仪上，然后在计算机屏幕上打开导入的样板，自定义样板的两个角点，对应地在数字化仪的原样板上也选择相对应的两个角点后，此样板会自动完成校位功能，可以继

续将原样中忘掉的线再导入而不会影响样板的准确度。

二、应用印象软件进行女式高腰鞋的设计

女式高腰鞋的实物见图4-3-5。

图4-3-5　女式高腰鞋实物图

（一）输入楦面展平图半面板

（1）楦面展平图半面板，可以直接用扫描仪导入、从BMP文件导入或从数字化仪导入。

（2）扫描楦面展平图，得到 *.BMP文件，存入计算机。

（3）启动印象软件，执行【鞋样输入】-【打开图片】命令，调出 *. BMP文件，整理图像文件，命名存入计算机（图4-3-6）。

（二）结构设计

（1）确定后帮的高度：执行【工具】-【测量两点距离】命令，测得后缝的高度为104.82mm，然后执行【线】-【延长】命令，延长5.18mm，这样就确定后帮的高度为110mm（图4-3-7）。

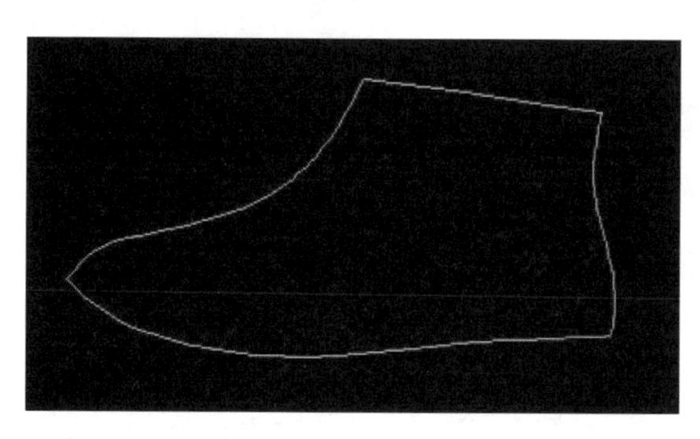

图4-3-6　存入文件

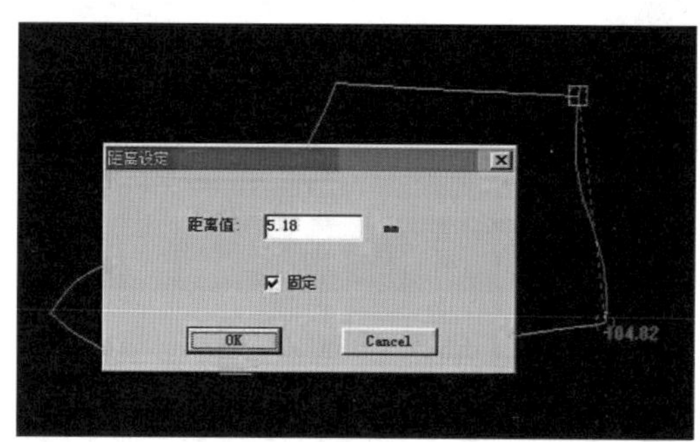

图4-3-7　设定后帮高度

（2）确定鞋帮上口位置：将展平图的筒口线向上偏移5.18mm，与后缝线相交，再将此线向上旋转2°，得到鞋帮上口直线，使用线偏移工具，将背中线向下偏移8mm，将线延长，与鞋帮上口相交（图4-3-8）。

（3）确定前帮围子的高度：单击绘制直线工具，在楦底前端点处，沿着背中线

绘制30mm的直线，直线的结束点在背中线上（图4-3-9）。

（4）确定前帮围子的长度：单击绘制直线工具，在楦底前端点处向底茬方向绘制，直线的结束点在帮脚上（图4-3-10）。

（5）确定鞋耳前端点：在楦底前端点处，执行图形圆弧，圆弧的半径为78mm，将背中线向下偏移35mm，两线的交点即为鞋耳的前端点（图4-3-11）。

（6）确定前帮围子的形状：单击绘制曲线工具，将围子的前面高度端点、鞋耳前端点和前帮围子的长度点进行曲线连接（图4-3-12）。

（7）确定鞋耳的形状：单击绘制曲线工具，曲线连接鞋帮上口位和鞋耳前端点，并将此线延长至帮脚（图4-3-13）。

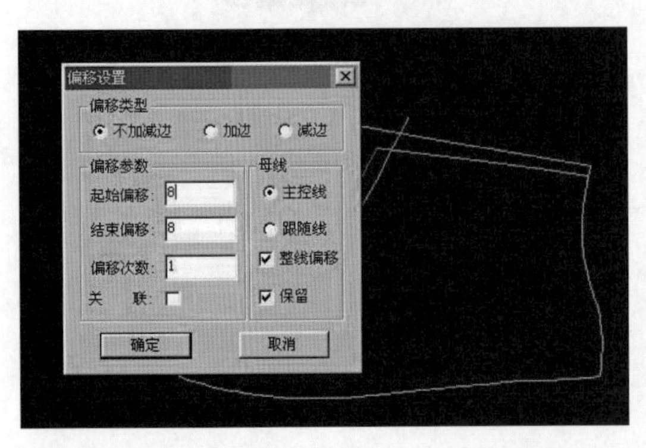

图4-3-8　鞋帮上口位置

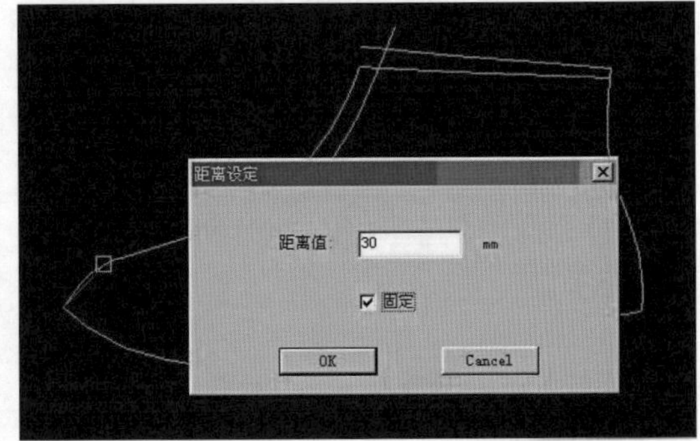

图4-3-9　确定前帮围子高度

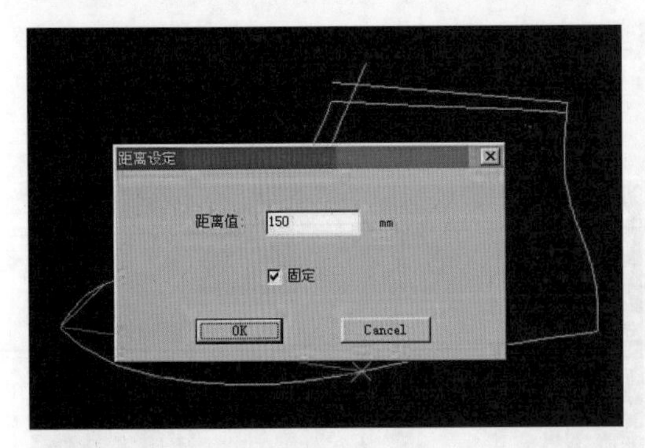

图4-3-10　确定前帮围子长度

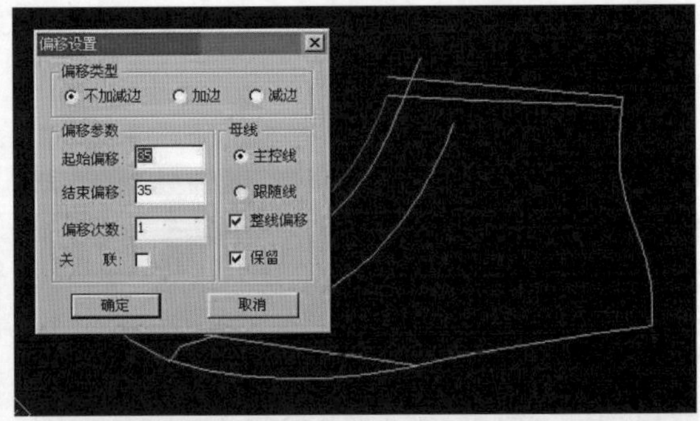

图4-3-11　确定鞋耳前端点

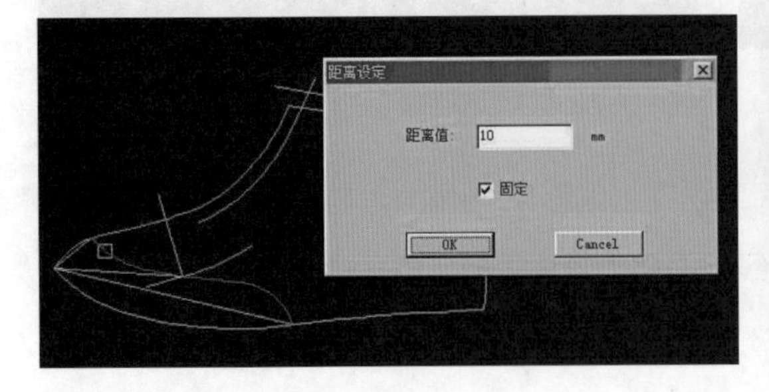

图4-3-12　确定前帮围子形状

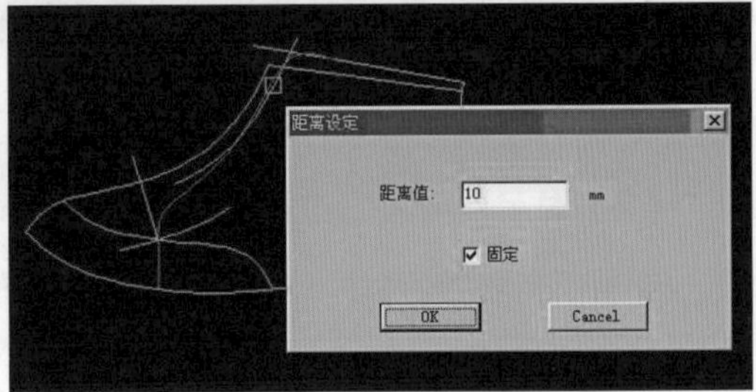

图4-3-13　确定鞋耳形状

（8）确定后包跟的形状：在楦底后端点上，沿着后缝线，向上量取70mm，确定一点；沿着帮脚向前量取85mm，再确定一点，曲线连接两点（图4-3-14）。

（9）确定鞋耳的宽度：选取鞋耳线，单击偏移工具，向下偏移25mm（图4-3-15）。

（10）确定鞋眼位置：选取鞋耳宽度线，单击偏移工具，向上平行移动12.5mm（图4-3-16）。

（11）确定鞋眼：选择鞋眼线，执行【线】-【排列】-【圆孔】命令（图4-3-17）。

（12）确定中帮的断帮位置：将帮脚向上偏移50mm，与包跟线相交，交点与中间的鞋眼直线连接（图4-3-18）。

（13）确定锁口线：使用绘制折线工具，在鞋耳后端与前帮围子交点处，向左上方向绘制一条直线，此线位于第一鞋眼与围子的中间（图4-3-19）。

（14）确定前帮围盖与鞋舌连接线：直线连接鞋耳前面第一个眼的中点与鞋耳后端与前帮围子的交点，并延长至背中线（图4-3-20）。

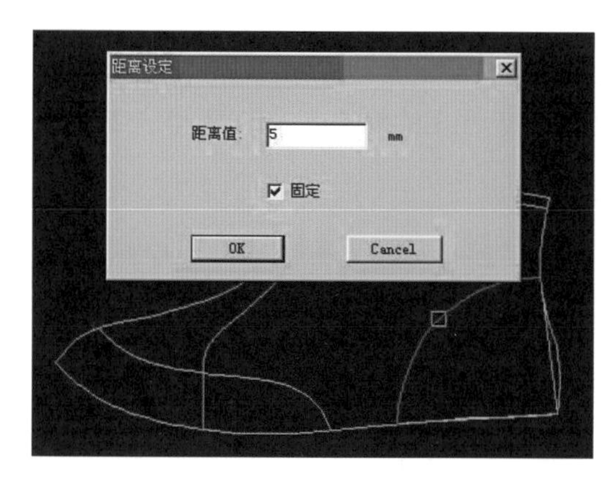

图4-3-14　确定后包跟形状

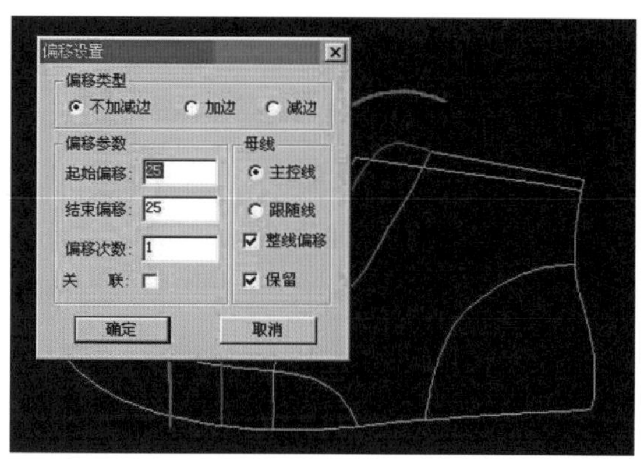

图4-3-15　确定鞋耳宽度

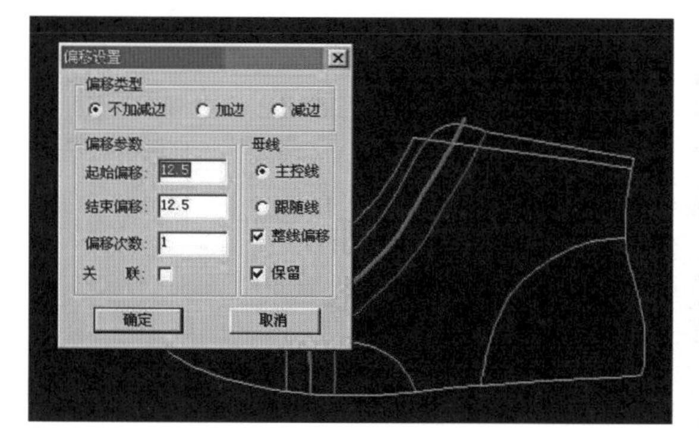

图4-3-16　确定鞋眼位置

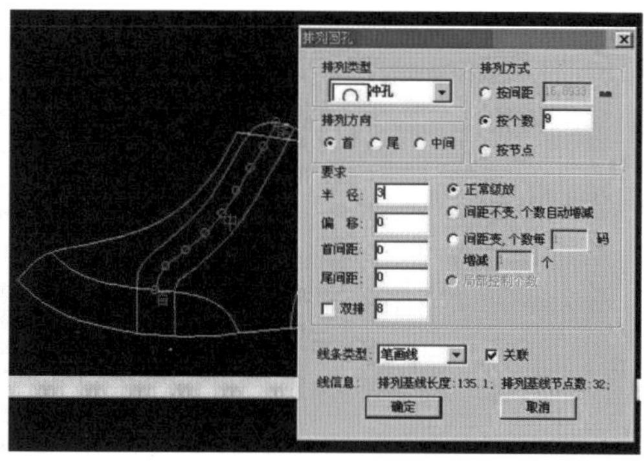

图4-3-17　确定鞋眼大小

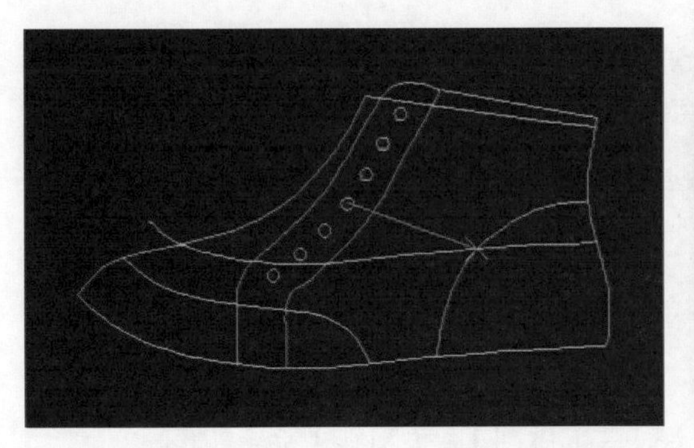

图4-3-18　确定中帮断帮位置

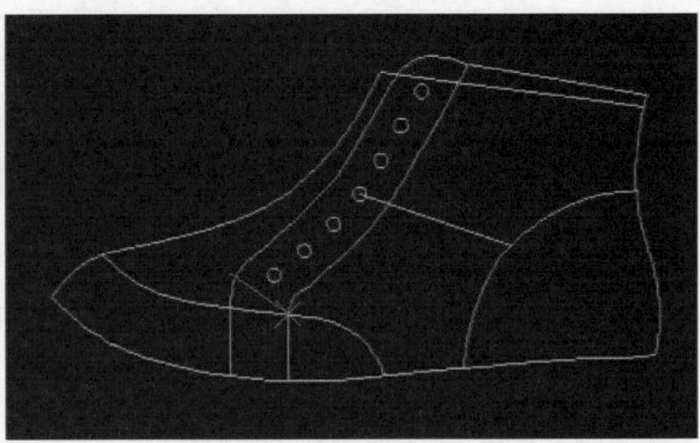

图4-3-19　确定锁口线

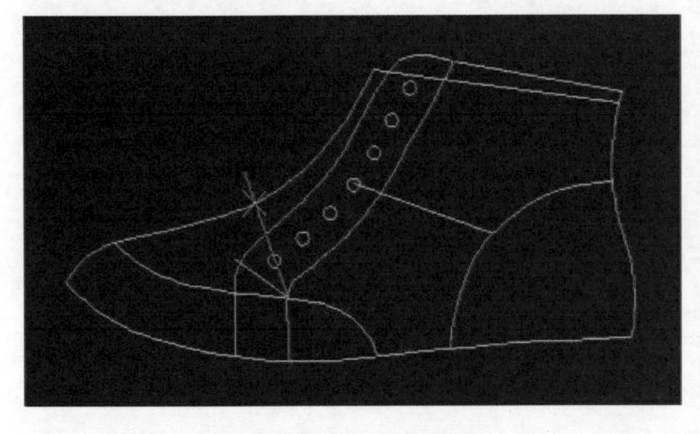

图4-3-20　确定前帮围盖与鞋舌连接线

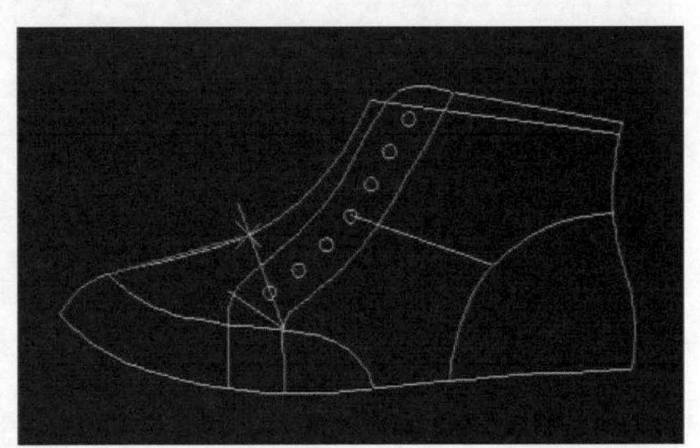

图4-3-21　确定前帮围盖中线

（15）确定前帮围盖的中线：直线连接前帮围子的前端点、前帮围盖与鞋舌连接线和背中线的交点（图4-3-21）。

（16）确定鞋舌的长度：选取前帮围盖的中线，执行【线】-【延长】命令，再选取前帮围盖与鞋舌连接线，向后偏移123mm，此线为鞋舌的中线。

（17）确定鞋舌的宽度：将鞋舌的中线向下偏移40mm（图4-3-22）。

（18）确定鞋舌形状：单击绘制曲线工具，圆滑连接鞋舌端点与宽度线（图4-3-23）。

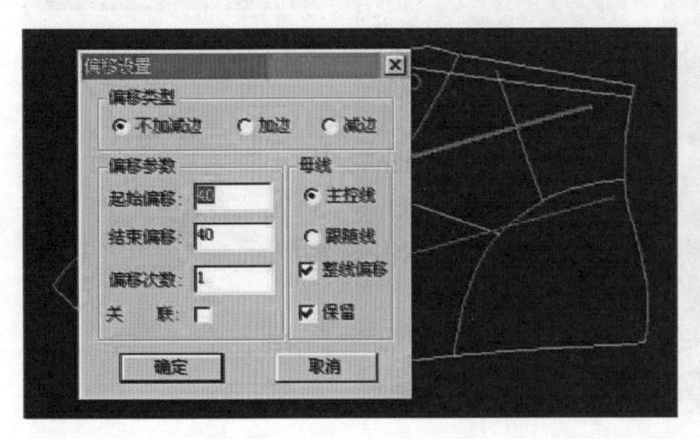

图4-3-22　确定鞋舌宽度

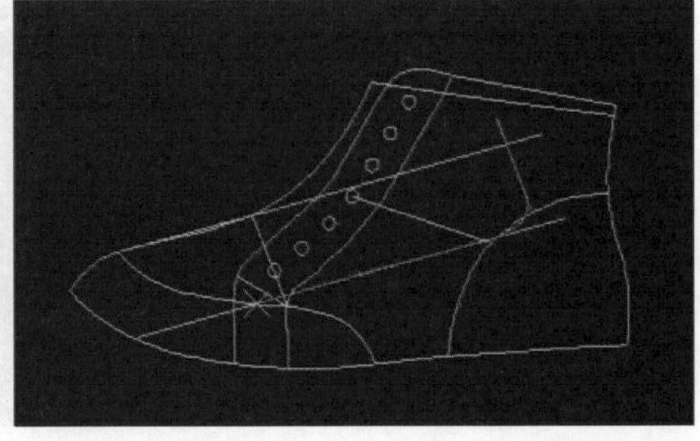

图4-3-23　确定鞋舌形状

（19）加放绷帮余量：选择楦底边线，单击线偏移工具，向下偏移15mm（图4-3-24）。

（20）整理结构图：使用延长、线打断等工具，清理多余的线条（图4-3-25）。

（21）确定外怀卡带的位置和形状：选择中帮的断帮线，根据鞋卡子内径宽度的一半，上下各偏移12.5mm，离包跟线20mm处，绘制一圆滑曲线，与卡带的边缘线相交（图4-3-26）。

（22）确定前帮盖的形状（图4-3-27）：

① 过鞋耳前端点作前帮中线的垂线。

② 将围盖的前端点沿着前帮中线，向前量取4mm，确定一点，根据平面设计的取跷原理，曲线连接至鞋耳前端点。

③ 镶钻石的位置离边2mm，内部形状根据自己设计要求。

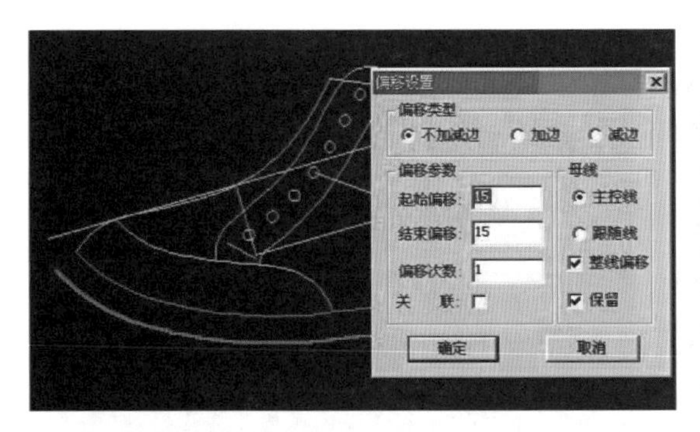

图4-3-24 加放绷帮余量

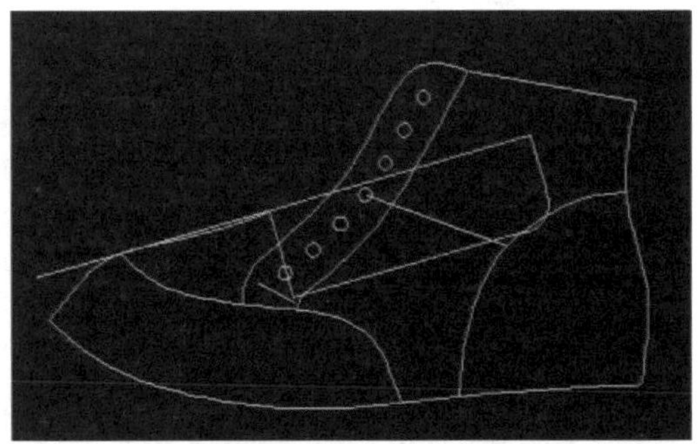

图4-3-25 整理结构图

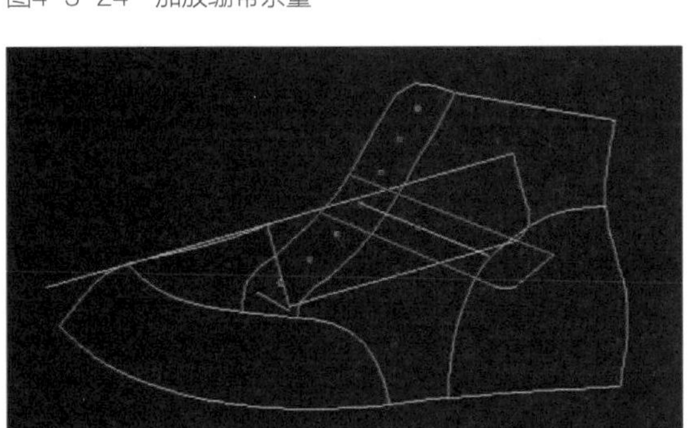

图4-3-26 外怀卡带位置和形状

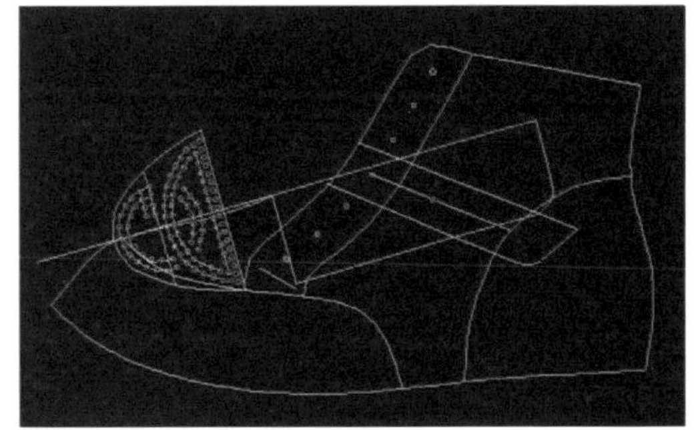

图4-3-27 确定前帮盖形状

（三）鞋里设计

（1）设计前帮鞋里：将前帮中线按照接帮点，逆时针旋转3°，定鞋里的前帮中线；其余两线如图4-3-28所示。

（2）设计鞋耳里皮：将鞋耳两面的线条分别向外偏移3mm（图4-3-29）。

（3）设计后帮里：先确定后帮里子的对折中线，然后将图中的线条向外偏移4mm（图4-3-30）。

（4）设计鞋舌里子：鞋舌边缘偏移3mm，前端偏移8mm（图4-3-31）。

图4-3-28　前帮鞋里

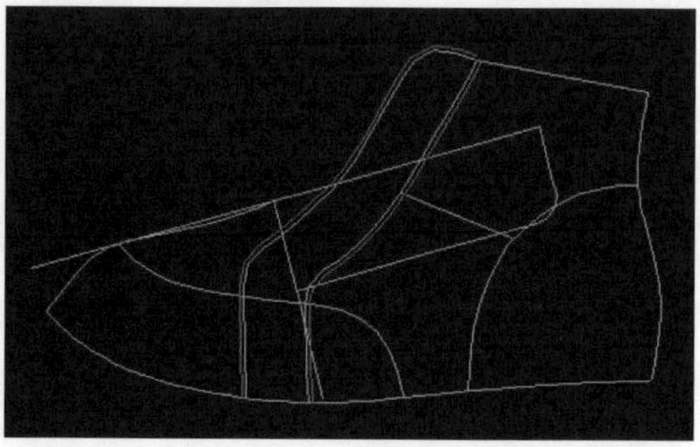

图4-3-29　鞋耳里皮

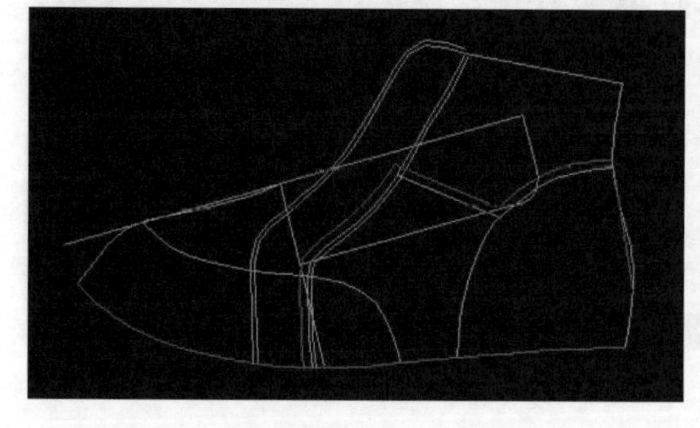

图4-3-30　后帮里

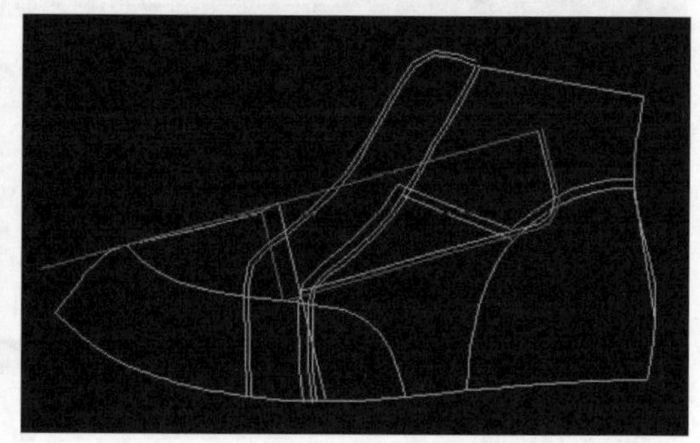

图4-3-31　鞋舌里子

（四）制取净样板

（1）将鞋面结构图中的每一块样板都分别以线条的形式取出。

（2）取样板：分别对上述的线条执行【分片】-【取片】命令，得到所有的样板（图4-3-32）。

（3）切割样板：进入切割模式，排版输出（图4-3-33）。

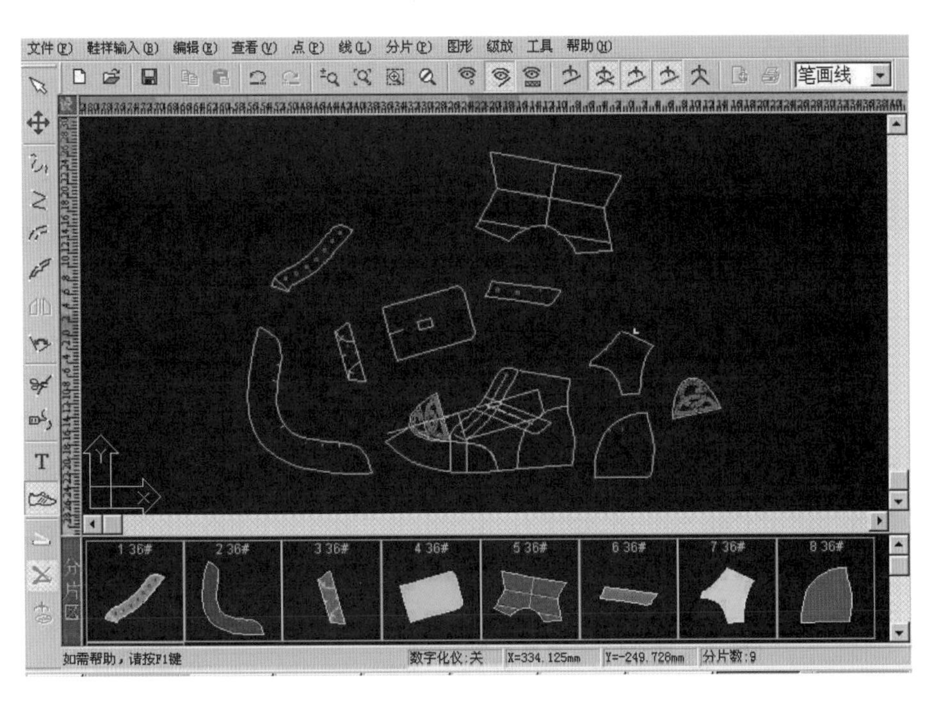

图4-3-32 取样板

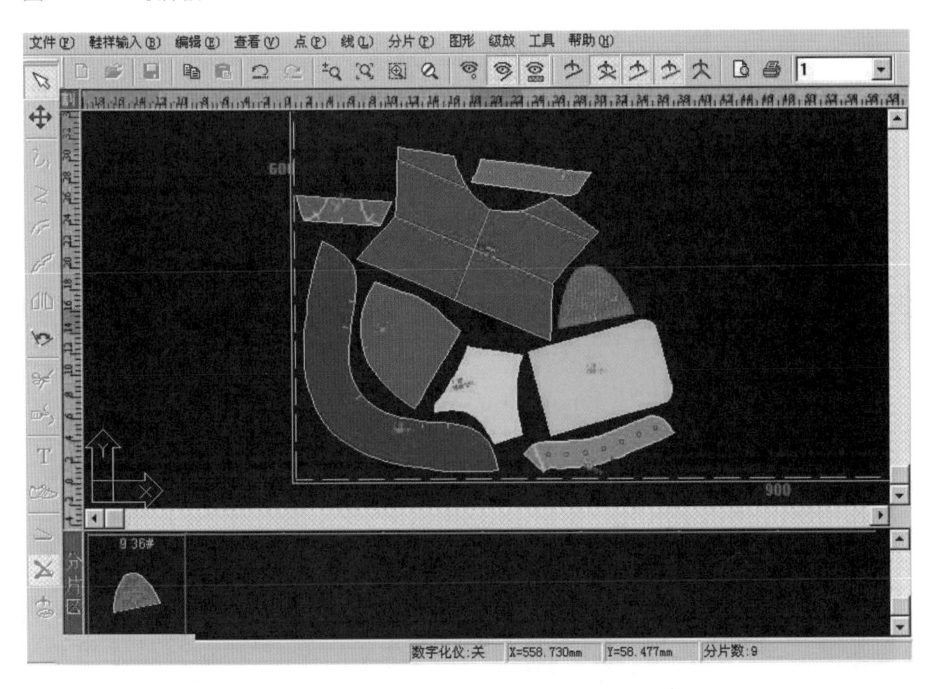

图4-3-33 排版输出

思考练习

1. 印象软件鞋样软件的主要功能特征有哪些?
2. 使用印象鞋样软件设计一款女式低腰皮鞋。

第四节 基于经纬软件的结构设计

经纬软件的开板是先通过扫描仪或数字化仪将鞋楦的展平面输入开板软件，必要时须对展平面先进行长度校正和跷度处理，然后用类似于手工开板中所采用的平面设计方法在展平面上进行结构设计，并根据镶接关系与工艺要求增加压茬量、折边量、合缝量、修边量等，再对关键部件进行取跷，然后进行部件拆分，增加画线槽、尖齿或圆孔标记，最后标注鞋号、样板类别、材料类型、每双板数等信息。本节以经纬软件为例讲解鞋样开板的方法。

一、操作界面与鼠标视图控制

（一）经纬软件操作界面

经纬软件操作界面见图4-4-1。

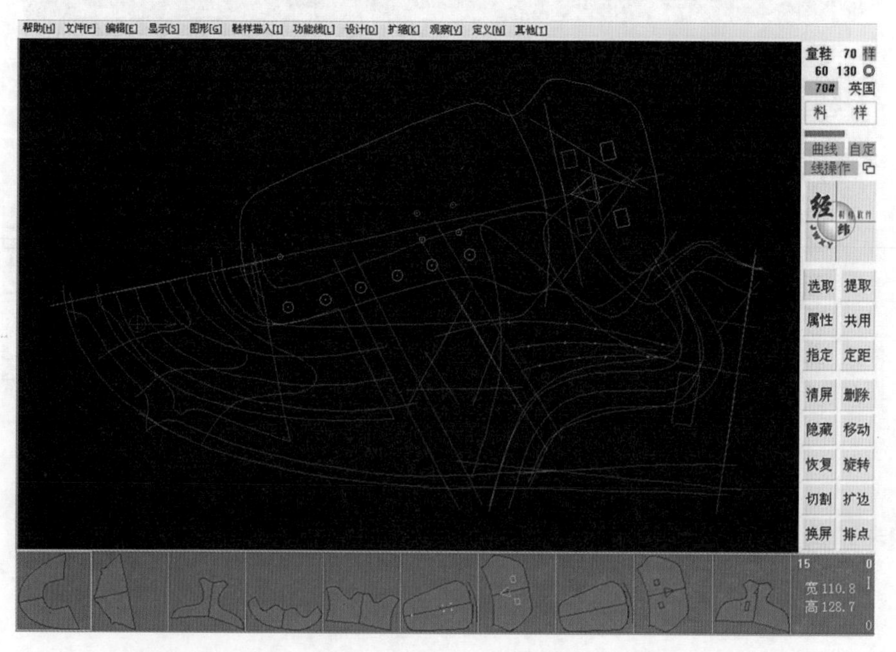

图4-4-1 工作界面

① 菜单行：选择菜单栏上的任何一个项目，均可以下拉子菜单，按鼠标的左键选定某功能。

② 工作区：在本区内可进行鞋样的输入、设计、修改、扩缩和预览等各项工作。

③ 分板/图案区：将设计好日后要用的图案保存在此区，可随时方便重复调用，按 Shift+Tab 组合键可以切换图案区和分板区。

④ 状态行：提示当前的工作状态和某些复杂功能的操作步骤。

⑤ 参数区：设定参数时移动鼠标至相应的参数位置，单击鼠标左键增加数值，单击鼠标右键减少数值。

【童鞋】表示鞋类，可改为男鞋、女鞋、婴儿；

【70】表示基本样（母样）码数；

【帮】表示图层，即当前输入的母样为帮层，部位的种类自动默认为“帮”，也可将其改为“底”、“里”或“样”；

【60 130】表示扩缩范围，即从60码开始扩缩到130码；

【◎】表示扩缩幅度为半码扩缩，“○”代表整码扩缩；

【做帮样】表示鞋样输出的两种形态，分为做帮样和划料样；

【70#】在单码显示时表示当前选中的码数；

【统一】表示鞋号标准，包括中国码、法国码、美国码、英国码；

【曲线】表示输入模式，可改为“定针”、“鞋号”、“记号”；

【标准】表示本码参数的选择，“标准”即选择轻工部的标准统计数据，“自定”则根据自行输入的楦头数据。

⑥ 按钮区：各个按钮相当于菜单中的各项功能，方便选用。

（二）经纬软件鼠标与视图控制

常用按键（按住不放的键）有Ctrl、Alt、Shift键，其他为击键点一下。常用键有空格键、回车键、删除键、光标键、Esc（退出）键、数字键、功能键F1至F10。

鼠标：按左键可以选取、确定；按右键可以取消，按住右键不放移动鼠标时屏移，在任何情况下，按住鼠标右键并拖动都可以移动整个视图；按住鼠标中键并拖动可以放大或缩小视图，往右往下方向放大，往左往上方向缩小。

选择【编辑】-【放大镜】功能：将鼠标对准需要放大或缩小的位置，按左键放大，按右键缩小。按住鼠标左键拖拉一个矩形框后放开，自动切换到点操作模式，并将矩形框内的内容放大到满屏，按鼠标右键又可以回到先前的比例状态，并自动切换到线操作模式。

选择【编辑】-【整理点】功能：将鼠标对准需要放大或缩小的位置，按左键放大，按右键缩小。按住鼠标右键还可以修改点的类型。

二、鞋样计算机辅助开板的一般流程

展平面的获取调整→辅助设计点线的标记→绘制结构线条（包括眼位图案标志等）并修改调整→根据镶接关系加放余量→取跷处理→提取部件分板→增加槽线尖齿定针等标记。

（一）展平面的获取和调整

展平面可以直接用数字化仪输入，也可以用扫描仪扫描为图片，然后插入背景，再用曲线描绘。一般来说只要展平面即可，有些人不习惯在软件里绘制线条，也可以在制作展平面时就把款式线条画好，与展平面一起输入。使用经纬软件开板一般在样层操作。

鞋楦半侧是个多向曲面，在展平面后往往产生很多皱褶，需要进行长度校正，主要检验展平面与原楦面长度是否存在差别。在制作运动鞋样板时，为了后续取跷方便，一般先对展平面做跷度处理（图4-4-2），限于篇幅此处不做详细阐述。

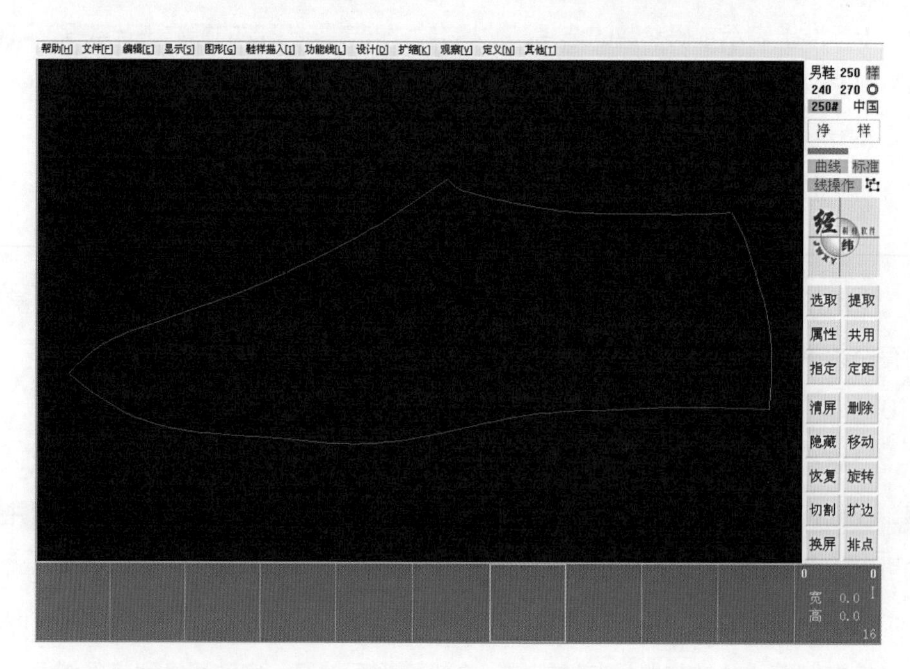

图4-4-2　展平面的获取和调整

（二）辅助设计点线的标记

有了展平面后，要像在鞋楦或纸张上设计一样标注一些款式设计的关键标志点线（图4-4-3），以辅助进行结构设计，如后踵高度、前帮长度、腰帮高度、口门位置等。为了使这些辅助点线标记准确，需要借助测量工具辅助操作，有时需要配合吸附工具。

测量工具的使用：

选择【设计】菜单下的【测量】即可测量，确定一个点，按住鼠标左键不放拖拉到另一个点，在鼠标旁显示两个点的距离，利用自动吸附功能，可精确测量不同的距离。

对曲线分段测量时，用鼠标左键点击一线条，进入测量过程，显示一个垂直小线段跟着鼠标移动。状态行提示“第一步：选择测量起始点！”，按鼠标左键后拉动鼠标会显示两个测量点的直线距离和弧线长度；状态行提示“第二步：选择测量终止点！”，单击鼠标左键可打上垂直小线段作为位置的标志，按鼠标右键可重新

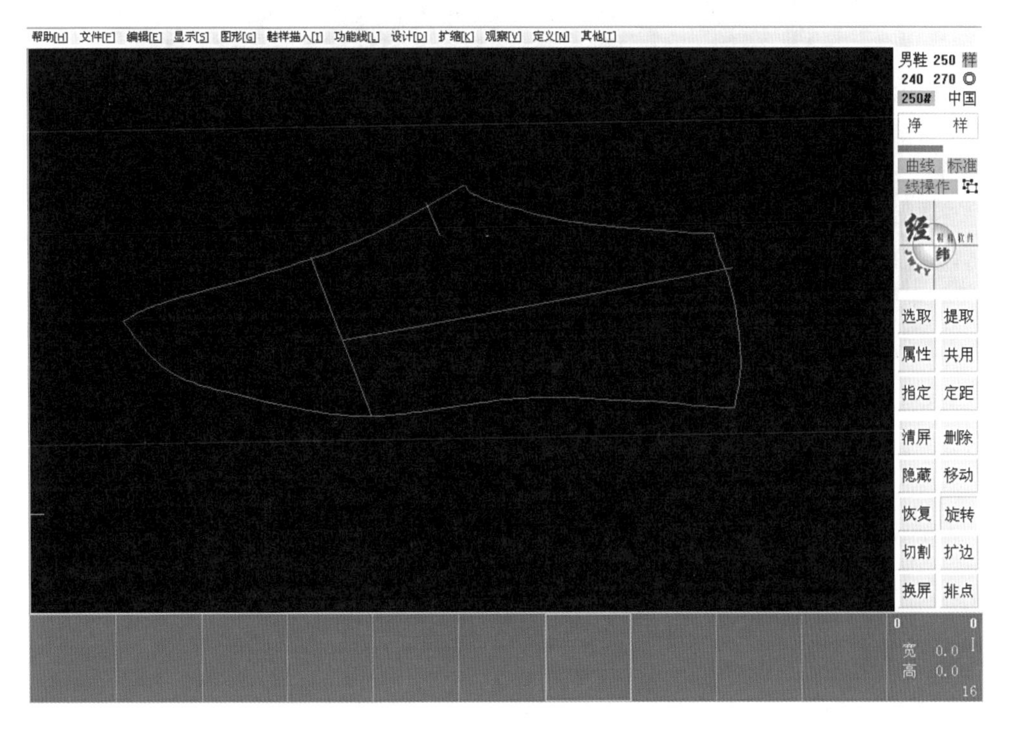

图4-4-3 辅助设计点线的标记

开始第一步，再按鼠标右键则结束测量。第二步单击鼠标左键时按住 Ctrl 键在起始点和终点留下来两条垂直小线段；第三步单击鼠标左键时按住 Shift 键在起始点和终点留下来两个定针。

（三）绘制结构线条（包括眼位图案标志等）并修改调整

有了标志点线就可以绘制款式线条了，根据线条的特征选择对应菜单下的曲线、直线、弧线、矩形、圆等。

在绘制完成或绘制过程中发现问题还要及时纠正，这就需要对图形进行修改调整。这包括选取、移动、删除、旋转、对称、线条打断、延伸等（图4-4-4）。

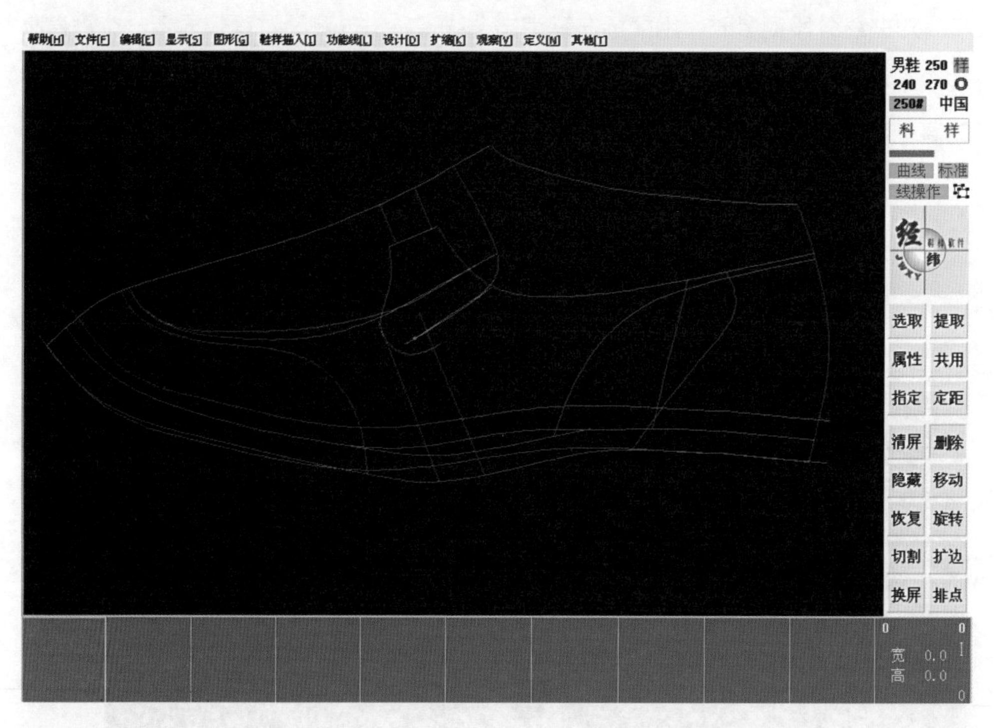

图4-4-4　绘制款式线条

1. 图形的绘制方法

①【曲线】：按鼠标左键定点，按鼠标右键或 Esc 键结束，按住 Ctrl 键输入角点，按住 Shift 键输入顶点，按住 Alt 键再按鼠标右键可以退点。

②【直线】：操作同上，生成直线。

③【圆弧】：用鼠标左键定位三个点，生成圆弧。

④【图案】：先用鼠标在图案区选择需要的图案，然后在样板中单击鼠标左键

输入第一个定位点，拉出一个方向，确定后再按鼠标左键或按鼠标右键取消输入；按鼠标右键可以退除部位内的图案。

⑤【圆】：用鼠标左键点击图的中心位置，拉动鼠标显示不同的直径，确定后再按鼠标左键，自动生成一个圆，或按鼠标左键取消输入。在拉动鼠标时按空格键则弹出输入直径对话框，输入数值后确认则生成所要大小的圆。

⑥【椭圆】：用鼠标左键点击椭圆的中心位置拉鼠标显示不同的长宽，确定后再按鼠标左键，自动生成一个椭圆，或按鼠标右键取消输入。在拉动鼠标时按空格键则弹出输入和宽度对话框，输入数值后按确认则生成所要大小的椭圆。

⑦【圆条】：用鼠标左键点击圆条的A点位置，拉动鼠标显示宽度值，再按鼠标左键确定宽度，再拉动鼠标显示长度值，确定长度及方向后按鼠标左键自动生成所要大小的圆条。在拉动鼠标时按空格键则弹出相应的对话框，用于输入精确的数值。

⑧【等腰三角形】：用鼠标左键点击等腰三角形底边的一个端点，拉动鼠标显示底长，确定底长及方向后再按鼠标左键，再拉动鼠标显示高度，确定高度后按鼠标左键自动生成所要大小的三角形。在拉动鼠标时按空格键则弹出相应的对话框，用于输入精确的数值。

⑨【正多边形】：用鼠标左键点击正多边形的中心位置，拉动鼠标显示大小值，确定后再按鼠标左键，自动生成一个正多边形，或按鼠标右键取消输入。在拉动鼠标时按数字键则变化正多边形的边数；在拉动鼠标时按空格键则弹出相应的对话框，用于输入精确的数值。

⑩【长方形】：用鼠标左键点击长方形的任意一个角，拉动鼠标显示不同的长度、宽度值，确定后再按鼠标左键，自动生成一个长方形，或按鼠标右键取消输入。在拉动鼠标时按空格键则弹出输入长宽对话框，输入数值后按确定则生成所要大小的长方形。

⑪【平行四边形】：用鼠标左键点击平行四边形的任意一个角，拉动鼠标显示一边长度，确定长度和方向后按鼠标左键，再拉动鼠标显示另一边长度，确定长度和方向后按鼠标左键自动生成平行四边形。在拉动鼠标时按空格键则弹出相应的对话框，用于输入精确的数值。

2. 线条修改调整方法

①【选取】：按住鼠标左键不放，向右下角或左上角拖拉后再放开，右拉必须套住全部方可选中，左拉只要套在局部即可选中；按住 Ctrl 键点击对象，如果未选中则变选中，如果已选中则变未选中，点击空白地方，所有已选中的变为未选中。

在全屏时，按住 Shift 键，用鼠标左键点击定针，可在样板内移动；按住 Alt 键，用鼠标左键点击某位置，发送移动指令到切割机，机头自动移动至相应的位置。

②【延伸】：用鼠标左键点击线条的端点附近，可自动将此线条在该端延伸1mm，而按右键则缩回1mm；按住 Alt 键用鼠标左键点击某线条的一端可以直接拉伸出去，在拉伸过程中按鼠标右键或 Esc 键可取消拉伸，确定后再按鼠标左键；按住 Ctrl 键可以整体对所有线条的两端延伸1mm。

③【等距】：可以对线条做局部等距线和整体等距线，局部等距是对准起始位置按住鼠标左键不放，选取一段后放开，如果选取的线段很小则自动认定整体线条。利用放开鼠标左键时的鼠标位置自动判别等距线的边向。弹出<输出边距>对话框，在其中可以输入精确的距离数值，并可以指定重复的条数，如需保证该段距离在扩缩中不变或分段，则须用【扩缩】-【定距主从】功能来控制它。

④【对折】：先用鼠标点击对称轴，对称轴必须是直线，正确选择对称轴后，该直线变黄色显示并进入对折过程，状态栏显示“请选择需对折的线或定针！”用鼠标随意点击需对折的元素，被选元素自动复制产生对折结果，按鼠标右键可结束对折过程。用鼠标点击轮廓线，而该轮廓线又是直线，则会自动生成的部位对折；按住 Ctrl 键，用鼠标点击线条，则可使该线条的控制点次序反向。

⑤【打断】：按住鼠标左键不放，拖拉出一段直线后放开，则所有与该段直线相交的线条均被打断：用鼠标点击任一条线，该线条普通焦点显示后进入选取过程，选择需被打断的线条，选中的线条再选则去除选择，最后按 Enter 键确认，该组线条同时被打断：或按 Esc 键和鼠标右键可取消打断功能。

⑥【裁剪】：移动鼠标至线条上，自动加亮线条上相交之间的某一段，按鼠标左键可删除该段，按住 Ctrl 键可自动删除鼠标所到之处。

⑦【封闭】：用鼠标点击内部线，如果该线条是封闭曲线则变开曲线，而开曲线则变封闭曲线。

⑧【自动擦除】：按住鼠标左键不放，拖拉出一段直线后放开，则所有与该段直线相交的线条均被删除，主要针对扫描后杂线。按住 Ctrl 键，移动鼠标所碰之处自动删除线条；按住 Shift 键，移动鼠标所碰之处自动删除定针。

⑨【删除】：用鼠标点击部位外的空白处，则取消所有的选择，框选可以选中需删除的元素，用鼠标双击部位内，则该部位内选中的元素全部被删除，而当所有元素均未被选中时，鼠标点击到的元素单个被删除。按 Alt 键，可以不提示对话框的情形下删除部位；按 Shift 键，不断点鼠标左键可以定义一个范围，按鼠标右键可以

退回一个点，最后按 Enter 键可一次性删除该范围内的所有定针，或按 Esc 键取消范围定义。

⑩【移动】：选择元素的方法同【选取】功能。线操作模式下，用鼠标点击部位内空白处或轮廓线可整体移动部位，移动过程中，按空格键顺时针90° 旋转，按 Tab 键产生X或是Y的镜像，利用光标键可在上、下、左、右4个方向上微移部位，最后按 Enter 键确定或按 Esc 键和鼠标右键取消。用鼠标点击部位内的元素，则单个移动该元素，再按鼠标左键放下时不判断落点的有效性，如果该元素是处于选中状态，则该部位内所有选中的元素被一起移动，而再按鼠标左键放下时将判断落点的部位归属，利用该特性可将一个部位内的元素移到另一个部位之中。选择图案移动时，如果图案未被选中，则只移它的固定点；只有当它被选中后才可移动整个图案。按住 Alt 键，按鼠标左键确定起始点，拉出一段距离后再按鼠标左键，则可同时移动所有部位。点操作模式下用鼠标点击节点，拖动到任意位置后再按鼠标左键确定移动，或按鼠标右键取消移动；如果该节点是被选中的，则所有选中的节点被一起移动。

⑪【旋转】：选择元素的方法同【选取】功能。线操作模式下，用鼠标左键点击部位内空白处或轮廓线可整体旋转部位，旋转支点自动选择部位的中心，确定方向后再按鼠标左键，或按鼠标右键取消旋转。用鼠标点击部位内的元素，则单个旋转该元素，如果该部位内存在选中的元素，则按住鼠标左键不放，拉出一个方向后放开，选中的元素被一起旋转，支点为鼠标点击的第一点，旋转线取拖出的方向。旋转过程中按光标方向键有特殊含义，按左右光标键可以根据鼠标所点的线自动寻找摆平部位的方向，而按下下光标键则根据线条两端摆平部位。按住 Alt 键用鼠标左键点击部位内线也可整体旋转部位。点操作模式下先选择一些需放置的节点，按住 Shift 键定义支点，按住鼠标左键不放，拉出旋转线后放开，进行旋转，再按鼠标左键完成旋转，或按鼠标右键取消旋转。按住 Ctrl 键用鼠标点击节点，可以选中或不选某节点。

⑫【复制】：功能类似移动，只是最后会复制被抓住的对象。如复制一个部位、复制一根线条或将一组线条和定针复制到另一个部位。

3. 排孔的操作

①【排点】-【自动排】：主要针对包子鞋的定针孔。用鼠标左键点击一线条，弹出排点参数对话框。

点数：总共要排多少个点，点数设为零可删除该排点。

边距：所排的点到原线的垂直距离，边距如果等于零则称在线排点，否则称为沿边排点。

直径：所排的点的大小。

选择：不变/删除/更新，如需将当前的图案进行排列时选择“更新”，去除图阵排列时选择“删除”。

码间隔：码数间隔，如半码选5或-5，正数表示向后约定码数，负数表示向前约定码数，如中号250，正数表示250、255是一样的定针数，负数则表示245、250是一样的定针数。

增减值：定针增减数。

首点忽略：排出的点阵里去掉开始点，或设置毫米数指定首点离端点距离，正数超出，负数缩进。

尾点忽略：排出的点阵里去掉结束点，或设置毫米数指定尾点与端点的距离，正数超出，负数缩进。

按住 Ctrl 键用鼠标左键点击排点或图阵，提示“解散图阵吗？”，选择确认后可自动将排点或图阵独立出来，就像定针和图案一样。

②【排点】-【节点排】：用鼠标左键点击线条，自动根据控制点生成排点，针径取缺省值，通过点操作更改点的位置可以达到任意排点的效果。

参数指定同【自动排】，这意味着任意排的点也可以在扩缩中增减点数。在生成的其他排点上点击鼠标左键，提示“转为节点吗？”，选择确认键则将其他排点转变为节点排。

在生成的节点排上点击鼠标左键，则可理解改中间点（红色点）的选择。

③【排点】-【第二排】：在排点的基础上再出一排等距的点。用鼠标左键点击第一排点，弹出边距对话框，输入精确的边距值，按确认键自动生成第二排点。

（四）根据镶接关系加放余量

绘制好款式图后需要根据各个部件的镶接关系来加放余量，如压茬量、折边量、修边量、合缝量等（图4-4-5）。

（五）取跷处理

在鞋样设计中有很多部件是需要取跷的，如后包跟、后跟鞋里，须画出对折线，围条处理工艺跷，鞋盖则须旋转取跷。对比较复杂的取跷，先将部件轮廓选

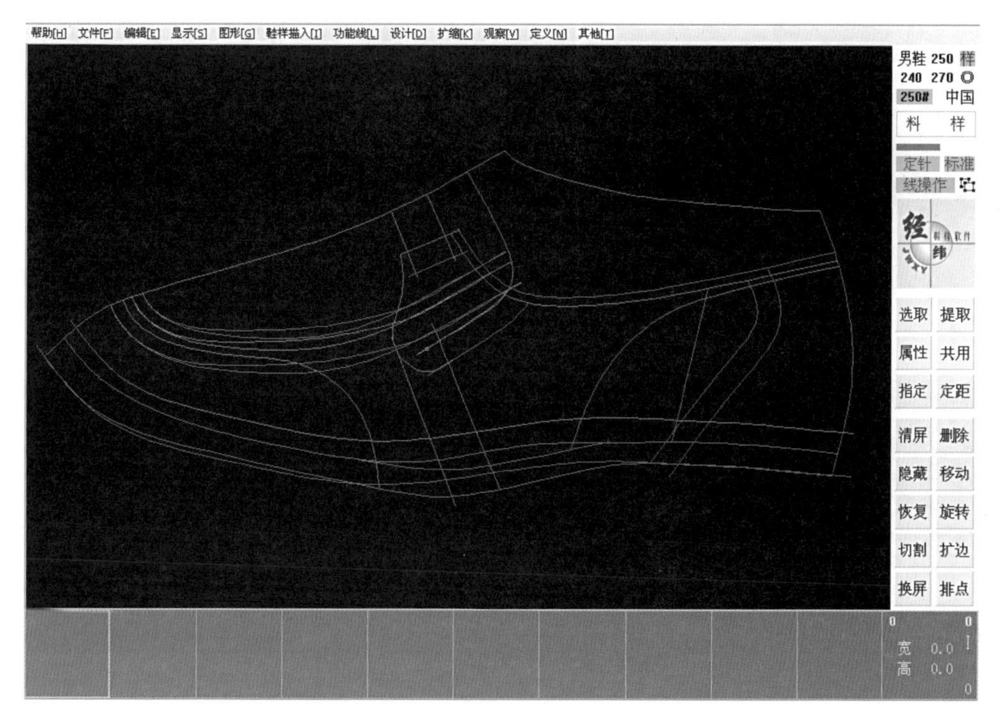

图4-4-5 放余量添加

中，复制出来到空白处做进一步的取跷处理。

用软件模拟手工取跷，可以围盖部件为例。先复制围盖轮廓到空白处，绘制一条对折线作为取跷基线，并与围盖前部一段背中线对齐，切换到点模式下，用选取工具选择后部需要跷度处理的一些节点，点击旋转按钮，然后按住 Shift 键点击取跷中心，移动鼠标后形成一条旋转基线，旋转直到又有一段背中线与取跷基线对齐，如此反复直到背中线都与取跷基线对齐为止，最后只需调整线条使其平顺把内怀线对称控制到另一侧即可（图4-4-6至图4-4-9）。注意在旋转中心上下的部件轮廓一定要有节点，必要时添加节点。

（六）提取部件分板

在取跷加放余量之后就可以提取分板了，相当于手工操作时把一个部件轮廓割下来。点提取按钮，根据选中的周边线条确定一个分板，存于分板区；或将选中的周边线条复制出来做进一步的取跷处理。

1. 提取部件操作

用鼠标左键不断地点击线条使之被选中，或按住鼠标左键不放，拉过一段距离后

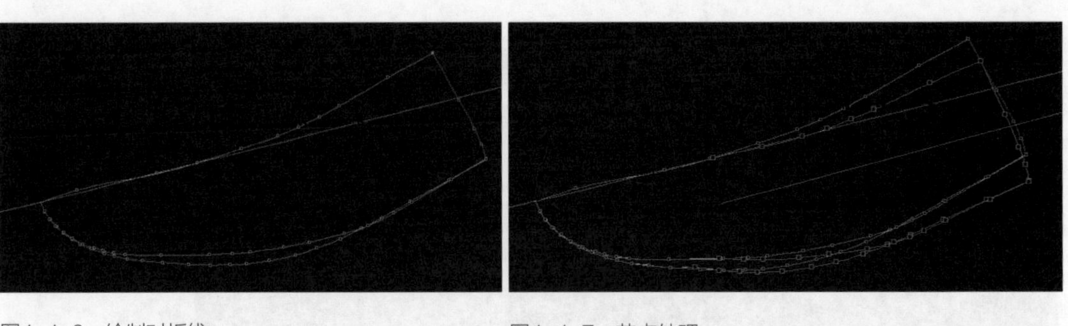

图4-4-6 绘制对折线

图4-4-7 节点处理

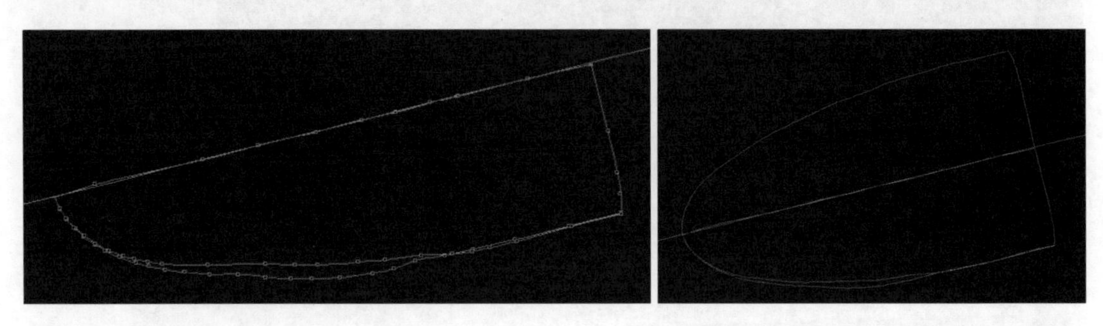

图4-4-8 反复旋转处理

图4-4-9 调整线条

放开，要以选中线条的局部，再次选中已选中的线条则表示不选中，在一条线上交接的两段选中会自动合并为一段，最后按鼠标右键完成提取，或按 Esc 键取消提取。如果被选中的周边线条交叉整理后不能构成一个封闭的区域，则不能完成提取。

按住 Ctrl 键完成提取，则不提取内部元素：按住 Shift 键完成提取，则复制提取线条到工作区上面。每次在提取功能按鼠标左键进入时，分板区的当前选择指示会跳到一个空白方格中：如果要针对已提取的分板做不同周边线条的选择，则先在分板区内选中分板，再按 Ctrl 键用鼠标左键点击工作区即可。

在提取过程中，按住 Alt 键用鼠标左键点击线条的某一端，可延伸此线条。在提取过程中，按住 Ctrl 键可输入一个范围，在此范围内的线段均自动被选中。

2. 分板管理

分板区内的大方格称为分框，最多可存放100个分板，序号为0～99，屏幕右下角的分板框旁显示当前的分板序号。

按左右光标键可以在当前10个分板内选择，按上下光标可前后翻页，每页10个分板。

用鼠标左键双击分板框中部，可自动将后续的分板前移。

按住 Ctrl 键，用鼠标左键点击分片框，可在工作区里只对该分板配上相应的颜色，用以查看分板在母线里的情况。

用鼠标左键点击分板框的右上角，可达到分板开母线的目的，即只仅仅显示与该分板有关的母线，其余都隐藏掉。

按住 Ctrl 键用鼠标左键点击分板框的右上角，可以同时将多个分板进行开母线；按住 Alt 键移动鼠标至分板框，按住鼠标左键不放，拖拉鼠标到另一个分板框后放开，则可自动交换该两个分板的存放位置。

（七）增加槽线尖齿定针等标记

样板提取后需要在轮廓内标注诸如定针、鞋号、牙尖、沟槽等标记，具体要看样板的类别。另外还要整理分板的内部元素，如某些线条要画，而另一些线条要割（图4-4-10）。

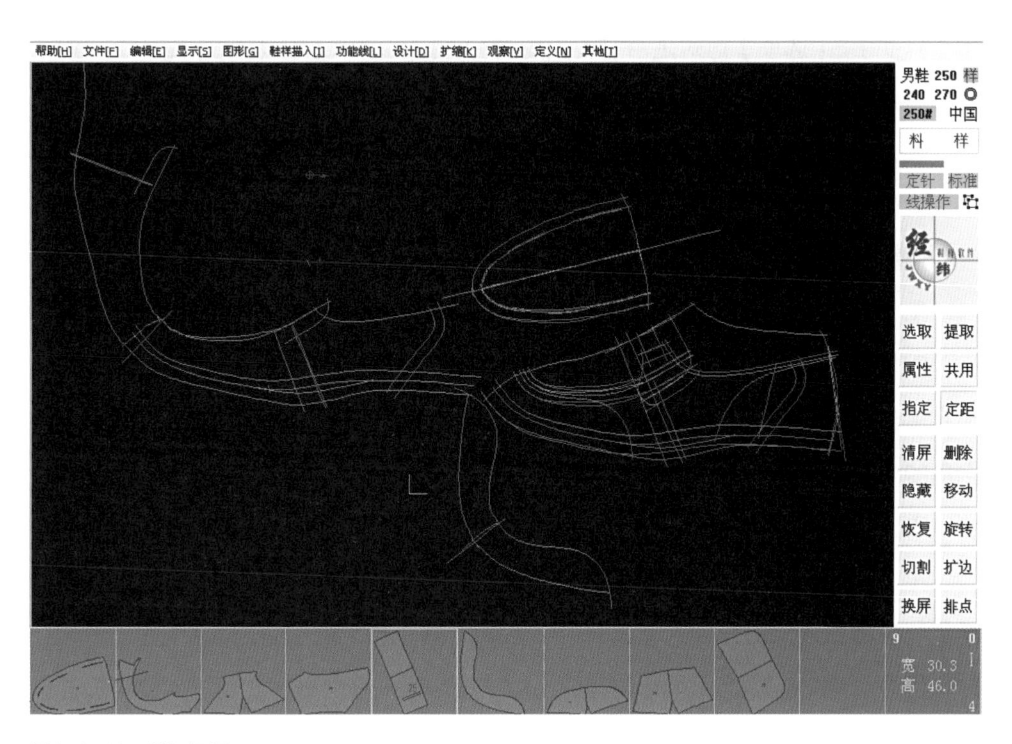

图4-4-10 增加标记

1. 各种标记的做法

①【定针】：移动鼠标至定针位置，单击鼠标左键，则自动生成一个定针，直径依据图案区左下角的7个定针专用方格的尺寸。按鼠标右键可以退出部位内的定针。

②【鞋号】：用鼠标左键点击需要标注鞋号的位置，可将鞋号移到此处，按住鼠标左键不放，拉出一个方向后放开，可旋转鞋号。

③【牙尖】：用于区分内外怀的标志。移动鼠标至线旁边，单击左键，自动生成内牙尖或外牙尖；按鼠标右键可以退除部位的内牙尖。牙尖作为位置来说没那么精确，它说明的是一侧，如果需要精确定位的话一般用【记号】来做。

④【字串】：用鼠标左键点击位置，弹出输入字串对话框，利用中文输入法可以输入需要的文字，按鼠标右键可以退出部位内的字串。按住 Ctrl 键，用鼠标左键点击位置，弹出选择字串对话框，在列表中选择需要的文字，按确认后自动生成文字图案。

⑤【槽线】：用鼠标左键点击线条上槽线的起始点，移动鼠标自动显示不同的槽线结果，当确定终点位置后再单击鼠标左键便完成槽线输入，或按鼠标右键取消输入。当拉动鼠标时，鼠标位置在线的哪一侧，槽线的尖角就朝哪一侧，位置基本在线上，则槽线变为无尖角；利用【其他】-【设定】可设置缺省的槽线宽度值；利用【其他】-【选项】可对是否需要尖角进行选择；利用【设计】-【属性】可对槽线偏离线条的间距进行设置。

⑥【记号】：先用鼠标左键去点击要做记号齿的竖边，然后再用鼠标左键去点击要做记号齿的横边即可自动生成，该记号是这两条线的产物，只要控制好这两条线的位置，记号也就跟着被控制好了。

⑦【倒角】：用鼠标左键点击线条的端点处，只要有其他线的端点与之相邻近，则自动生成两线的端角处的倒角；否则还需用鼠标键点击另一线条的端点处，点完后自动用圆弧连接该两个端点，形成圆角。用【设计】-【属性】功能可能更改倒角的半径。

2. 样板内部元素整理

① 运用【指定】整理分板的内部元素：如某些线条要画，而另一些线条要割。用鼠标左键直接点击分板的母线的中心位置，即可进入该分板的指定过程，或先在分板区里选中分板后，用鼠标左键直接点击工作区的空白处，也可进入该样板的指定过程。

在分板的指点过程中：按 Esc 键，或按住鼠标左键不放，同时点击鼠标右键，可以退出指定过程：按空格键可以切换母线显示与否；按鼠标右键可以弹出菜单，用于选择功能。

②【完成】：退出分板的指定过程。

③【剪齐线段】：用一根线条把另一根线条从交叉点开始为端点的这一段剪去。用鼠标左键先点击一根线条便进入剪齐过程，再逐个点击将被剪的线条，如果点击已被剪的线条，则恢复该线条，最后按 Esc 键或鼠标右键退出剪齐过程。

④【加入元素】：用鼠标左键点击母线或定针、图案，可将它们整体加入到分板内，如果按住鼠标左键不放，拉过一段距离，则可局部地加入线段。【文件】-【切割设置】里各种选项决定加入元素的缺省属性。

⑤【去除元素】：用鼠标左键点击加入分板的元素，则可从分板中去除该死元素。

⑥【全刀加入】：将母线指定到分板，并带有全刀属性，方法同【加入元素】。

⑦【半刀加入】：将母线指定到分板，并带有半刀属性，方法同【加入元素】。

⑧【笔画加入】：将母线指定到分板，并带有笔画属性，方法同【加入元素】。

⑨【属性】：有线条属性、记号属性、倒角属性。

思考练习

1. 使用经纬鞋样软件开板的一般流程是什么？
2. 如何使用经纬鞋样软件模拟手工取跷操作？

第五节　基于 Shoepower 的造型结构设计

一、Shoepower 鞋样设计软件简述

（一）界面特点及启动

Shoepower 安装好之后，可以在桌面上直接单击 Shoepower 程序图标启动 Shoepower；也可以先单击开始按钮，然后选择程序下的 Shoepower 程序组，在

该程序组中选择并单击 Shoepower 鞋样设计系统，这样就可启动 Shoepower（图4-5-1）。

Shoepower 系统一共有6个模块，它们分别是鞋楦设计模块、鞋楦展平模块、帮样设计模块、样板设计模块、底跟设计模块、三维效果模块。用户可以根据设计工作的步骤和需要用鼠标单击工作界面下部的6个浮动按钮，从而进入不同的设计模块。

Shoepower 的工作界面主要包括以下几个部分：标题栏、下拉菜单、工具栏、工作区、状态栏。

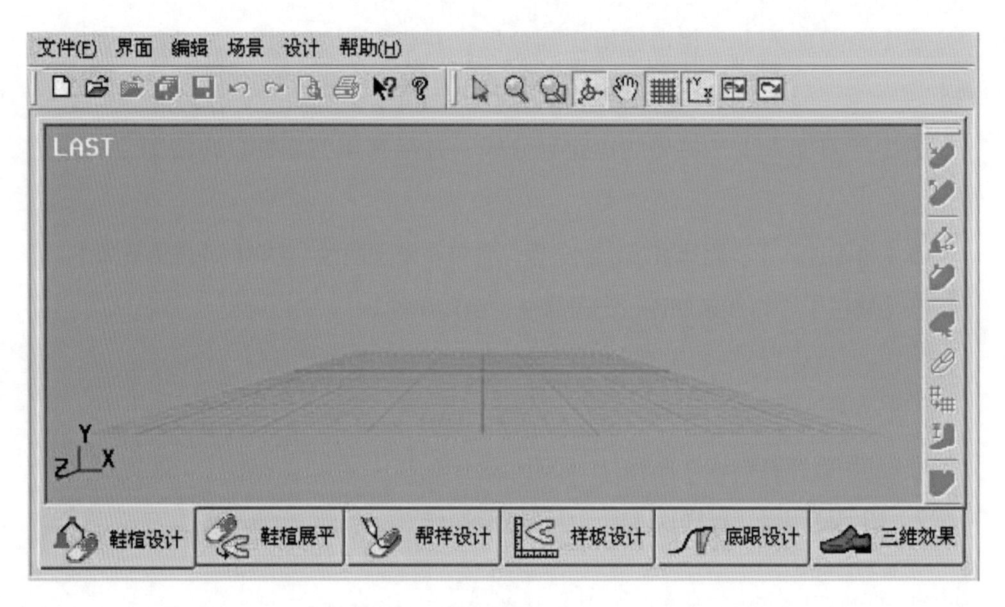

图4-5-1 设计系统初始工作界面（鞋楦设计模块界面）

1. 标题栏

标题栏显示当前应用程序的名称，如果用户已开始进行设计工作，在标题栏中还将显示当前设计工程的名称。

2. 下拉菜单

用鼠标左键点击下拉菜单标题时，会在标题下出现菜单项列表。要选择单个菜单项，先将鼠标移到该菜单项上，使它加亮显示，然后用鼠标左键点击它。有时，某些菜单项是灰色的，表明在当前特定的条件下这项菜单命令为无效命令，不可调用。

菜单项后面跟有（…）符号时，表示选中该菜单项时将会弹出一个对话框。菜单项右边有一个黑色小三角符号的，表示该菜单项有下一级子菜单，把光标放在该菜单项上，然后单击鼠标左键就可引出下一级子菜单。

3. 工具栏

工具栏中包含许多有图标表示的工具，单击这些图标就可激活相应的Shoepower 命令。如果把鼠标放在某个按钮上并停留一会儿，屏幕上就会显示出该工具按钮的名称。

在 Shoepower 缺省工作界面中，通用的工具栏在工作区的上方，当前模块特有的工具栏放在工作区的右侧，用户如果需要关闭某个工具栏，只需要用鼠标点击工具栏右上角的“×”按钮即可。模块切换的浮动按钮在工作区的下方。

4. 工作区（图4-5-2）

工作区是显示图像供用户设计和编辑的区域。若当前模块的工作区域为多个窗口时，用户可以根据设计的需要，在某一个活动窗口名称上快速双击鼠标左键，就可以将当前窗口最大化显示。设计完成后，用户可以再次用鼠标左键在当前窗口名称上快速双击鼠标左键，工作区恢复到缺省状态。

5. 状态栏

状态栏是显示状态信息的区域，主要显示鼠标所在位置工具按钮的命令提示和当前操作的有关信息。

（二）Shoepower的基本绘图

Shoepower 提供了丰富的绘图命令，利用这些命令可以绘制出各种基本图形对象，从而满足鞋子设计的需要。在Shoepower中，这些绘图命令可以通过下列两种方式来激活：

通过选取帮样设计模块中的

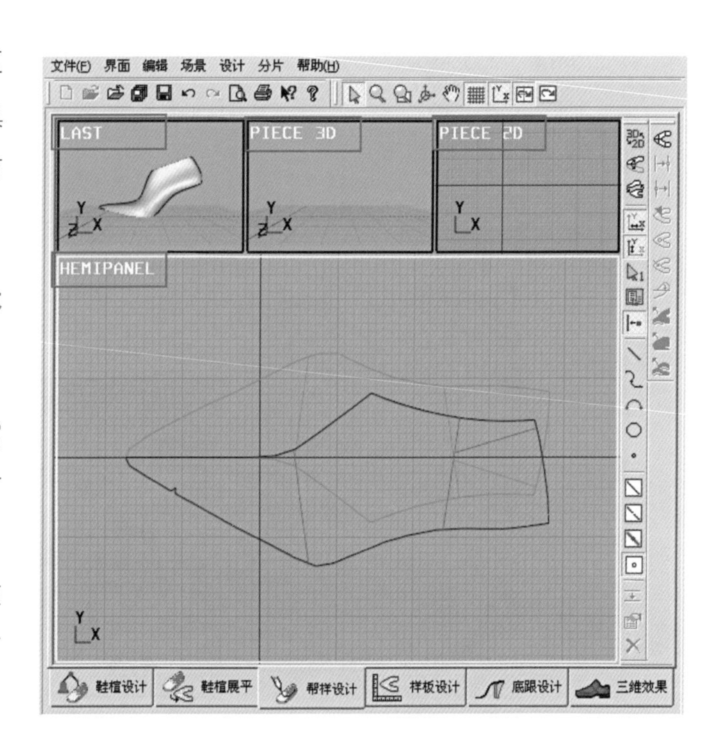

图4-5-2 帮样设计模块界面

相应工具图标（图4-5-3）。

图4-5-3　工具图标

通过选取帮样设计模块设计菜单中的相应菜单选项（图4-5-4）。

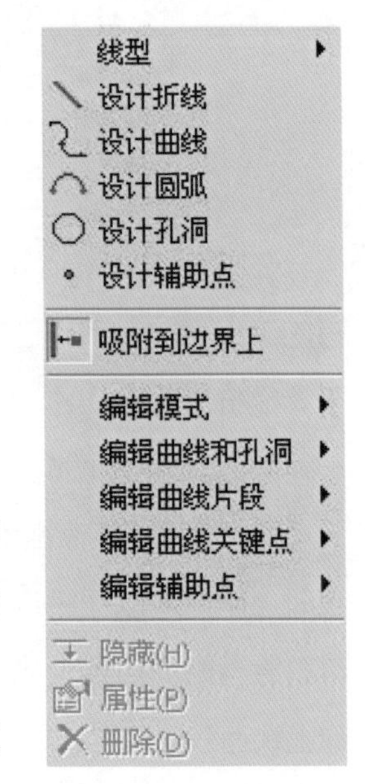

图4-5-4　相应菜单选项

二、Shoepower 软件基本操作

（一）鞋楦设计模块

（1）启动 Shoepower 三维设计系统。

（2）在鞋楦设计模块中单击文件菜单命令弹出文件下拉菜单，单击新建工程命令（图4-5-5），弹出新建工程对话框（图4-5-6）。

（3）在弹出的新建工程对话框中输入工程名称，在工程目录中确定此工程文件存放的目录，单击新建浮动按钮，新建一个工程文件。

（4）在文件下拉菜单中单击导入鞋楦命令，弹出打开文件对话框（图4-5-7）。

（5）在楦头数据存放的目录中选择一个已扫描进入的鞋楦数据文件，将所选鞋

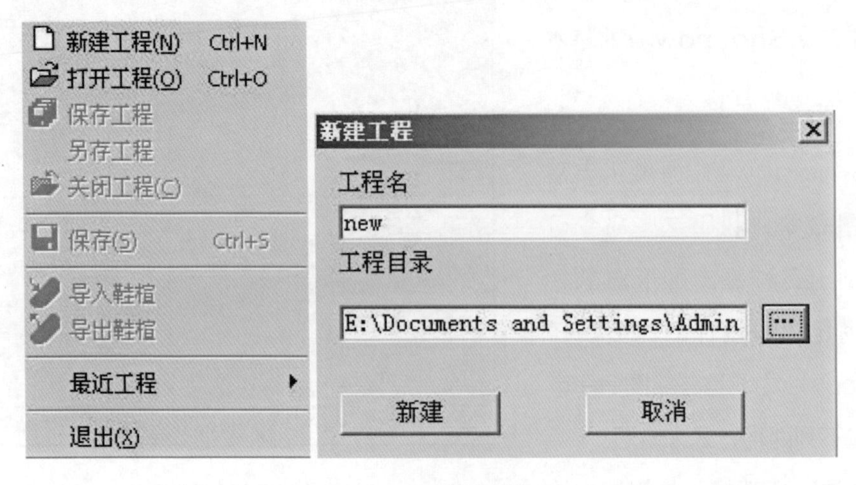

图4-5-5　文件菜单　　图4-5-6　工程对话框

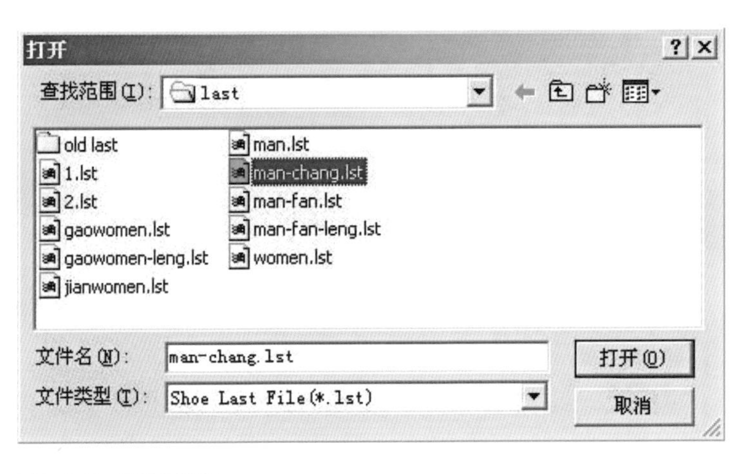

图4-5-7　文件对话框

楦导入到鞋楦设计视图中（图4-5-8）。

（6）在视图区中单击鼠标右键弹出右键菜单，单击【显示内容】-【纵剖面】子菜单命令，显示出楦头的纵剖面。

（7）单击场景菜单中的场景旋转命令，在视图区中按住鼠标左键后移动鼠标，旋转整个视图中的物体，观察用户输入的鞋楦背中线和后弧线的偏正、圆顺度。

（8）若背中线和后弧线的偏正、圆顺度不是很好，在设计菜单中单击对准纵剖面命令，程序自动对背中线和后弧线进行校正。

（9）视图中即时地显示出校正好的纵剖面。

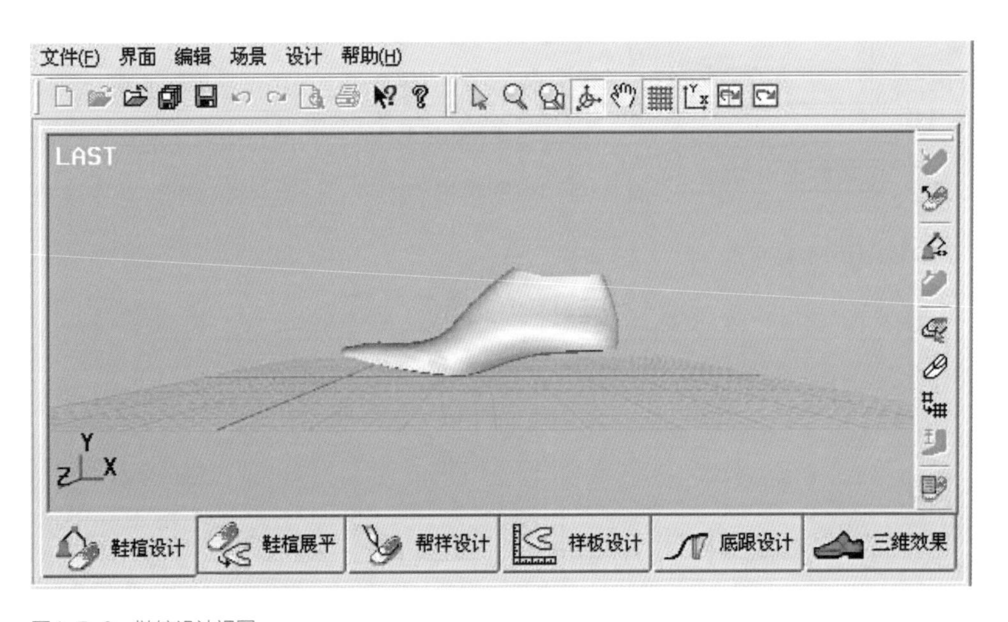

图4-5-8　鞋楦设计视图

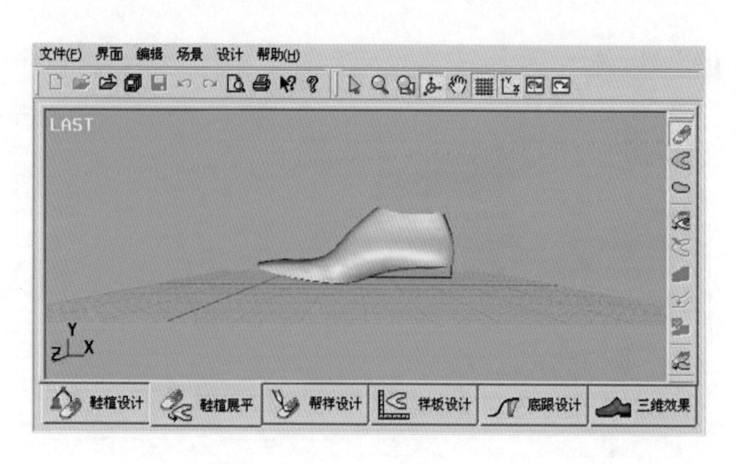

图4-5-9　鞋楦展平模块

（二）鞋楦展平模块

（1）单击视图下方的鞋楦展平浮动按钮，进入鞋楦展平模块（图4-5-9）。

（2）在设计菜单中单击展平半面板命令，弹出提取头部特征对话框（图4-5-10）。

（3）单击对话框下方的确定按钮，系统智能准确地展出此鞋楦的内外怀半面板（图4-5-11）。

（4）在设计菜单中单击对齐半面板命令，弹出对齐内外怀对话框，将内外怀后弧线和底边楞线后部重合。

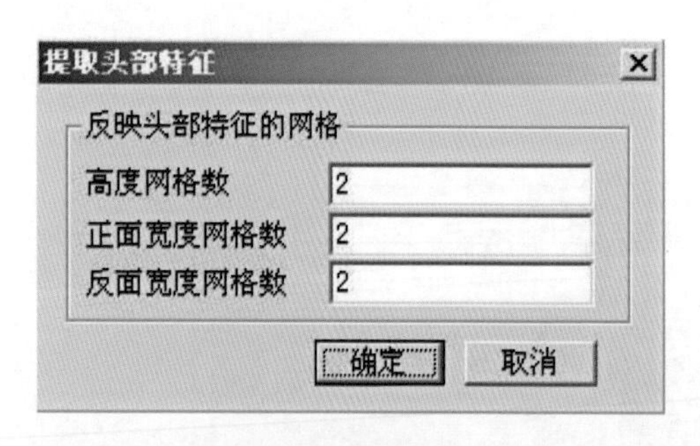

图4-5-10　提取头部特征对话框

（5）在对话框中选择内外怀对齐的部位，单击确定按钮退出对话框，程序自动将内外怀对应的部位对齐（图4-5-12）。

（6）在设计菜单中单击拉直半面板命令，弹出拉直半面板对话框。利用对话框中的点取鞋口点和点取拼接点命令，确定半面板前部背中线拉

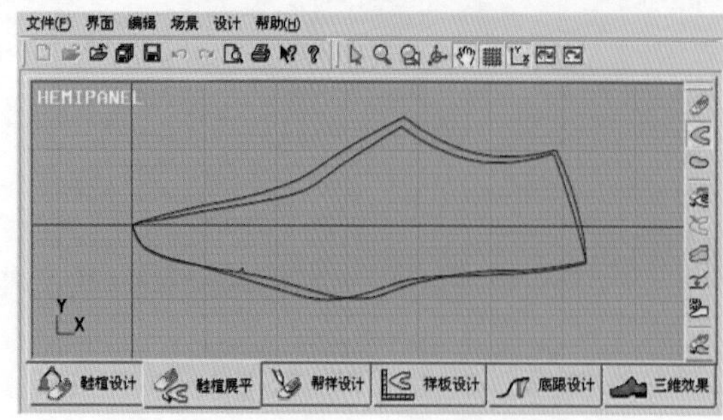

图4-5-11　内外怀半面板

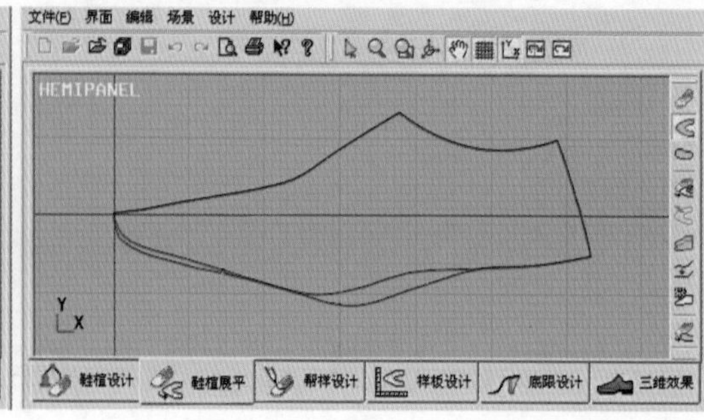

图4-5-12　内外怀对齐

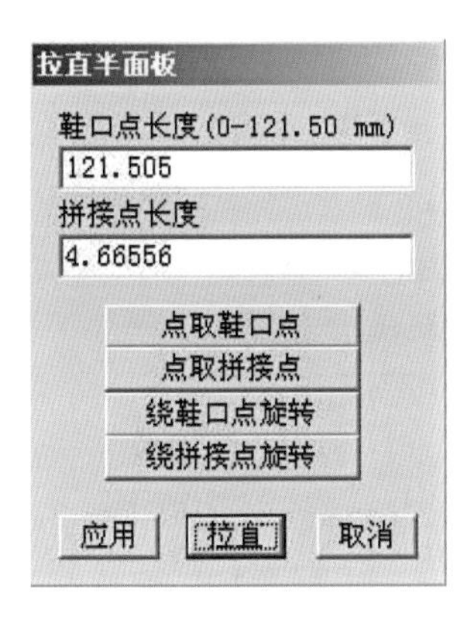

图4-5-13　拉直半面板对话框

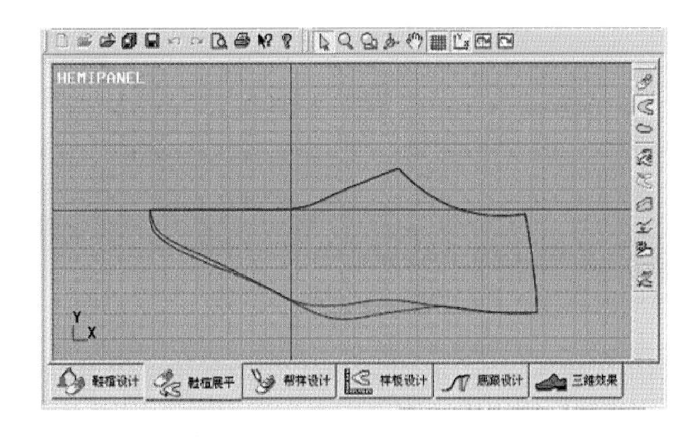

图4-5-14　拉直后的内外怀半面板

直的范围；或者通过绕鞋口点旋转命令在视图中按住鼠标左键，旋转半面板确定拼接点位置，通过绕拼接点旋转命令在视图中按住鼠标左键旋转半面板确定鞋口点位置，从而确定半面板前部背中线拉直的范围（图4-5-13）。

（7）拉直范围确定以后，单击应用按钮预览拉直效果，确定后单击拉直按钮将半面板背中线的前部拉直，退出对话框（图4-5-14）。

（8）在设计菜单中单击计算映射命令，程序自动地将半面板导出到帮样设计模块。

（三）帮样设计模块

（1）单击视图下方的帮样设计浮动按钮，进入帮样设计模块（图4-5-15）。

（2）在半面板视图中单击鼠标左键选择半面板的后弧线，选中后的后弧线亮度显示。单击鼠标右键弹出线编辑模式下的右键菜单（图4-5-16）。

（3）单击右键菜单中的插入辅助点命令，弹出取辅助点命令对话框，在对话框的AC长度值一栏中输入后帮高度，单击确定按钮退出对话框（图4-5-17）。

（4）程序自动地在后弧线的此部位做出高度标志点，按照同样的方法确定背中线上的前脸长度标志点、外怀帮高控制点（图4-5-18）。

（5）用鼠标左键在鞋楦视图名称上快速双击，将鞋楦视图切换至最大显示，在场景菜单中单击场景旋转命令，在视图中按住鼠标左键旋转视图，将楦头旋转到合适的角度，以便在楦头

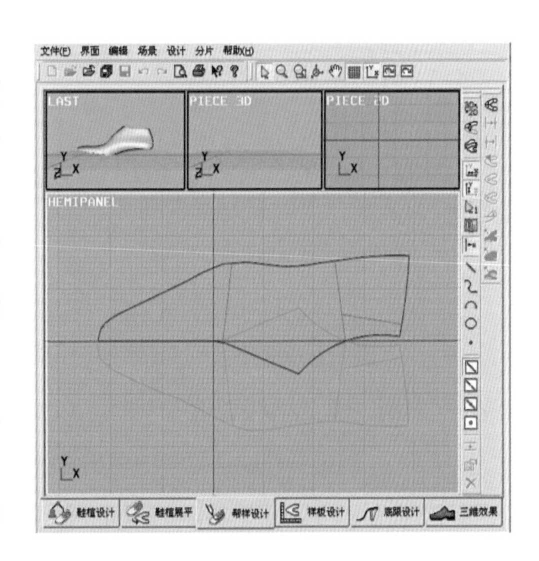

图4-5-15　鞋帮设计模块

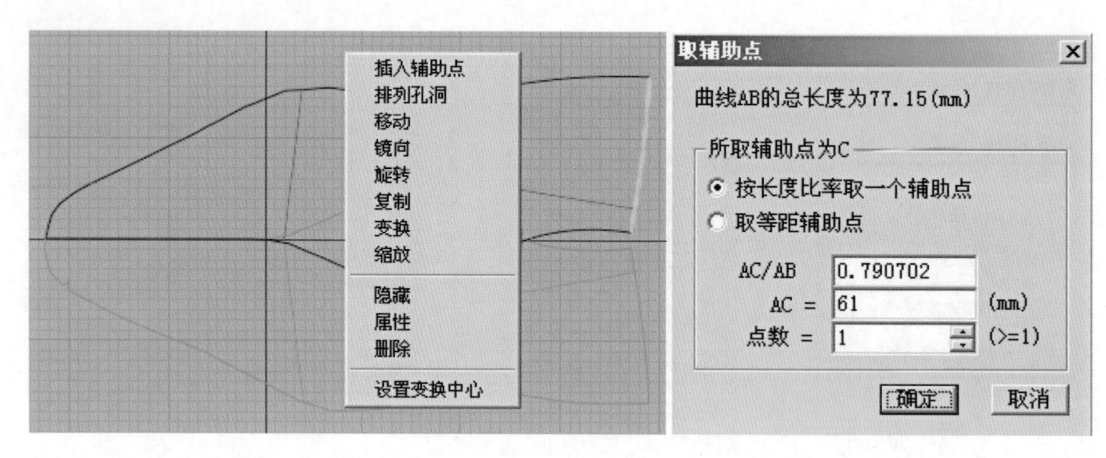

图4-5-16 右键菜单

图4-5-17 取辅助点命令对话框

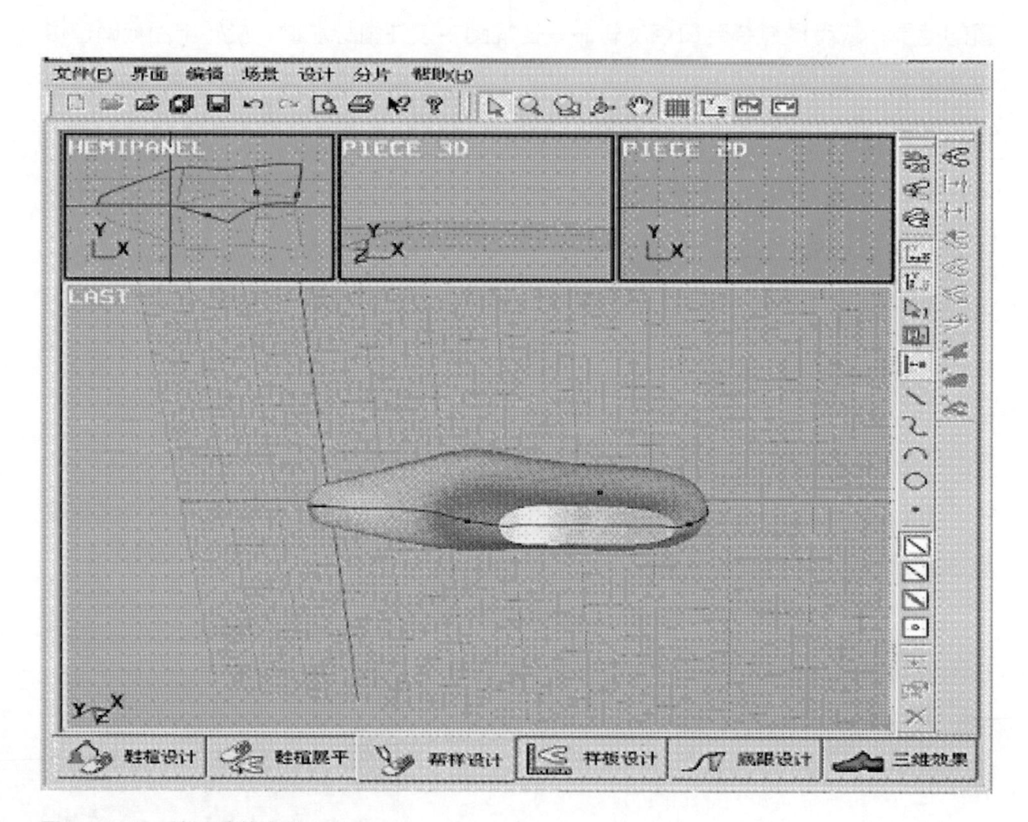

图4-5-18 后帮高度的确定

上进行线条的设计（或者通过键盘上的方向键对视图进行旋转，通过Z键放大整个视图，通过X键缩小整个视图，以便将楦头调整至合适的大小角度）。

（6）在设计菜单中单击设计曲线命令，在楦头实体上进行款式线条的设计。

（7）初始状态下楦面的外怀处于被激活状态，首先在楦的外怀勾画出款式线（在勾画款式线的过程中可以利用点编辑状态下的吸附和重合命令，将相交曲线紧

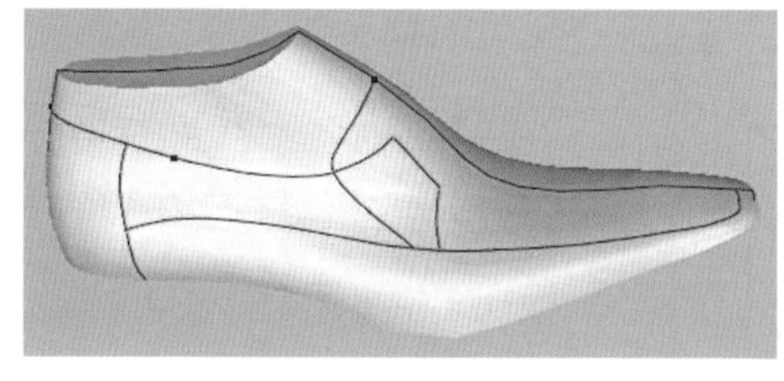

图4-5-19　楦面外怀款式线

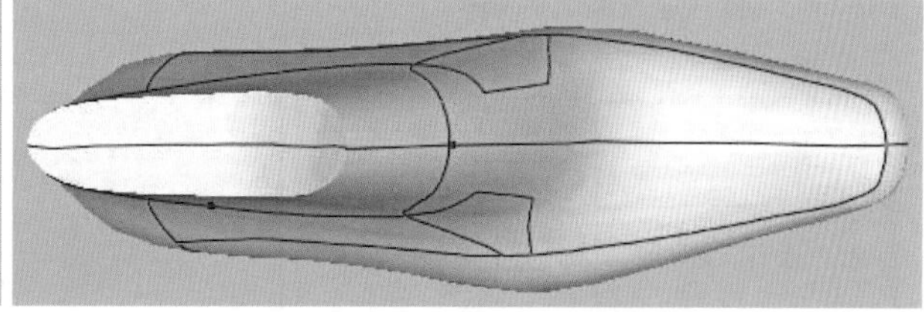

图4-5-20　楦内、外怀款式线

密的连接在一起，见图4-5-19）。

（8）外怀线条设计好以后，利用框选功能选中外怀的所有线条，选中后的线条红色亮度显示（或者用键盘上的 Ctrl 辅助键增加选择线条），单击鼠标右键弹出线编辑模式下的右键菜单。

（9）单击镜像命令将外怀设计好的线条镜像到楦的内怀（图4-5-20）。

（10）在场景菜单中单击置换激活面板命令，将楦面的内怀置换为激活状态。在设计菜单中单击编辑模式-编辑曲线关键点的子菜单命令，调整楦面内怀上的线条形态（用户可以方便的调用工具栏中的图标命令，实现同样的操作目的）。

（11）在楦面上将内怀的线条调整合适后，可以即时地在半面板视图中看到内外怀上线条的差异（图4-5-21）。

（12）在分板菜单中单击进入分板状态命令，进入分板状态，程序自动地将半面板上的相交线条打断（图4-5-22）。

（13）单击分板菜单下的选样板外轮廓命令，按照逆时针方向选择样板的轮廓线（在视图中的轮廓线上方，单击鼠标左键选中线条），选中的轮廓线亮度显示，单击鼠标右键弹出分板状态下的右键菜单（图4-5-23）。

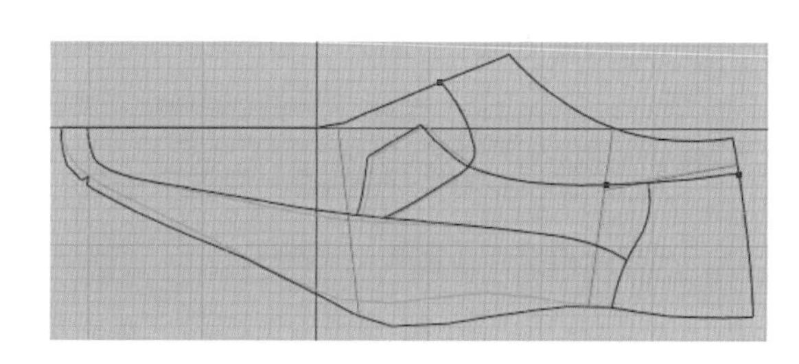

图4-5-21　内、外怀线条差异

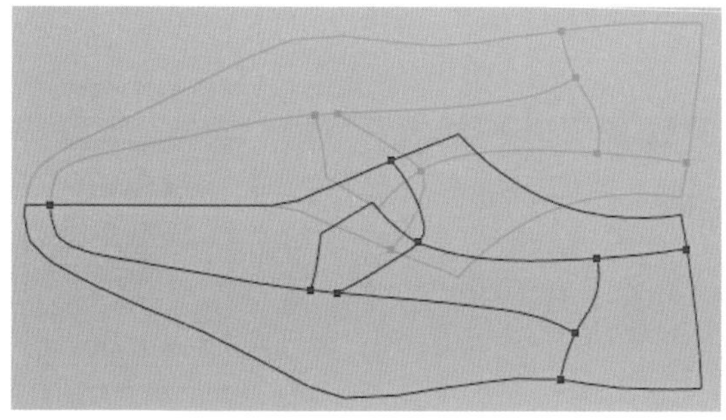

图4-5-22　分板状态

图4-5-23　分板状态下的右键菜单

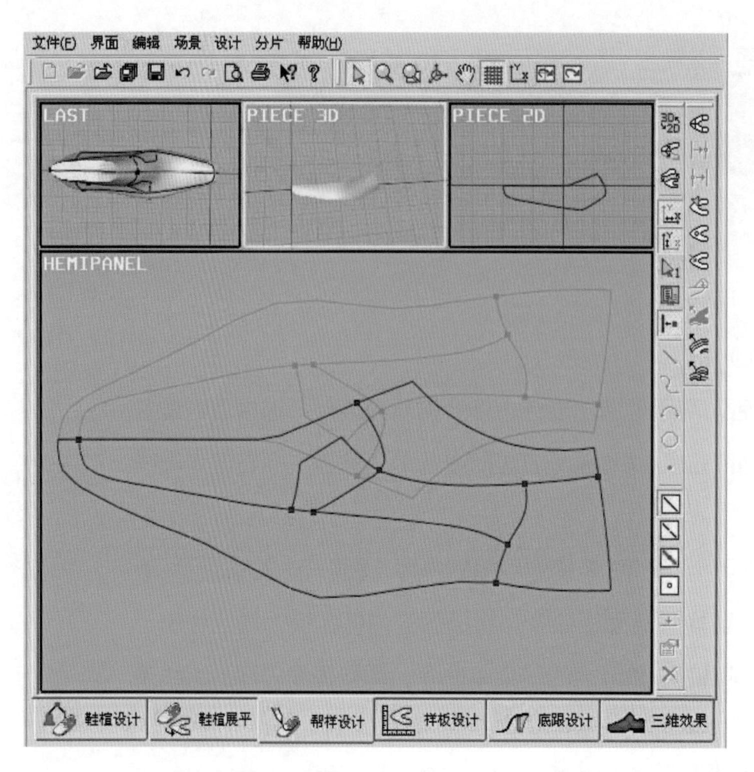

图4-5-24 三维鞋板和二维鞋板

（14）单击分二维板和分三维板命令，将此鞋板同时分入到三维鞋板和二维鞋板视图中（图4-5-24）。

（15）按照同样的方法将所需的三维鞋板和二维鞋板分入到各自的视图中（通过置换激活面板命令，激活需要进行分板操作的半面板）。

（16）在二维鞋板视图名称 PIECE 2D 上方快速双击鼠标左键，将二维样板视图转换为最大显示，框选选中围盖的内外怀样板，选中后的内外怀样板亮度显示。

（17）在分板菜单中单击旋转取跷命令，弹出旋转取跷对话框，用户可以根据自己的需要选择作为旋转基准的主样板，在样板名称列表框中选择需要作为主样板的样板名称，视图中对应的样板自动亮度显示（图4-5-25）。

（18）单击下一步浮动按钮后对话框进行更新，用户分别单击设置起点和设置辅助点命令，在视图上通过单击鼠标左键依次定位供旋转取跷用的基准参照线的起点和终点（图4-5-26）。

（19）基准线设置好后，单击下一步浮动按钮进入下一级对话框。单击设置旋转中心命令，在视图上单击鼠标左键定位旋转取跷用的旋转中心。

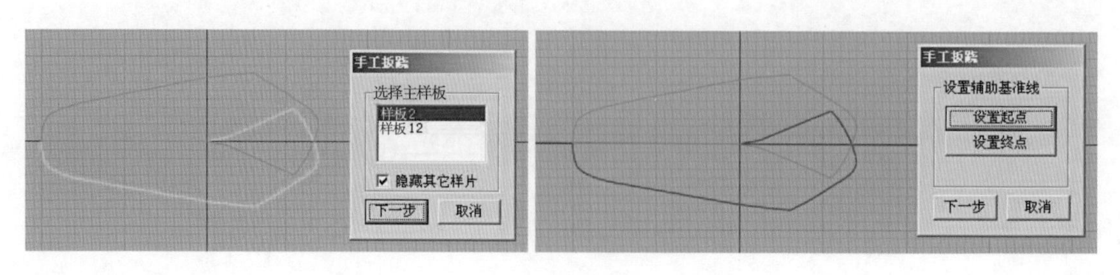

图4-5-25 旋转取跷对话框

图4-5-26 对话框更新

（20）单击旋转命令，在视图中按住鼠标左键拖动鼠标，同时旋转围盖的内外怀样板使其背中线的一部分与基准线平齐，单击增加样板命令保留旋转后的内外怀样板，单击设置一个新的旋转中心对样板进行旋转操作（图4-5-27）。

（21）按照上述的操作步骤对样板进行旋转取跷，直到将样板的全部背中线旋转的和基准线平齐（每做完一次旋转都单击对话框中的增加样板命令，保留旋转后的样板轮廓）。单击下一步浮动按钮，进入旋转取跷的下一级对话框，此时样板的初始轮廓线白色亮度显示。

（22）单击描出轮廓线命令，在视图中按照逆时针方向单击鼠标左键，依次选择构造新的鞋样板轮廓所需的轮廓轨迹，程序自动地提取出新鞋样板的轮廓构造线（图4-5-28）。

（23）将轮廓线提取至背中线部位后，由于背中线是一条直线，可以直接单击鼠标右键闭合此鞋样板轮廓线（图4-5-29）。

（24）若鞋样板的内部有标志线，则可以利用描出内部线的方法，提取出鞋样板的标志线。整个鞋样板轮廓线和标志线确定以后，在样板名称下拉菜单中选取另一个样板名称，程序自动地将另一个鞋样板切换显示出来（图4-5-30）。

（25）利用上述提取鞋样板的方法提取出这个鞋样板的轮廓线和标志线。

（26）所有鞋样板的轮廓线提取好后，单击完成按钮，退出旋转取跷对话框。二维鞋样板视图中即时地显示出新的鞋样板轮廓线（图4-5-31）。

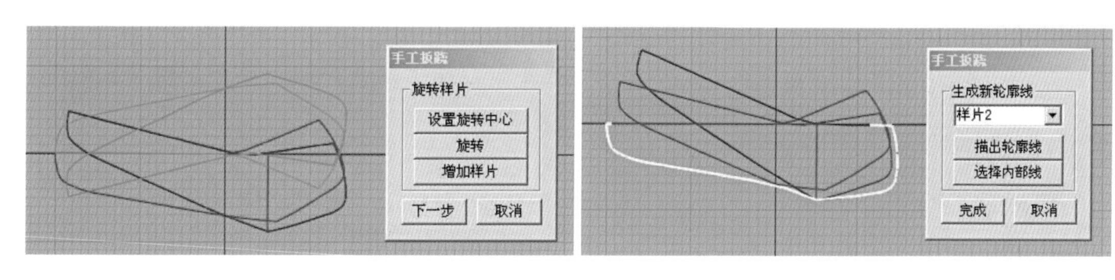

图4-5-27　旋转操作　　图4-5-28　生成新轮廓线

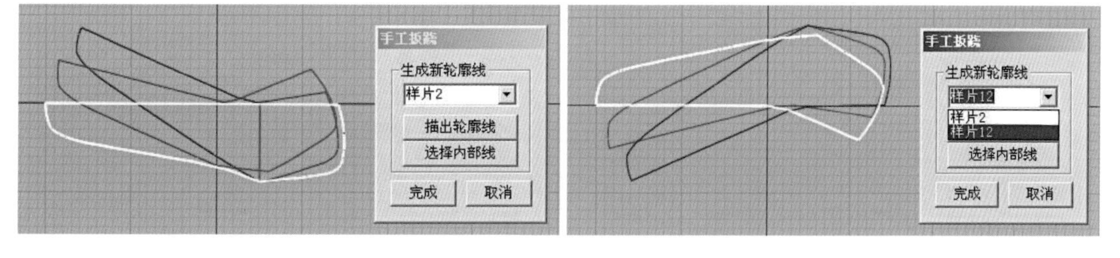

图4-5-29　闭合轮廓线　　图4-5-30　切换鞋样板

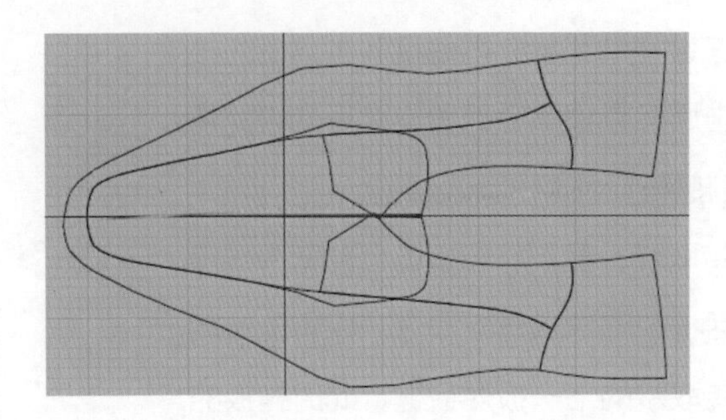

图4-5-31　鞋样板新轮廓线

（27）如果有其他的鞋样板需要进行旋转取跷的操作，则可以按照上述方法步骤进行。如果已经对应该取跷的鞋样板完成了旋转取跷操作，则可以单击分板操作菜单中的导出所有二维样板命令，将鞋样板导出到样板设计模块。单击视图下方的样板设计浮动按钮，进入样板设计模块，可以看到被导出的所有二维鞋样板（在样板设计模块中对样板进行的所有编辑操作可以参考 Shoepower 二维帮助文件），见图4-5-32。

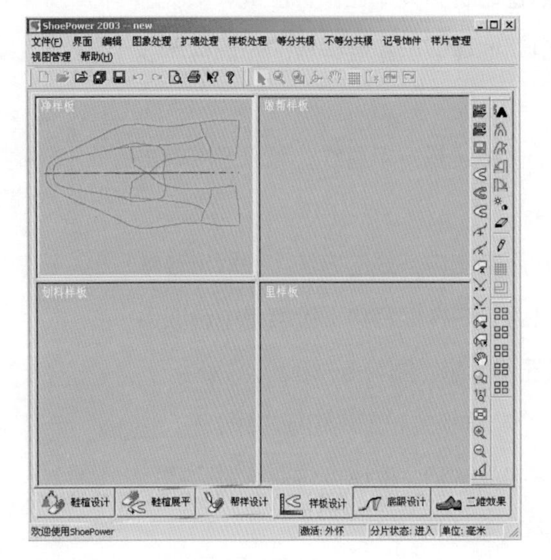

图4-5-32　导出二维鞋样板

（28）在帮样设计模块中，单击分板菜单下的导出所有三维样板命令，将所有的三维鞋样板导出到三维效果模块。单击视图下方的三维效果浮动按钮，进入三维效果模块可以看到被导出的所有三维鞋样板（图4-5-33）。

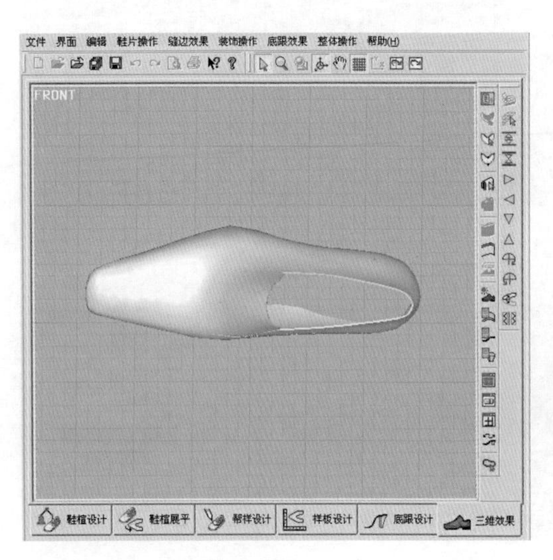

图4-5-33　导出三维鞋样板

（四）底跟设计模块

（1）单击视图下方的底跟设计浮动按钮，进入底跟设计视图，开始进行底跟的设计。

（2）在鞋底操作菜单中单击生成初始鞋底命令，弹出鞋底参数设置对话框（图4-5-34）。

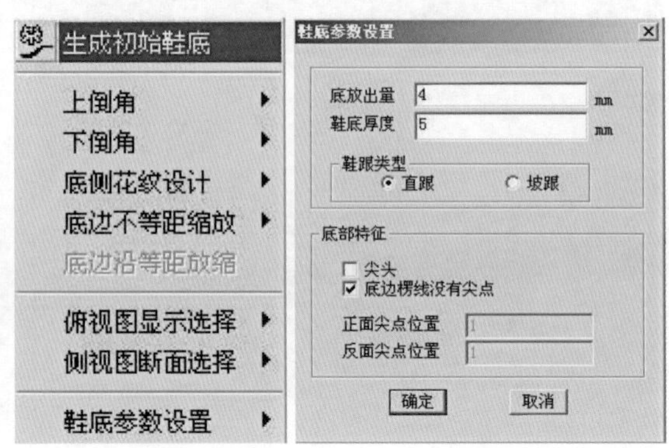

图4-5-34　鞋底参数设置对话框

（3）在对话框中输入符合设计需求的底边放出量数值和鞋底厚度数值，单击确定按钮，退出对话框，视图中即时地显示出鞋底形态（图4-5-35）。

（4）在鞋跟操作菜单中单击生成初始鞋跟命令，弹出跟侧面横线数设置对话框（图4-5-36）。

（5）在对话框中输入合适的网格层数，单击确定按钮，退出对话框，视图中即时地显示出鞋跟形态（图4-5-37）。

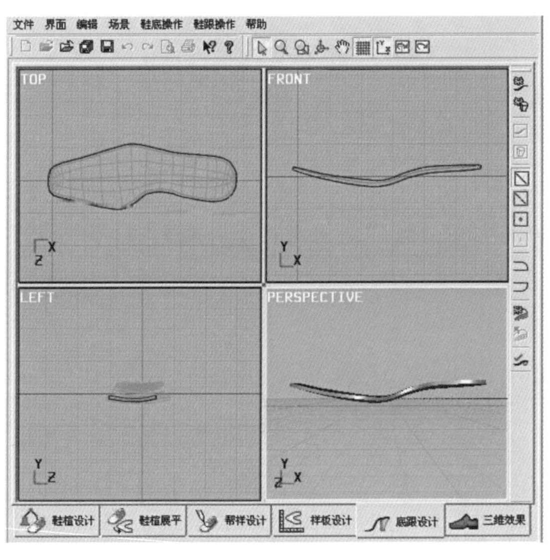

图4-5-35 鞋底形态

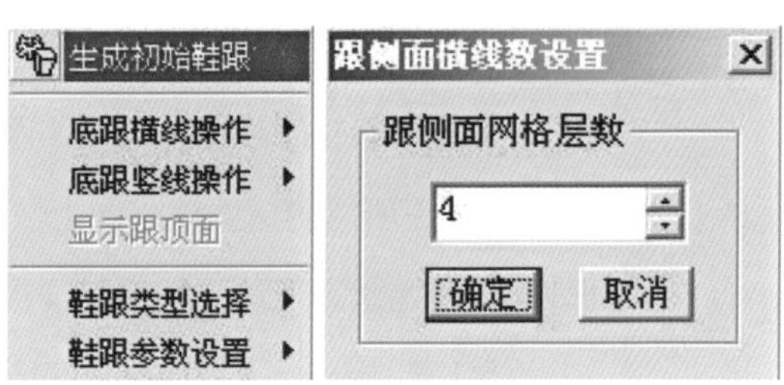

图4-5-36 跟侧面横线数设置对话框

（五）三维效果模块

（1）单击视图下方的三维效果浮动按钮，进入三维效果模块，可以即时地看到新生成的底跟和三维鞋样板装配在一起。

（2）单击界面菜单中的材质图案列表命令，在视图的右侧即时地弹出材质图案列表。

（3）在三维鞋样板上单击鼠标左键选中一个三维鞋样板，选中

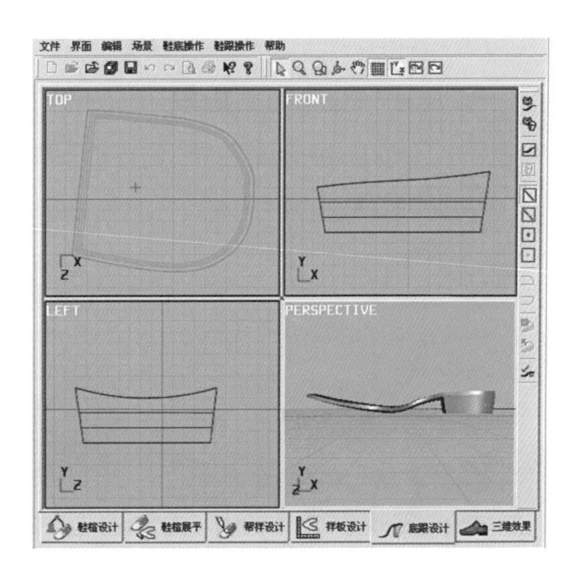

图4-5-37 鞋跟形态

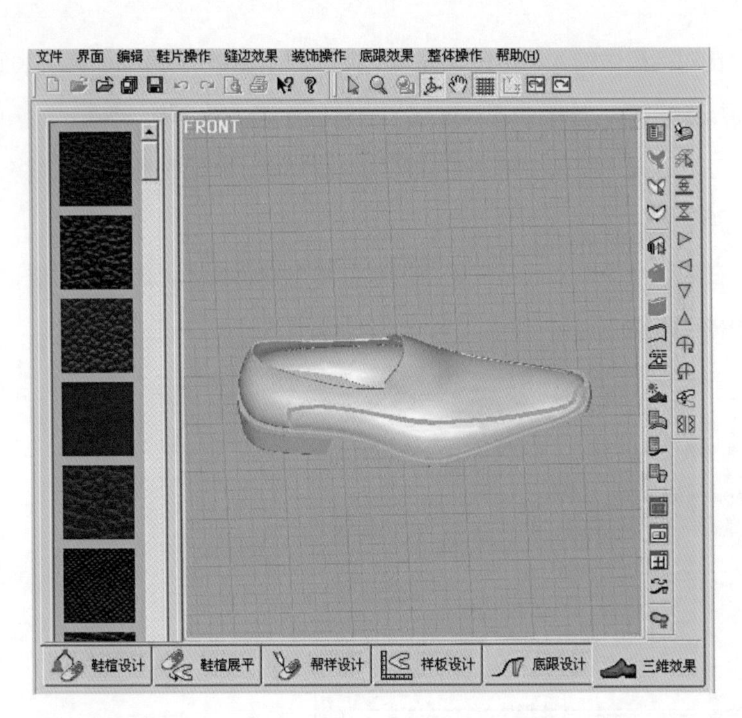

图4-5-38　显示蓝色轮廓线

后的三维鞋样板轮廓线蓝色显示（图4-5-38）。

（4）在所需的材质缩略图上快速双击鼠标左键，材质即时地贴到选中鞋样板的外表面（初始状态下选中的是鞋样板的外表面，图4-5-39）。

（5）选中进行了材质贴图的三维鞋样板，在鞋样板操作菜单中单击复制材质属性命令，对这个鞋样板的材质属性进行复制（可以快捷地利用右键菜单命令复制材质属性）。

（6）选中需要贴同样材质的鞋样板，单击鞋样板操作菜单中的粘贴材质属性命令，将同种材质粘贴在选中鞋样板的外表面（可以快捷地利用右键菜单命令粘贴材质属性），依次选中所有的鞋样板进行材质贴图（图4-5-40）。

（7）在鞋样板操作菜单中单击内板命令，选择鞋样板按照上述的方法对鞋样板

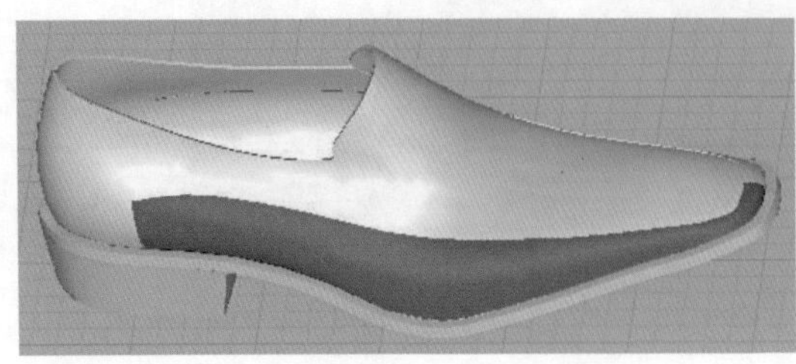

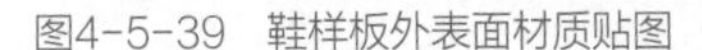

图4-5-39　鞋样板外表面材质贴图

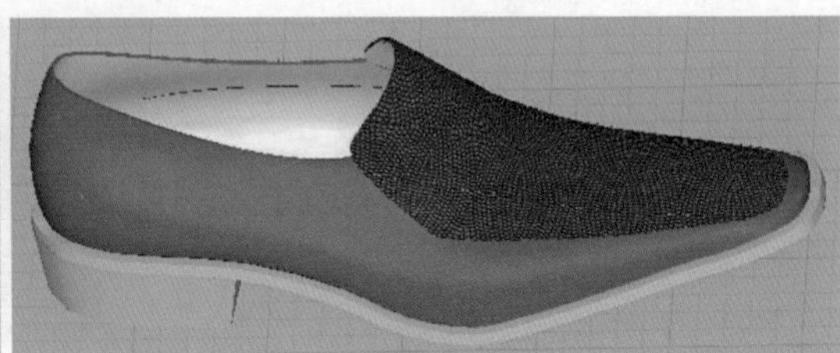

图4-5-40　鞋全帮材质贴图

的内表面进行贴材质处理。

（8）在底跟效果菜单中单击鞋底颜色纹理命令，弹出样板属性设置对话框，依次选定底面和侧面纹理缩略图下方点选框（图4-5-41）。

（9）单击预览按钮，可以在视图中即时地看到鞋底贴材质的效果，满意后单击确定按钮，退出对话框，用户所选的材质被贴于鞋底表面。

（10）在底跟效果菜单中单击鞋跟颜色纹理命令，弹出属性设置对话框，按照上述方法将所选的材质贴在鞋跟上（图4-5-42）。

（11）单击底跟效果菜单中的生成沿条命令，视图中即时显示出生成的沿条形体。

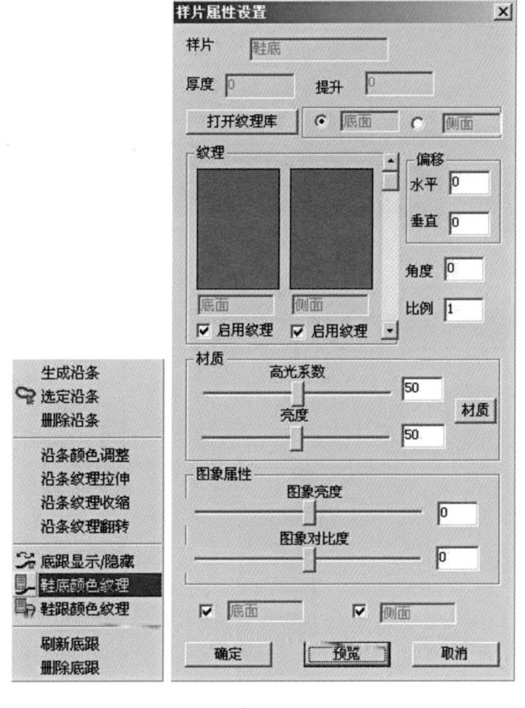

图4-5-41　底面和侧面纹理对话框

（12）单击底跟效果菜单中的选定沿条命令，在沿条列表框中快速的双击鼠标左键，将所选的沿条纹理贴在沿条几何形体上（图4-5-43）。

（13）选择一个鞋样板，激活右键菜单，单击右键菜单中的边界选取命令，选中需要进行缝边定义的鞋样板轮廓线。

（14）轮廓线被选中后亮度显示，单击右键菜单中的生成缝边命令，弹出缝边轮廓编辑对话框（图4-5-44）。

（15）在缝边轮廓编辑对话框中选择合适的缝边造型，用户可以根据自己的需要在编辑区域中对缝边造型进行编辑，指定缝线的排数、间距、位置（图

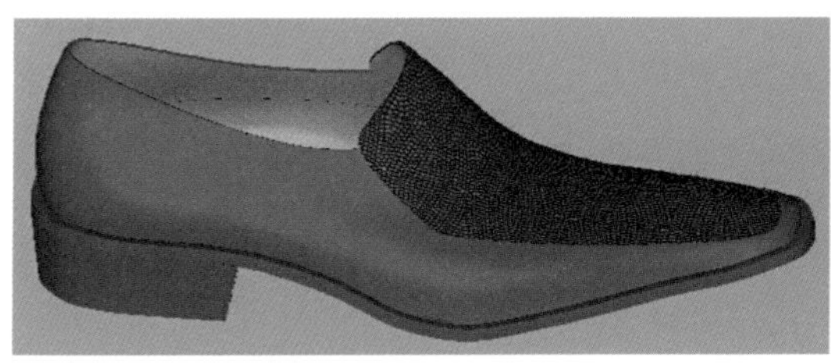

图4-5-42　鞋跟材质贴图

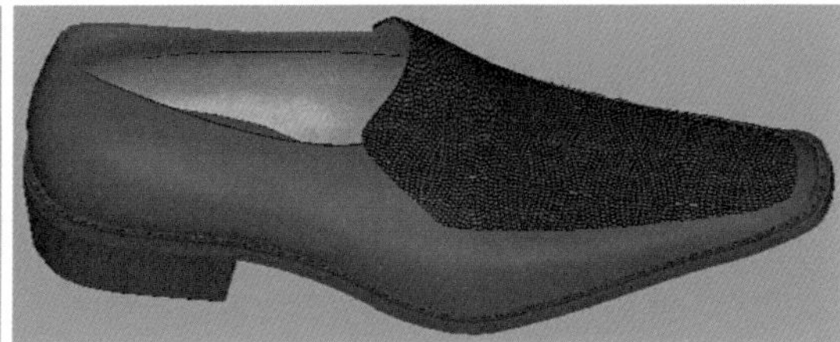

图4-5-43　沿条材质贴图

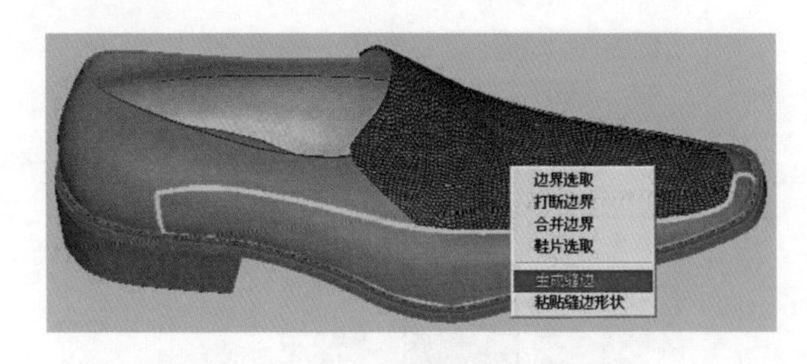

图4-5-44　缝边轮廓编辑对话框

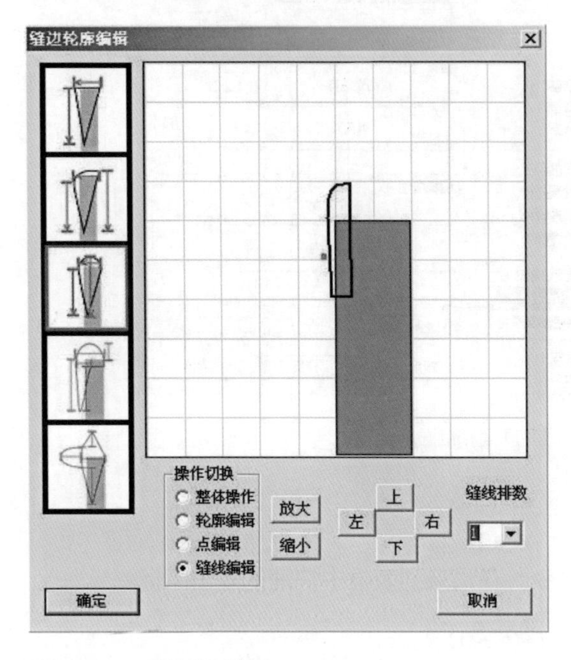

图4-5-45　缝边造型编辑

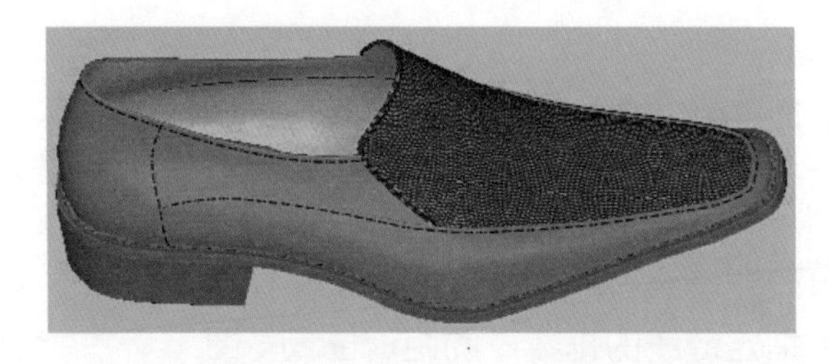

图4-5-46　缝边形状构造

4-5-45）。

（16）单击确定按钮，退出对话框，视图中即时地显示出用户构造好的缝边造型。

（17）在缝边效果菜单中单击缝边选取命令，选择新生成的缝边，选中后的缝边蓝色亮度显示。

（18）单击缝边效果菜单中的复制缝边形状命令，复制选中的缝边形状。选择另一个鞋样板的边界线，单击粘贴缝边形状命令，将刚才复制的缝边形状粘贴在选中的鞋样板边界线上。按照上述方法，对所有的鞋样板边界线进行合理的缝边形状构造（图4-5-46）。

（19）在 FRONT 视图名称上快速双击左键，使 FRONT 视图最小化，显示出三维效果模块中的其他三个视图，在二维视图中单击鼠标左键将二维视图转换为当前编辑视图（图4-5-47）。

（20）单击鼠标右键，弹出右键菜单，单击菜单中的二维线扫描命令，在二维样板视图上，通过单击鼠标左键构造，生成装饰网格所需的二维线。

（21）二维线构造好后，单击右键菜单中的结束命令，结束二维线的构造。单击生成网格命令，在对应鞋样板上生成构造好的装饰网格。在装饰操作菜单中单击网格选取命令，在鞋样板的网格上单击鼠标左键选中装饰网格，选中的网格绿色亮度显示。

（22）可以利用装饰操作菜单中的网格提升、网格放大、网格移动等网格编辑命令，对装饰网格进行修改，确定后在装饰件列表中快速双击鼠标左键，对网格进行装饰件贴图（图4-5-48）。

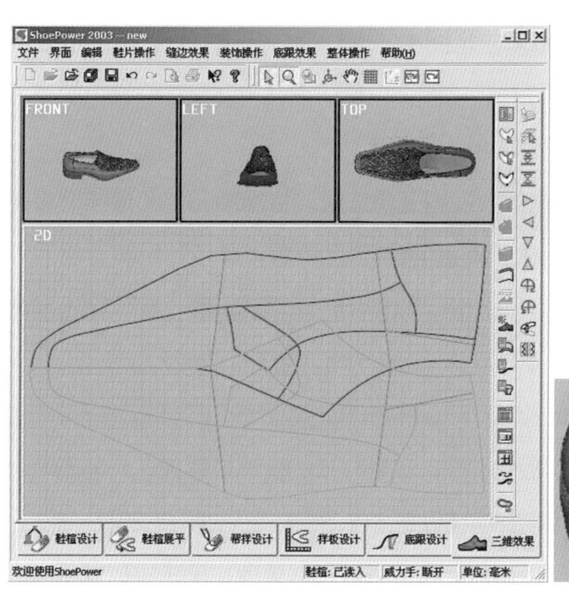

图4-5-47　视图编辑

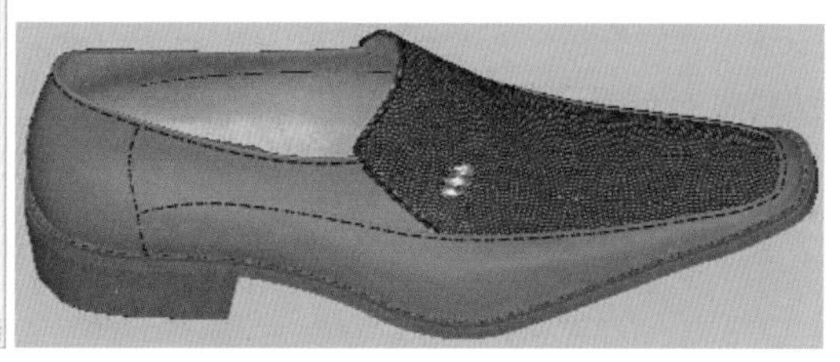

图4-5-48　装饰件贴图

三、二维模块操作（样板设计）

（1）切换到二维样板设计模块。

（2）单击文件菜单命令，弹出文件下拉式菜单，单击打开扫描图，出现打开文件对话框。选取后缀为 *.bmp 的前帮样文件系带 1.bmp，单击打开，在净样板视图中会出现前帮的位图图片和扫描图分辨率转换对话框，在对话框中选取与此图片相一致的分辨率，然后单击确定按钮，从而打开前帮样板扫描图（图4-5-49）。

（3）鼠标单击工具栏上的转换图片为轮廓图按钮，将位图转换为轮廓图。然后单击提取线条生成鞋样板工具按钮，弹出样板属性对话框。

定义本样板的正确属性后，单击确定按钮，然后将鼠标移至样板轮廓上，单击提取出此样板的轮廓线（图4-5-50）。

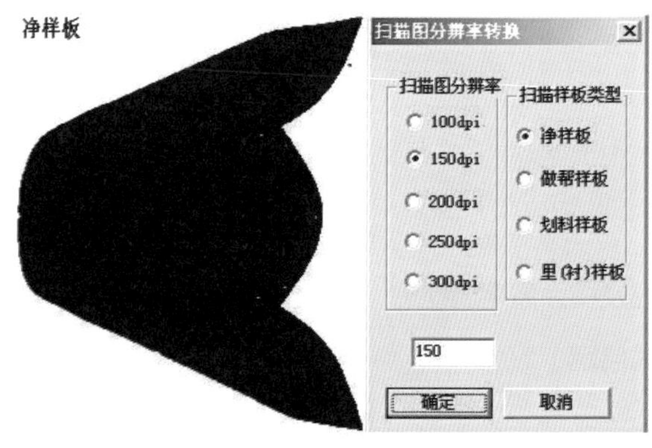

图4-5-49　前帮样板扫描图

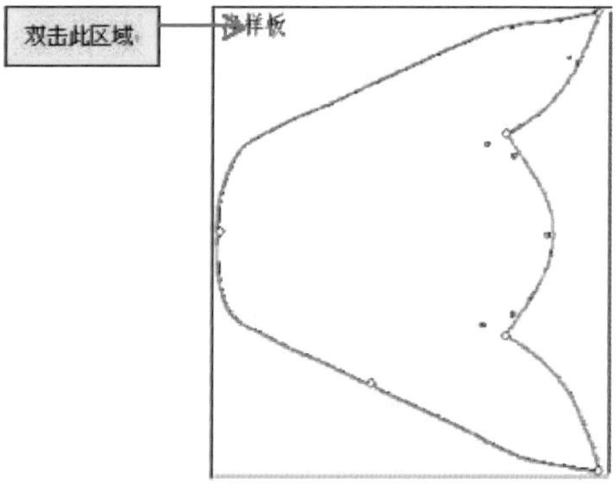

图4-5-50　样板提取轮廓线

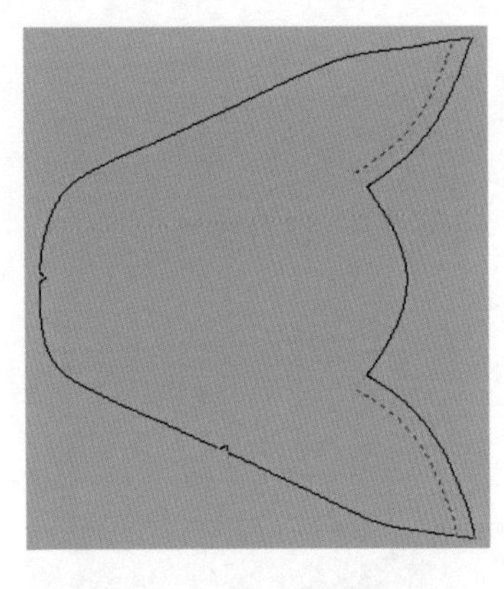

图4-5-51　加放加工余量

（4）鼠标双击视图中“净样板”三字所处区域，将整个工作区转换成净样板视图，以便于细微地调整轮廓线上的点，使轮廓线更好地吻合样板轮廓。

（5）点击放大视图工具按钮，将视图调整至最佳缩放比例，点击关闭/打开轮廓图的工具按钮，显示轮廓图。然后点击显示关键点工具按钮，以便用户编辑轮廓线。用鼠标右键激活右键菜单，单击点修改命令对轮廓线进行调整。

（6）通过点的修改使鞋样板的边界线和鞋样板轮廓图吻合后，参考鞋样板轮廓图，在鞋样板的合适位置加入必需的装饰件，对鞋样板轮廓位图进行隐藏，可以在净样板视图中清晰地看到提取出的鞋样板。

（7）重定义鞋样板的中线，然后用鼠标右键激活右键菜单，单击生成做帮样命令，将鞋样板导入做帮样视图。在做帮样视图中，同样利用右键菜单命令将鞋样板导入划料样视图，按照工艺要求，对某些边界线加放加工余量（图4-5-51）。

（8）在净样板视图中单击选择扩缩命令，选择净样板，做帮样、划料样同时扩缩（在净样板视图扩缩时，所有码的加减边余量都保持不变），见图4-5-52。

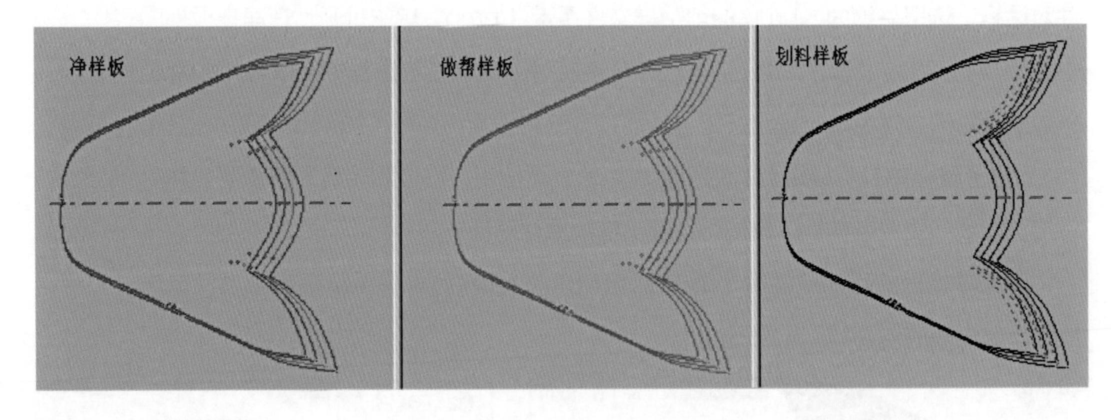

图4-5-52　样板扩缩处理

思考练习

1. 请写出数字化鞋楦导入流程及楦面展平流程。
2. 操作鞋底设计全过程（款式自定）。

第五章
鞋样扩缩与帮料扫描裁切

本章提示

本章主要阐述鞋类计算机辅助扩缩、帮料扫描裁切相关技能操作，并着重介绍使用经纬软件处理鞋样扩缩及使用鞋样切割机切割样板操作流程。

学习目标

知识目标：

了解计算机辅助开板、扩缩与帮料扫描裁切的基本内涵。
了解计算机辅助开板、扩缩与帮料扫描裁切的一般流程。
了解鞋样扩缩的原理与各种扩缩控制方法。
了解帮料裁切中排刀算料的一般方法。

能力目标：

能够使用数字化仪或扫描仪输入样板或模板。
能够利用二维鞋样设计软件进行鞋靴帮样设计并进行样板取跷。
能够利用经纬软件处理各种鞋样扩缩，会使用鞋样切割机切割样板。
能够利用裁切系统进行排刀算料，会使用数控裁切设备切割帮料。

第一节 概述

计算机辅助技术在制鞋行业里的应用前景非常广阔，在鞋样开板、样板扩缩以及帮料扫描裁切等方面的应用技术日趋成熟，尤其在鞋样扩缩方面普及率很高。鞋样设计、扩缩以及帮料裁切系统所涉及的内容也很多，这一节首先了解一下其基本内涵及原理。

一、计算机辅助开板与扩缩

（一）计算机辅助开板与扩缩的内涵

计算机辅助开板是利用鞋类 CAD 2D 系统提供的各种功能代替笔、尺、纸、橡皮等手工工具进行开板，一般设计系统提供了大量的检测和调整工具，如测量、移动、旋转、扩边、取跷、提取样板等。可直接在计算机屏幕上做开板工作且可修改线条，并可依使用者的要求做出最适当的排板工程，以便切割。

计算机辅助扩缩是把一个款式的中号样板按照脚型与楦型规律，通过计算机进行放大和缩小，从而得到全号样板。中号样板称为标准样板，一般女鞋选择230#或235#，男鞋选择250#或255#。计算机辅助扩缩是目前鞋厂在 CAD 应用方面普及率最高的模块，传统手工扩缩是由样板师傅以单号母板在长度和围度两个方向上分别放大或缩小。部件在两个相邻号之间比较遵循等差扩缩，而在同一个鞋号内部各部件的比例不变，是利用几何学相似三角形原理进行的。

（二）鞋样计算机开板与扩缩的意义

一般而言，一套好的样板及扩缩必须要求技术人员具备丰富的纸板制作经验，通过人工开板与扩缩精确度比较差。计算机辅助开板与扩缩的应用可以增加纸板精密度，减少误差，降低成本；缩短设计制作到量产时间，快速反映市场需求；可以在计算机储存大量设计鞋样纸板，不受空间限制，便于档案管理。

（三）国内外鞋样设计与扩缩软件介绍

鞋样扩缩软件在国外的发展已经有二三十年时间，在国内也发展了十几年，目前鞋样开板与扩缩的软件比较多，国内的比较常用的有经纬、奥斯曼、印象（瑞洲）、制鞋之星、Shoepower（鞋之博）、鞋软科技、理星、华士特等，国外比较有名的有 Shoemaster、Delcam ps-shoemaker（前身为Usm）、Delcam crispin 等，见图5-1-1至图5-1-4。

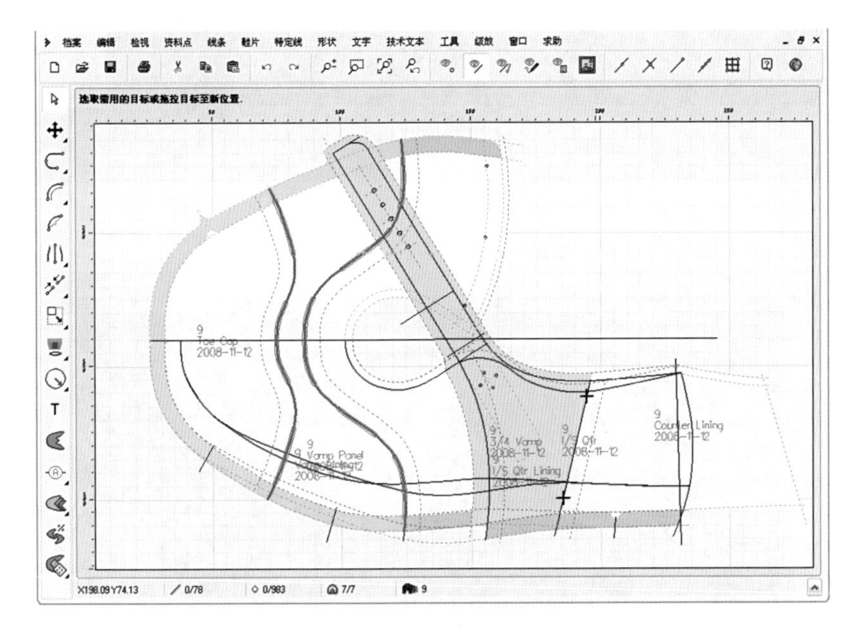

图5-1-1 Usm 2D 鞋样开板与扩缩系统

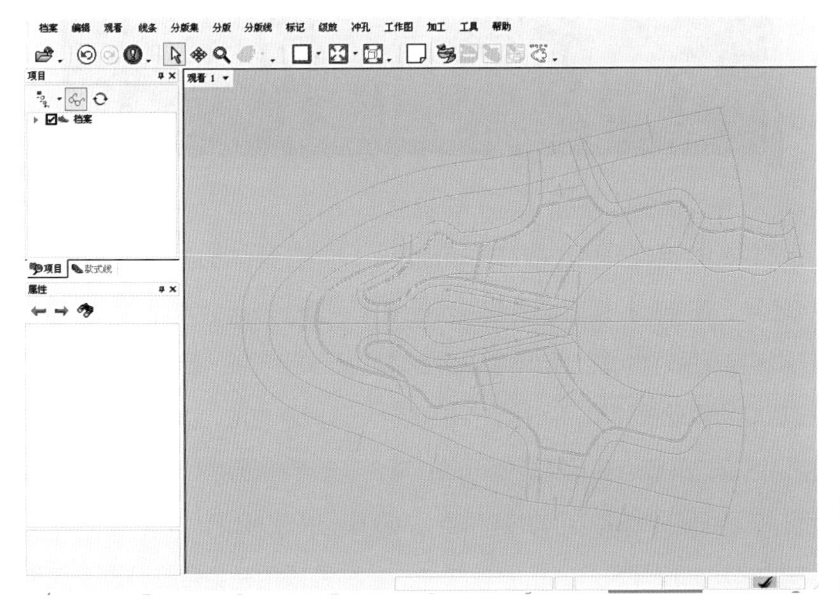

图5-1-2 Shoemaster classic 二维鞋样开板与扩缩系统

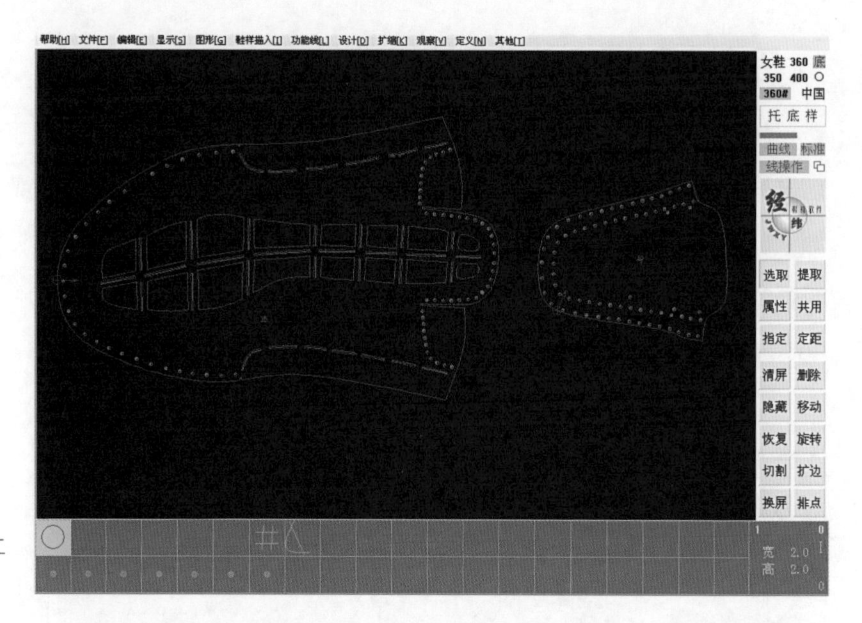

图5-1-3 JWXY 经纬二维鞋样开板与扩缩系统

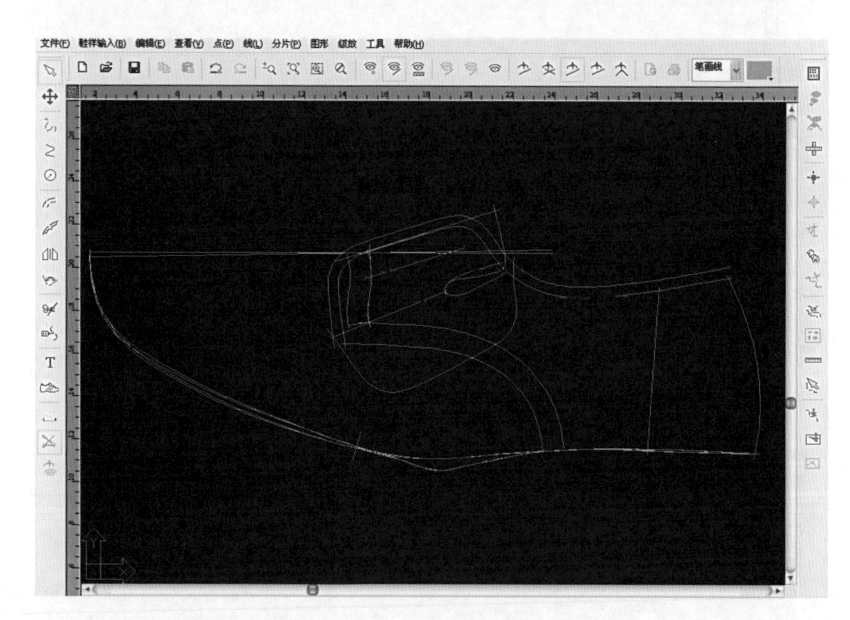

图5-1-4 印象（瑞洲）二维鞋样开板与扩缩系统

各个软件所提供的扩缩与开板功能都比较接近，只是在操作界面、操作方式和术语表达上存在差异，在样板扩缩方面各软件功能基本完善，在开板方面也都大同小异，有些软件还提供自动取跷功能，但笔者认为基本上无实用功能，自动取跷大都不准确。其实取跷功能的实现很简单，所有软件都暗含一种取跷方法，即模仿手工取跷法，只要软件提供点模式下节点旋转功能就可以，笔者在教学中曾用 CorelDRAW 软件完成取跷演示，在后面的章节将专门讲解制鞋 CAD 模仿手工取跷。

鞋样设计与扩缩软件按开发方式一般有两种：一种是采用完全自主开发，这种软件开发耗时长，投资大，但有完全自主版权，大多数软件都是这种；但另一种是在AutoCAD 平台上做二次开发，如华士特、鞋软科技等，这类软件开发周期短，投资小，但操作不是很方便，各功能模块间的集成度欠佳，用户购买专业模块后还要额外购买 AutoCAD 软件，否则使用盗版软件容易遭遇法律诉讼等问题，产生不必要的损失。

我国制鞋行业，使用开板与扩缩软件的个人和企业已有相当的数量，当然没有购买的企业还占绝大多数，今后用户青睐的产品应该是能与硬件（切割机等）很好集成的产品。目前真正做到这一点的并不多，很多公司都只能单一地开发软件或硬件产品。

二、帮料扫描裁切

（一）帮料自动裁切的内涵

帮料自动裁切是把真皮帮料形状及伤残通过扫描或拍照输入计算机，通过计算机优化排料形成排料图，然后直接连接数控裁切机，皮料吸附后运用裁切机上特制刀头（激光刀、等离子刀、高压水刀或机械刀头）的上下往复式运动自动裁切出所要的部件，如果帮料为合成革、纺织类材料则无须扫描，直接设定张幅，然后排料切割即可，有些数控裁切机还可以同时完成雕花、冲孔、画标记线等工作。

（二）帮料自动裁切的意义

采用这种自动裁切系统，样板用 CAD 软件做好扩缩后不用切割，无须再购买样板切割机，可以降低成本，还省去了制作刀模，也最大程度地节约了材料成本；另外，还可以缩短生产周期，提升生产力，尤其适用于现代鞋类产品少量多样的生产模式。

（三）帮料扫描裁切系统的构成

帮料扫描裁切系统包括排料控制软件和自动裁切机两部分，国外比较有名的裁切系统有 Expertor分板排版系统（图5-1-5）、Nestor 真皮切割控制系统。国内能做真皮自动裁切系统的公司很少，一般都用排刀算料软

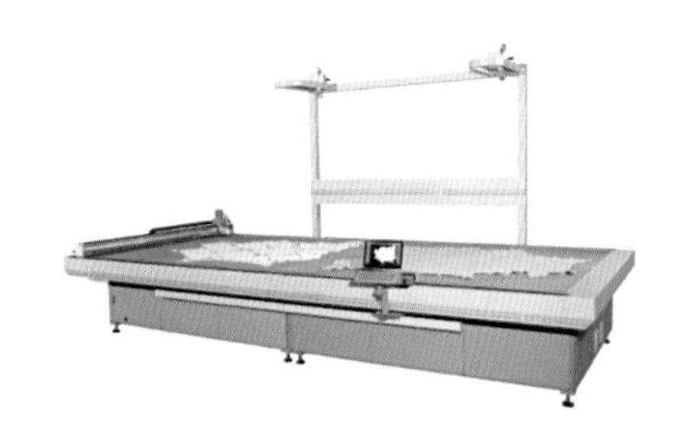

图5-1-5　Expertor分板排版与切割系统

件（如富威、理星等）辅助裁断，当然有很多做皮革激光自动裁切机、等离子自动裁切机的厂家，从排刀算料软件里导出排刀图输入到这些裁切机，也可以完成真皮裁切，如果两类厂家联合起来也一定可以做出比较优秀的真皮自动裁切系统。

第二节 鞋样扩缩

鞋样扩缩是把样板调入计算机，根据各个国家的鞋楦号型规律设定扩缩规则进行扩缩，另外还要考虑到成本、技术等细节问题，设定共模、固定、主从定距、对称控制、局部定距等。不同软件里规则名称可能不同，但原理都是相通的。样板是用计算机设计制作的则直接调入，如果是手工制作的，则需利用扫描仪或数字化仪先输入到计算机，进行调整修改后再进行扩缩。本节依然以经纬软件为例进行讲解。

一、样板扩缩的一般控制

（一）扩缩的种类与扩缩中心

鞋样扩缩分为单片扩缩与整体扩缩两大类，手工制作的样板扫描到计算机里进行扩缩，一般用单片扩缩的方法，在经纬软件里要在帮、里、底页面进行处理。如果是用软件直接开板最好采用整体扩缩的方法，在经纬软件里面要在帮样页面操作，这样快捷，也便于做各种各样的特殊扩缩控制。

单片式扩缩，在样板扫描到计算机后会自动封闭，并且每个样片都有一个扩缩中心（水平），如果方向不对可以进行调整。

整体扩缩需要指定扩缩中心，在经纬软件帮样页面里只能有一个主中心（水平），它用来控制大部分线条的扩缩规则，可以有很多扩缩次中心（各种特殊扩缩的基点），这些次中心本身是相对主中心进行扩缩的，而次中心所控制的线条再以次中心控制规则进行扩缩。

（二）各种鞋帮部件线条的扩缩控制要求

在样板制作中所加放的余量（压茬、折边、修边量等），一般在扩缩后是不需要变化大小的，因此要进行控制。这种加工量如果直接使用软件提供的扩边功能绘制，则不需要额外控制；如果采用一般线条进行绘制，则需要进行控制，可以采用主从定距方法操作。

有很多凉鞋的条带，全部或部分需要控制其宽度不变，拉链的位置也是控制宽度不变，绊扣式鞋子也需要绊带部分控制其宽度，这些类型的扩缩也使用主从定距进行操作。

靴子的靴筒部分的长度和宽度是不能按照下端的扩缩规则进行扩缩的，也需要进行特殊控制，要增加次中心改变扩缩规则，另外还要处理靴筒部分与下面的帮部件扩缩后进行自然接顺的问题，这就需要利用线条共用进行控制（有些软件称混合扩缩）。

前帮部件、围盖等跨越背中线的部件，还有后包跟等跨越后踵线的部件，由于部件的对折线与扩缩的水平线成夹角，如果不加控制进行扩缩则对折线两侧的线条就不会对称了，所以要进行对称控制的处理，可以采用对称、前对称、后对称等方法进行控制。

有些商标装饰件、图案线条等要求扩缩后是不能变化的，要用固定控制方法，也可以用定义线组进行控制，当然定义的图案本身扩缩后不会变化。

排点（排孔位）扩缩后有时候要求不变，有时候要求随着鞋号改变排孔个数或排孔距离，这也需要在排点时进行特殊控制。

为了降低成本，有些部件如内包头、主跟（前后港宝）需要几个鞋号共用一个样板，则需要进行样板共用和样板共模的控制，假如部件既要共用又要处理与相邻部件的镶接圆顺，则采用线条共用进行处理。

各种特殊控制的方法如下：

【水平】：表示基点的方向，亦即鞋楦的长度方向，若扫描样板或数字化仪输入时没有按照水平摆放，可在计算机中改水平。移动鼠标至基点的红圈内，单击鼠标左键，拉出一个方向后再按鼠标左键即可改变此基点的扩缩方向。按住 Ctrl 键，单击鼠标左键，则可增加基点，增加的基点是没有方向的。

【共用说明】：弹出分板共用指定话框，首先选择共用基点，再指定共用说明，按确认键后，自动将该分板轮廓对应的母线做共用，并将同样的说明赋给分板的共模说明。

【共模说明】：分板的形式上共用，即从扩缩的结果中少拿几个号。

【前对称控制】：扩缩方向取样板任意一半的方向，而另一半做前对称控制，具体操作同对称功能相似，只是没有显示对称示意。线条、定针、图案都可做前对称控制。

【定距主从】：控制两条线对应位置的宽度在扩缩中不变或分段，主线扩缩，从线不扩缩而跟着主线变。先用鼠标左键点击主线，再用鼠标左键点击从线便可完成主从指定；如果先用鼠标键点击从线，则可删除该从线的主从关联，扩缩后通过靠齐功能可明显看出效果。用【观察】-【主从关系】或能查看从线的主线信息。从线也可换做定针或图案。

【局部定距】：控制一条线与另一条线上的某一段进行主从关联。用鼠标左键在从线上点击一下，进入从线局部选择过程，在选择完起始点和终止点后，再选择主线便可完成主从指定，从线在被选的局部两头自动加入一段渐变区；局部选择过程中拉动鼠标在选中的局部区按鼠标左键，弹出定距参数对话框，可以在某一特定号数内输入定距变量，这意味着从该号开始间距都增加此量，以达到分段的目的，或用鼠标左键点击删除按钮可删除去该局部定距的指定。局部选择过程中拉动鼠标在渐变区按鼠标左键，弹出接顺区大小对话框，可以精确改变前后接顺区的大小。从线也可换做定针或图案。

【固定】：用鼠标左键点击线条使其固定，并自动在鼠标位置生成一个基点；按住 Ctrl 键不放，用鼠标不断地点击需固定的线条使其选中，重复选中可变为未选中，最后将鼠标移至恰当的位置，放开 Ctrl 键可自动生成一个基点。所有被固定的线条均以白色显示。

【共用】：

① 部位共模：用鼠标左键点击部位内的空白外，弹出部位共模说明对话框，移动鼠标到某号数方格内，按鼠标右键减少数值，数值相同的号表示共用，数值本身没什么意义，只是区别相同与否。当某个号的数值变化时，后续号的数值自动被维护；如要强制单个变化数值则需按住 Ctrl 键；在相同的号数中选一个要共的号，并将鼠标移至方格的右上角点击鼠标左键。

② 线条共用：分两步，a．将线条基段的扩缩指定给一个基点控制。用鼠标左键点击线条，进入指定过程，自动显示该线条已被指定共用的段信息，分别用鼠标点击起始点和终止点，再选择一基点后按鼠标左键，如果还没有基点，则可按住

Ctrl键，用鼠标左键点击一个位置，在此位置自动生成一个基点。共用在被选基段的两头自动加入接顺区。拖拉鼠标在共用区，按左键可弹出共用段属性对话框，点击删除去此段共用说明；拖拉鼠标在接顺区，按左键可弹出接顺区大小对话框，输入前后接顺区不同的大小数值。b．移动鼠标至基点位置，按鼠标左键，弹出基点共用说明对话框，设定共用关系，方法同上。

二、鞋样扩缩的一般步骤

基本操作大体有以下几步：用数字化仪或扫描仪输入样板调入样板→设置参数→修改样板→扩缩、输出样板→排位、切割样板。如果是用计算机开板则无须扫描，直接打开设定扩缩即可。

（一）样板输入

适合手工开板，把样板描入输入。打开桌面上扫描面板→打开预览一定要打“√”，再点击扫描，出现预览窗口（第一次安装扫描时扫描显示的是彩色并有多个框，先选择文件→重置→设置→自动功能下的“√”全部去除）；将图像类型彩色改成黑白，分辨率改为200，输出信息为100%；色彩调节的临界值一般为100，可根据样板材质自行调节（图5-2-1）。

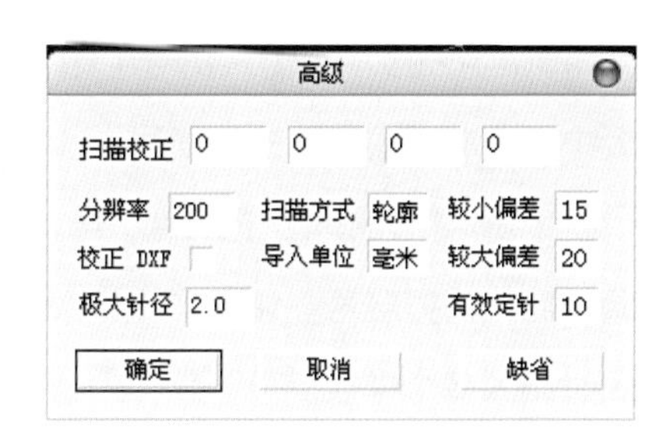

图5-2-1 预览窗口

文件记数就是扫描样板的文件名，一次性最多保存9个文件，到第10个样板时自动覆盖第 1 个，如果不想覆盖就更改文件记数。

打开经纬软件，调入文件之前查看其他→高级—扫描校正（扫描仪上盖左上角标签上数据），目的是为了使调入的样板切割出来后和原样板一样大，如果样板修改切割出后本码不准确，就要检查这里的数据是否正确。

数据输入时，点击鼠标左键增加，右键减少，按住 Ctrl 键以100为单位，Shift 键以10为单位，单点鼠标以 1 为单位。

大样板扫描步骤：

（1）先在大样板空白的地方打两个定针孔做记号，分多次扫样板，记号点处要重复扫描。

（2）样板调入后，不能旋转，可以移动，选择【功能线】→【定针连线】，点在两个定针孔上，按空格键（自动延伸），如果按 Enter 键线不延伸。

（3）【设计】→【拆分】，点在定针连好的线上（按住 Ctrl 键不提示）。

（4）删除拆分后多余的部分，选【删除】，点在多余的样板内（按住 Alt 键不提示）。

（5）【设计】→【合并】，点在两个样板的拆分线上，删除中间线再修改样板。

（二）设置参数

设置鞋号参数：

（1）【其他】→【本码参数】：根据要求设置鞋号。先确定鞋号、基本码和扩缩范围，根据情况改变楦底样数据（注：楦底样长度要根据情况自定量出水平方向的长度。改楦底样长度原因：同鞋号的鞋长度不一样，楦头长或底长是不含帮脚长度的，样板已经包含帮脚长度，如果数据偏小扩缩后会出现大码大、小码小）。

（2）在报告中输入货号（和鞋号同时显示），【鞋样描入】→【字串】，在样板中点左键可输入独立的货号。

（3）选中图案区的“#”号，按样板右下角的宽度、高度可改变鞋号的大小，调好后应重打鞋号。调入样板：Alt+数字（1~9）单个调入样板，Ctrl+（2~9）可同时调入多个样板。

（4）样板调入时一定要分清层次（界面右上角显示帮、底、里、样），什么部位的样板就调入什么层，除了样层是单条的线，其他的都是部位，如果调错层次，可用属性点在样板上改变部位种类。

样板调入软件后要【另存为】样板文件按 F4 键，要输入文件名（用货号当文件名，方便查找），后面每做一次修改都要按 F2 键【保存】将原文件覆盖保存，不要等到做完所有的操作才保存。

（三）修改样板

先【线操作】，删除样板内多余的杂物，换到【点操作】对样板线条进行修改：

（1）查看样板，有角的地方断开变黄点，没角的地方变白点→黄白点转换 Shift+选取。

（2）删除重叠密集变形线上的点，选中点后按 Delete 键→删除点 Delete +选取。

（3）在样板中点右键选择速绘，让线条变圆滑平顺；如果样板内有线条，可在外框线上点右键速绘，内部线最好不要速绘，槽线不能速绘。

（4）加点：加任意点：按住 Alt 键不放，在要加点的线上点左键，增加白色节点；加中点：【编辑】→【整理点】，按住 Alt 键不放，在要加点的线上点左键加中间点。

（5）线条不平顺，移动点，将要移动的点选中变红色，按住 Shift 键+光标键移动点，如果将 Caps Lock 键打开，就会以0.1mm距离精确移动点。

（6）样板修改好后，用【移动】、【旋转】在样板内点左键将样板位置按鞋长方向摆放好，【鞋样描入】→【水平】在样板内点左键拉一条水平直线，按住 Alt 键可以将所有样板拉水平。

（四）扩缩输出样板

（1）【扩缩】→【鞋样扩缩】：样板就会大小扩缩，扩缩后按钮区的清屏变成清除，显示→全号显示打“√”，就显示全部扩缩过程，如果没打“√”，只显示本码样板，扩缩后本码参数不能修改，如果需要修改，请先清除扩缩，修改后重新扩缩。

（2）输出样板：【选片输出】→样板上点左键，输出某个样板的所有号；选片输出时按住左键在样板内拉直线，样板就会按顺序排列，同时按住 Shift 键拉直线时，样板会大小交叉排列在红框外，再将样板移到框内才能切割。【选号输出】→将要输出的样板鞋号打“√”确定后，自动输入所选号的所有样板。【单片输出】→样板上点左键，只输出当前号的一片。

（五）排位、切割样板

（1）按钮区左下角的【换屏】，可前后屏切换，换屏后显示红色框为切割机的输出范围。

（2）样板后屏显示金黄色，表示要用全刀切割断；蓝色用笔写；浅黄色用半刀切割，不割断。

（3）【移动】、【旋转】：点在样板线上移动样板，摆好位置。

（4）【文件】→【切割设置】：使用材质为白纸板；切割方式为双头；重复：0；全刀 2，半刀 3，转角提刀 4，笔画 1。

决定割出：样板输出到后屏内部的定针、图案、槽线等元素是用刀切割还是用笔画，打“√”应用后就是用刀切割，没打“√”就用笔画，设置后先“应用”再“确定”才有效。

（5）切割样板：Alt+P 或按住 Alt 键点切割是有写有切割，先写鞋号再切割样板内部和外框，按切割按钮只切割不用笔画。

移动的时候，按住 Alt 键，在靠近边框的样板顶点线处点左键，切割机机头会到相应的位置定位，查看样板是否能切割到，如果排到框外，就不会正确切割样板。

如果要隐藏不切割的样板，先将样板选红色，按空格键，样板颜色变淡，不会被切割，再按空格键，样板恢复显示。

切割机调试方法（型号FC—652 SIMPLE CNC）：

DROP 刀降调深度

NEXT 菜单调刀

SPEED 调节速度

REPT 调刀降时试刀，切割过之后按一下是重新切割

PAUSE 暂停、取消

ENTER 继续、确定

调节刀深：当液晶显示屏上显示 FC—652 时按一下 NEXT →显示数字2，如果不是2按“+”或“-”调到2，按 enter 确定调的是全刀2，按两下 NEXT→显示 Cut #2，按 enter 确定全刀2是刀割的属性。

DROP按一下显示全刀2的刀降深度→CUT DOWN：XX →按 REPT 试刀，深了就按“-”，浅了就按“+”；再试刀确定合适的刀降，增加刀降深度时，根据具体情况，往上加2～3个单位，再试刀，数据不能太大（新刀装上去时，调节刀降前先将数据减小几个数字，再试刀，塑料板和纸板互换时要调节刀降，一般相差2～3个数字）。

第三节 帮料扫描裁切

在时尚个性化的现代，鞋类产品款式越来越多，而同一款式生产量不得不减少，生产模式变更为少量多样。而传统生产模式，由于品种少批量大，采用裁断机配合刀模进行真皮裁断是比较切合生产效率及成本效益的方法。但在少量多样的生产要求下，此方法的弊端不断显现，变得缺乏灵活性及不切合成本效益。尤其在真皮鞋类方面，问题更为突出，因制作裁断刀模需要比较长的时间，从而减低生产的

灵活性，而一套整码的裁断刀模分摊到单位产品上成本增加很多。真皮直接切割系统的出现，可以弥补以上裁断机配合刀模进行真皮裁断在这方面的缺陷。

一、扫描裁切系统的构成

（一）扫描/投影系统

真皮材料由于张幅不规则，表面有伤残，各部位质量存在差别，为了便于排料，需要把轮廓和伤残位置通过大型平面扫描仪或摄像头输入到计算机内作为真皮模型。

有些裁切系统不用扫描，直接用高亮度投影仪把排料信息投影到真皮材料上，然后根据投影情况，对排料做调整，控制在真皮张幅之内并且避开伤残。

对于张幅规则、质地均匀的材料，一般无须扫描或投影，在软件里按照张幅大小直接排料切割即可，而且可以多张同时下裁。

高亮度的双投影系统确保了材料上的投影清晰可见，两面宽大的反射镜和两台固定的投影机提供了准确、稳定的投影精度，使得工作台的中央区域也可用于切割，从而可以切割多达3张甚至更多的皮料以及宽达140cm的成卷材料。

（二）排料控制系统

任何自动裁切机都配有软件控制系统，有些还支持排料。对于不支持排料的需有其他软件根据要求排料，再输出 DXF 格式文档导入到控制系统进行切割；对于支持排料的，要把其他软件制作的样板以 DXF 格式导入样片进行排料。

比如国外的 Nestor 软件，可以直接从 Shoemaster、Usm 或其他 CAD/CAM 产品以标准 DXF 的格式读取档案，并通过它控制全部排版工作。Nestor 等很多排料软件还支持分板群组功能、磁性和动态定位功能，大都简单易学，只要操作者懂得手工排料的技巧一般都能熟练操作。

对于PU等匀质材料，排料比较简单，使用系统自带的自动排料即可解决，而且可以单片排料裁切，达到材料利用率最高的要求。而对于真皮材料，由于其特殊性，一般都是多部件同时排料，还要考虑张幅、部位、避开伤残，这样的编程算法会变得很复杂，通常必须由手工配合排料。

（三）材料吸附系统

大多自动裁切机都装备强大的真空吸附系统，从而使材料被牢牢地吸附在工作台上。比如 Nestor 就具有自动和动态的吸附功能，使吸附力总是分布在合适的时间和合适的位置上，从而使真空泵达到最佳的工作效能，对一些带孔的材料还需要特殊的表面处理，比如先贴一层膜，以便于吸附。

（四）切割划线系统

自动裁切机都配置有刀头，大多是激光刀头或等离子刀头，当然也有些是高压水束或机械刀头。另外，很多都配置有画线笔用于做缝帮的各种标记。每种工具都是由经验丰富的工程师专门为制鞋和皮革工业而研发出来的，适合切割各种皮革和人造材料。所有的工具都方便更换，正切刀或者振动刀、不同大小的冲孔模、各种颜色的笔都可以在瞬间更换。如果是激光刀头出材料切割画线外，还可以完成雕花操作（图5-3-1）。

图5-3-1　雕花作品

二、Nestor ALC/ZLC 自动裁切系统工作的一般流程

（一）样板导入

在 Shoemaster CAD 系统下利用 Shoemaster Creative 进行三维鞋款设计，继而利用 Shoemaster Power 进行三维楦面展面、样板设计及扩缩。当然利用 Delcam crispin 各模块或平面开板扩缩软件操作也可以，扩缩后所产生的样板档案数据，可通过内联网直接传播至 Nestor 真皮直接切割系统。

（二）软件排料

于 Nestor 切割系统下，利用 Nestor 控制软件，加载样板档案数据，只需输入每鞋码的生产数量，便能自动计算及生产所需生产部件。Nestor 控制软件，除了实时显示及控制剩余的样板生产数量外，还能控制样板影像间的间隙，以防止样板重叠；利用鼠标实时转换鞋码及样板，使样板在皮革上排列得更紧密，提高皮革的使用率（一般可提升5%～10%）。

（三）投影样板并手工调整完善排料

利用机顶的两块高反光度镜片，将样板投影于放置在切割台的皮革上，利用鼠标，将样板影像于皮革上进行移动及旋转，避开有伤残的部位及按照所需的皮纹方向排列。

机顶采用两块高反光度镜片，使镜片在不需要移动下，也能覆盖工作台面（包括工作台面的中央部分），从而减少镜片在多次移动后影像位置可能出现偏差的情况。

大面积的工作台，可放置半张牛皮革，并可将工作台分成左右两个工作区，当左面工作区正在进行切割时，右面工作区可同时进行样板排列，这样交替工作，可大大提升生产效率。

（四）吸附固定并裁切

Nestor 切割系统均采用强力的抽真空装置，使皮革在切割时紧贴于工作台面，以防止皮革移动，影响切割的精确性。在实际使用过程中，皮革必须尽量减少严重的皱褶，因严重皱褶的部分，在切割时不能紧贴于工作台面，影响切割的精确性。

图5-3-2　Nestor切割系统

当样板影像排满整张皮革后，此时只需按下切割执行指令，切割刀便自动按皮革上排列好的样板影像进行自动切割。

用做样板生产的 Nestor 切割系统（图5-3-2），除了用于切割鞋帮皮革外，经常需要切割其他鞋用物料。而在切割透气性高的物料时（如网布），需在透气物料表面加上一层薄胶膜，使物料在切割时不会移动。

由于 Nestor 切割系统可切割非常精细的图案，而生产这类裁断刀模的成本相当高昂，所以利用 Nestor 切割系统进行真皮切割，在订单每款少至100双或更少的情况下，也能从容生产，实现最大的灵活性及最理想的成本效益。

三、算料排刀的一般计算方法

（一）算料的一般方法

1. 实际面积法

算出一双鞋所有分板的面积总和，利用该面积得到每双用量，考虑皮料损耗，从而算出采购量。

2. 框选累计法

各分板在 PU\PVC 的规则皮料上排刀，算出各分板的单位用量，算出一双鞋所有分板的单位用量的总和，得到每双用量，考虑皮料损耗，从而算出采购量。注意在用此方案之前，应将所有真皮分板按照非真皮排刀图排刀。不能有插刀。如果有某个分板没有相应排刀图，则会得到错误的数据。

3. 真皮模拟法

利用计算机里模拟的真皮，不考虑瑕疵，手工排刀，得到鞋的数量（双），算出单位用量，考虑皮料损耗，算出采购量。

4. 最小矩形法

将组成一双鞋的所有分板按最佳方式紧密排列，排完后取包含这些分板的最小矩形框，利用该矩形框的面积得到每双鞋用量，考虑皮料损耗，从而算出采购量。

5. 最小轮廓法

将组成一双鞋的所有分板按最佳方式紧密排列，排完后取包含这些分板的最小轮廓边界（非矩形框），利用该最小轮廓边界的面积得到每双鞋用量，考虑皮料损耗，从而算出采购量。

（二）排料的一般方法

1. 多板混排

一般都是采用手工排料，按照真皮材料套划的原则也要求排料，有时候可以与计算机自动排料相结合。

2. 单板排料

一般采用以下6种自动排刀方案， 自动排刀方法逐一实施排刀，选择最佳排刀方案。最佳排刀方案的选择依据是材料使用率最高的方案。

（1）奇数行与偶数行方向相同，奇偶行左右错刀（图5-3-3）。

（2）奇数列与偶数列方向相同，奇偶列上下错刀（图5-3-4）。

（3）奇数行与偶数行方向相反，奇偶行左右错刀（图5-3-5）。

（4）奇数列与偶数列方向相反，奇偶列上下错刀（图5-3-6）。

（5）分板从左至右，从下至上顺序排刀，行与行之间有错刀（图5-3-7）。

（6）分板从下至上，从左到右顺序排刀，列与列之间有错刀（图5-3-8）。

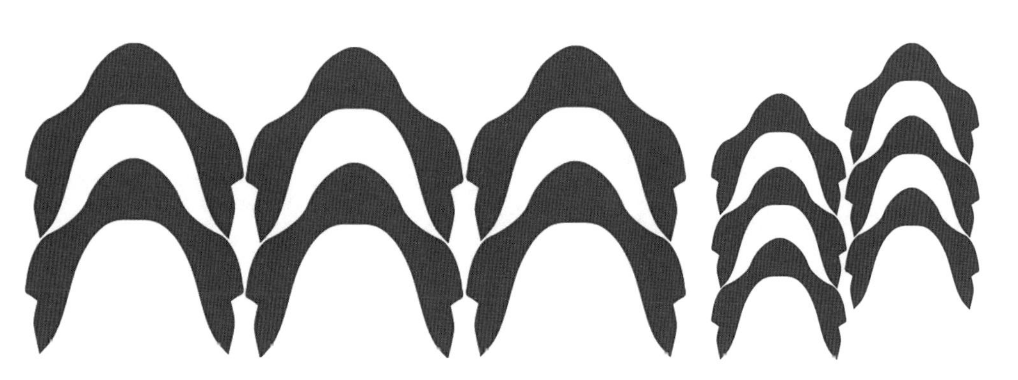

图5-3-3 单板排料一

图5-3-4 单板排料二

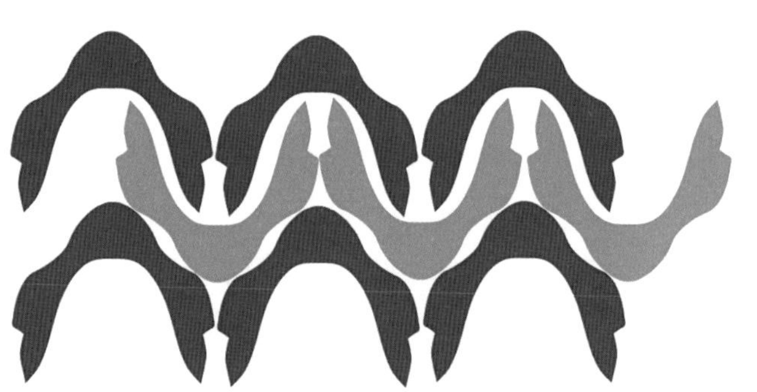

图5-3-5 单板排料三

图5-3-6 单板排料四

图5-3-7 单板排料五

图5-3-8 单板排料六

思考练习

1. 简述计算机辅助开板、扩缩与帮料扫描裁切的基本内涵。

2. 简述计算机辅助开板、扩缩与帮料扫描裁切的一般流程。

3. 简述鞋样扩缩的原理与各种扩缩控制方法。

4. 简述帮料裁切中排刀算料的一般方法。

5. 矮帮鞋样板制作与扩缩。如图所示为用 USM 2D 软件绘制的一款花孔燕尾内耳式鞋的结构图模板，请选择一个类似的鞋楦制作展平面，用经纬软件输入制作全套样板，并按要求扩缩进行扩缩。鞋楦本码选择男255#、二型半，扩缩范围240#、245#、250#……265#、270#，主跟与内包头（前后港宝）只扩缩大、中、小3个号码，后包跟与后踵鞋里要求相邻3个鞋码（含半号）共用，鞋眼小号设置4个，大号设置5个，前帮上的图案装饰扩缩后不能变，要控制好前帮、后包跟等部件对称。

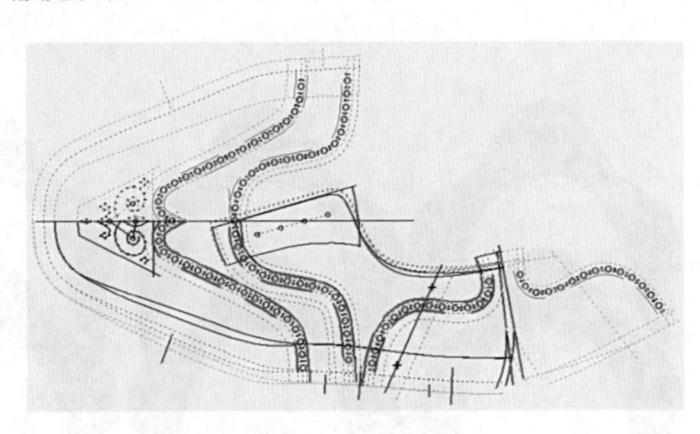

第六章

鞋类计算机辅助鞋楦设计

本章提示

本章主要阐述在计算机辅助鞋楦设计过程中应用到的制楦设备，并对鞋楦修改及设计进行应用介绍。

学习目标

知识目标：

了解常用鞋楦设计及生产设备。
了解鞋类计算机辅助鞋楦设计的基础知识。
了解现阶段计算机辅助制楦技术发展及应用情况。

能力目标：

掌握鞋楦生产设备的基本知识及操作注意事项。
掌握一种鞋楦设计软件的工作流程及主要功能。

第一节 鞋类计算机辅助制楦设备概述

随着计算机技术和激光技术的不断发展，以及这些技术在工业设备中的应用，鞋楦设备在近10年中发生了巨大的变革。从传统的仿型鞋楦机到电子控制鞋楦机，发展到现在的计算机数控鞋楦机。目前，中国国内现在也有部分计算机数控鞋楦机（图6-1-1至图6-1-6）生产厂商，但是在技术上和意大利“New Last”相比还有一定差距。

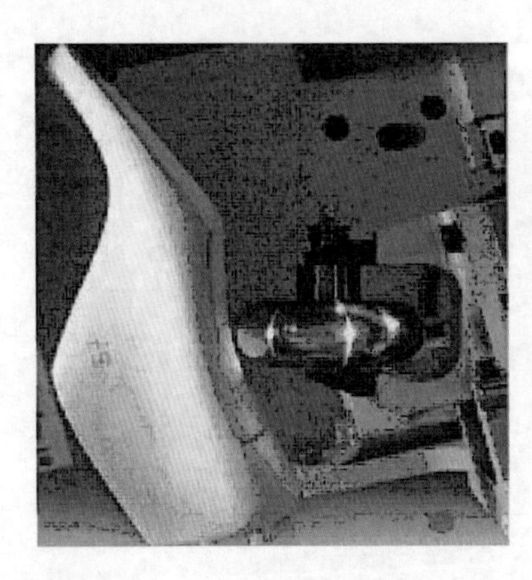

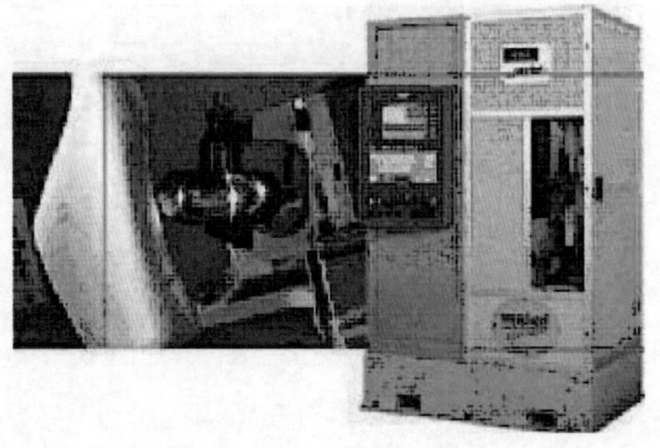

图6-1-1 普通计算机数控扫描机

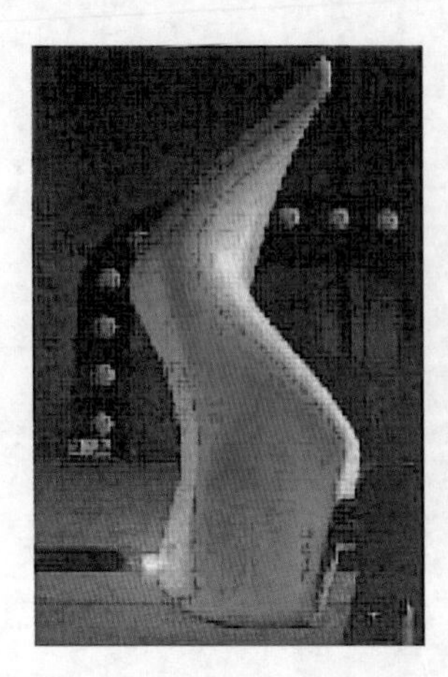

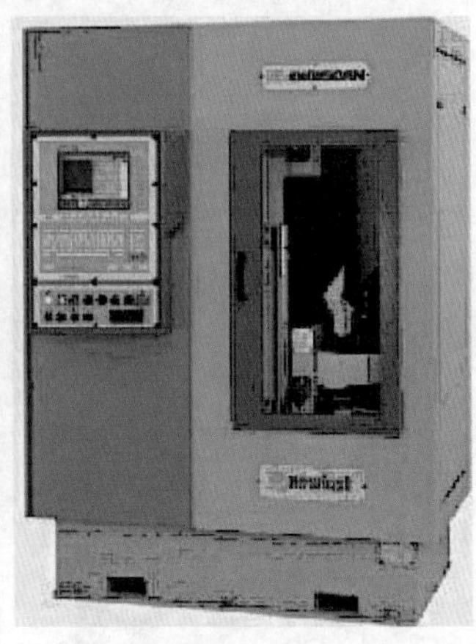

图6-1-2 激光计算机数控扫描机

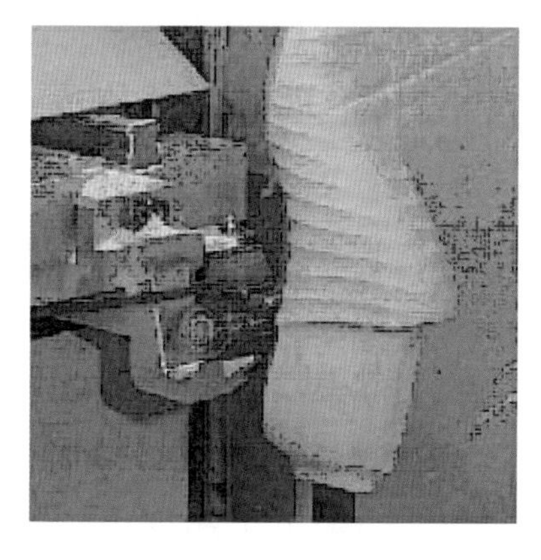

图6-1-3　计算机数控样品机

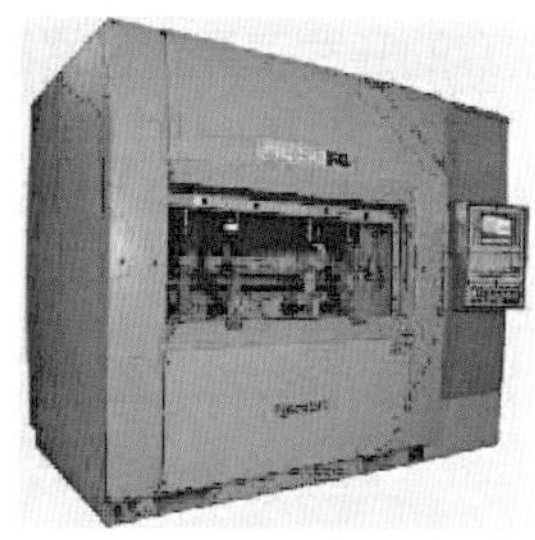

图6-1-4　计算机数控一次成型细坯机

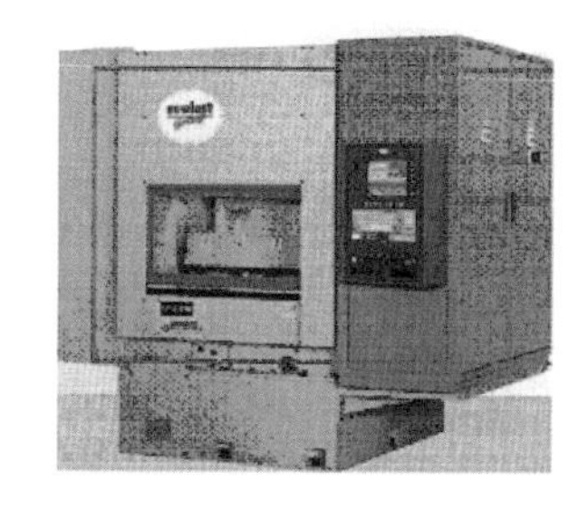
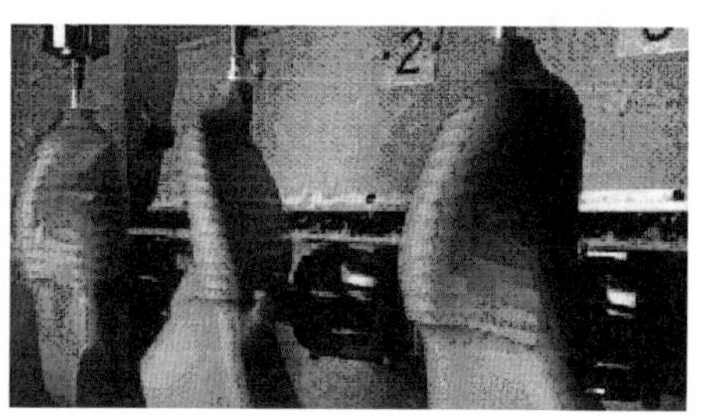

图6-1-5　数控粗坯机

图6-1-6　数控细坯机

第二节　鞋类计算机辅助鞋楦设计软件概述

鞋楦设计修改软件主要是为鞋楦工作设计的，它为鞋楦设计师提供一系列的程序和工具，使设计鞋楦的工作变得更加简单和准确，可以减少整个过程的最大工作时间。因为在此以前所有工作都需要一个长时间的完全手工操作。

专用于设计和加工鞋楦的计算机软件，旨在简化和加速设计鞋楦的各项工序，为设计者提供一整套的开发工具，使修改鞋楦的工作变得更快更容易。

一、工作途径

① 工作途径一见图6-2-1。

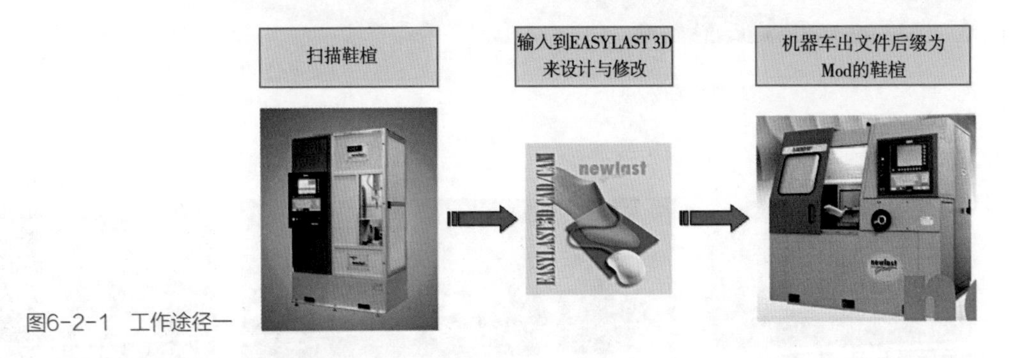

图6-2-1　工作途径一

② 工作途径二见图6-2-2。

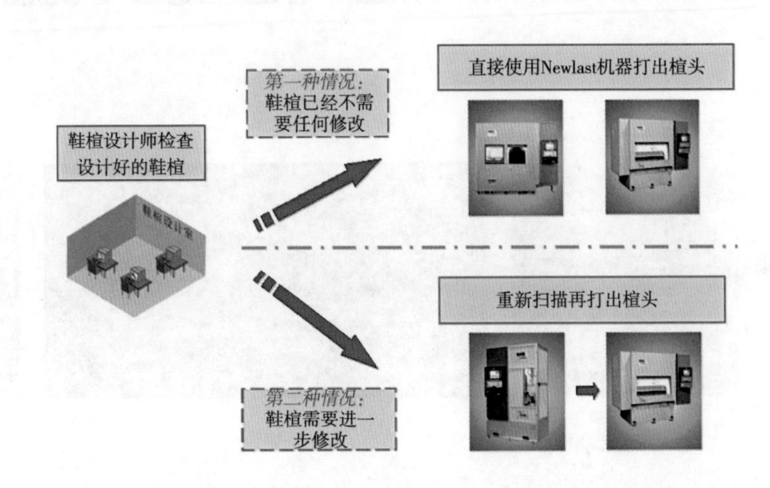

图6-2-2　工作途径二

二、Easylast 3D 功能

Easylast 3D 可以在任何安装了 Windows 95/98/NT/XP 系统的计算机中良好运行，为每一个鞋楦提供图像形式的管理，拥有独立的数据库访问能力及各种浏览与搜索。数据输入与 NL-DGT 扫描机有直接的接口，同时兼容其他机械或激光的扫描机。设计简单: 使用二维象限设计，输入模板来确定一些特殊的曲线、后跟、头形、底弧等；扩缩系统: 可以使用标准的，也可以自定义。质量控制：非常完善的测量系统，可以使用自动或自定义测量方式，并有丰富的范例。

Easylast 3D CAD 由两组功能组成。为了保持软件一定的连续性，这两组功能没有分开，而是将两者完美得结合在一起。

功能组成有不改动鞋楦的功能组和改动鞋楦并产生新鞋楦的功能组。

（1）不改动鞋楦的功能组：

① 去前撑和后撑。

② 插入鞋楦数据（数据库）。

③ 搜索数据库。

④ 可视化图像浏览。

⑤ 放正和观察鞋楦。

⑥ 鞋楦的各项测量即质量控制。

（2）改动鞋楦并产生新鞋楦的功能：用二维（2D）的编辑来实现三维（3D）的效果。

① 两个鞋楦的拼接，见图6-2-3。

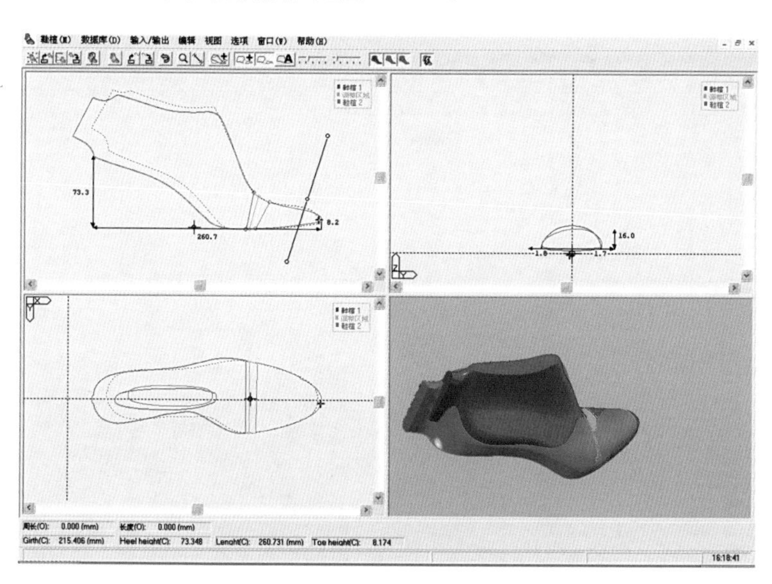

图6-2-3　两个鞋楦连接（接头）

② 修改跟高，见图6-2-4。

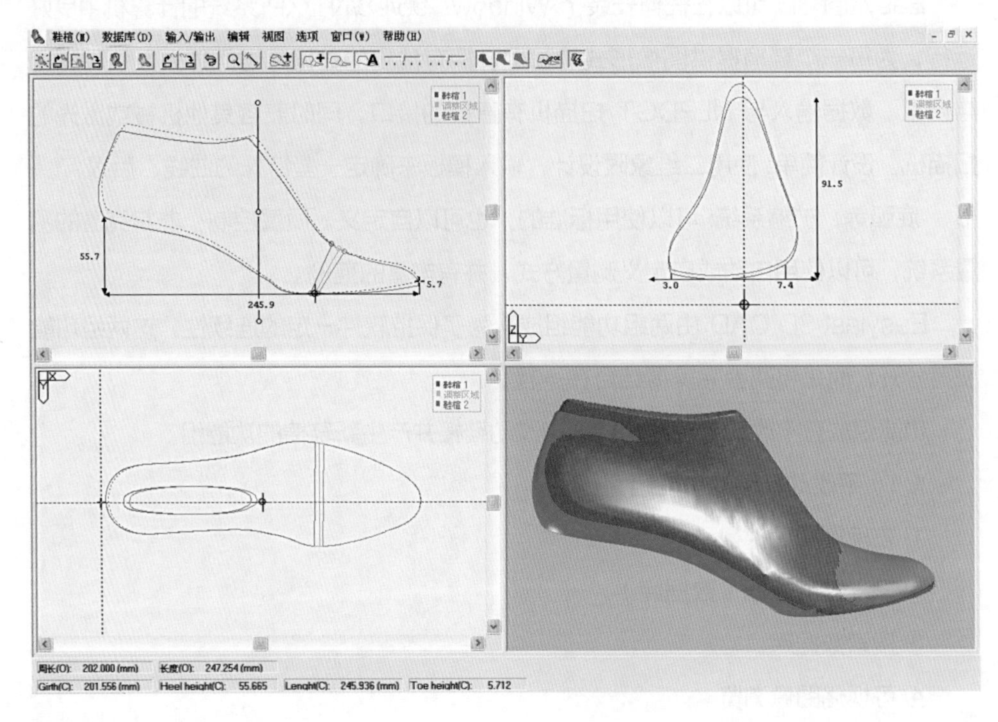

图6-2-4 修改跟高

③ 底弧编辑，见图6-2-5。

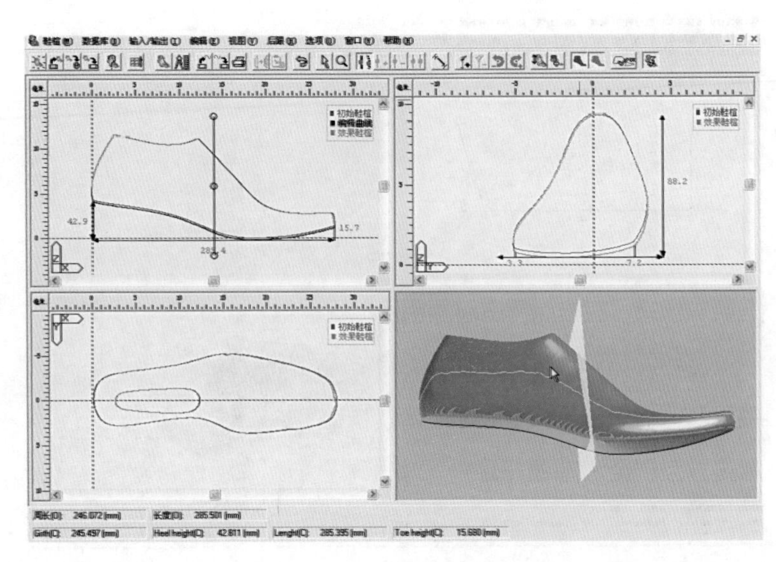

图6-2-5 底弧编辑

④ 顶弧编辑，见图6-2-6。

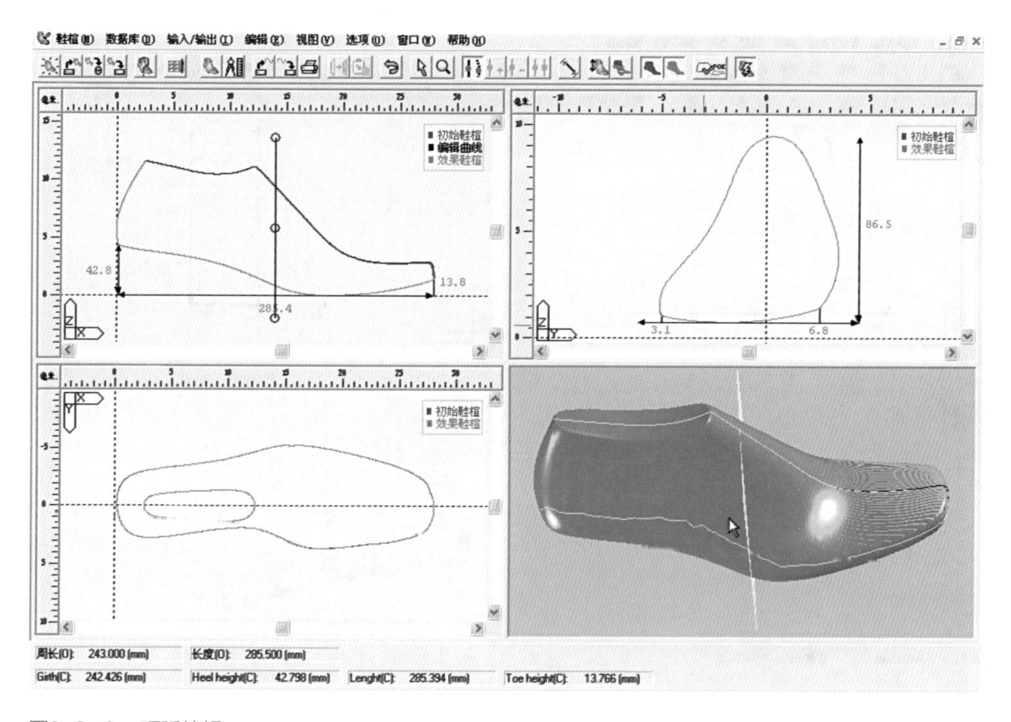

图6-2- 6　顶弧编辑

⑤ 底板编辑，见图6-2- 7 。

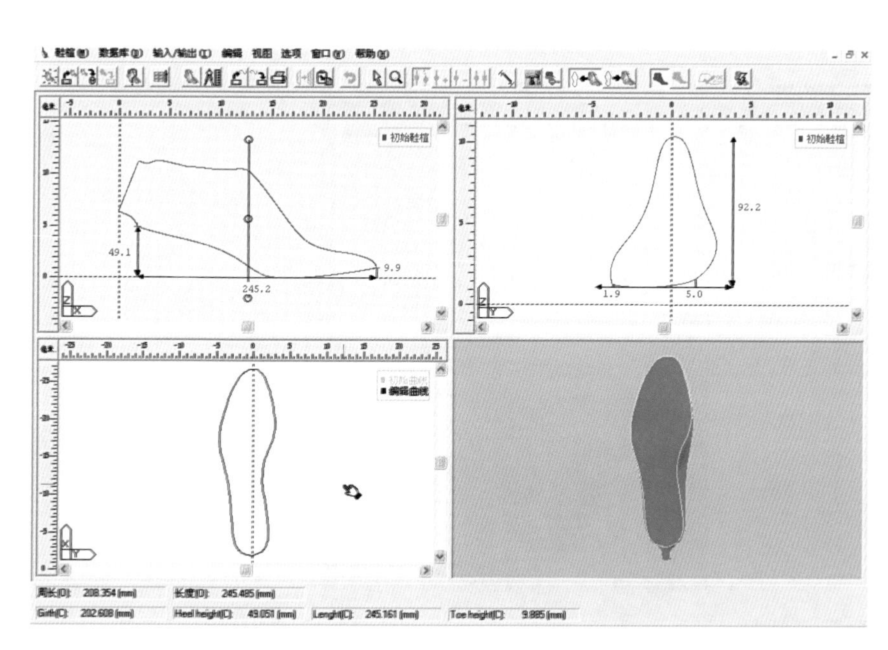

图6-2- 7　底板编辑

⑥ 创建高腰楦，见图6-2-8。

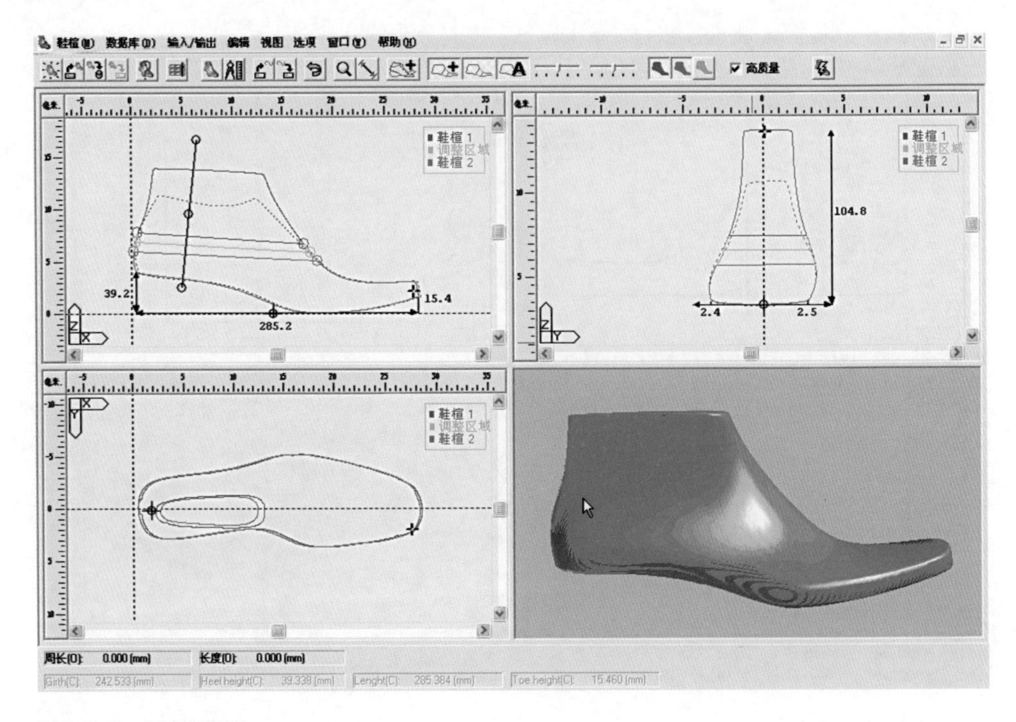

图6-2-8　创建高腰楦

⑦ 头型编辑或创建，见图6-2-9。

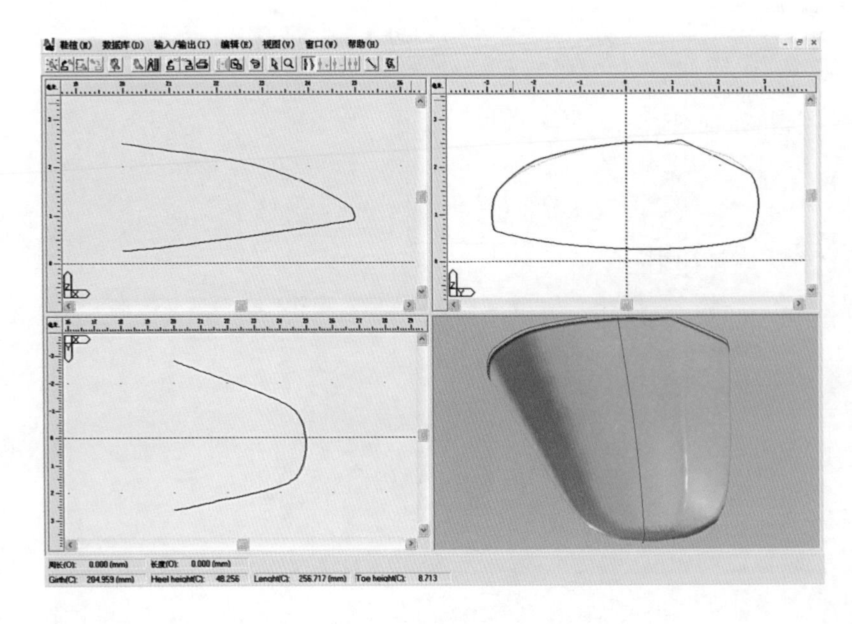

图6-2-9　头型编辑或创建

⑧ 头型变长/短操作，见图6-2-10。

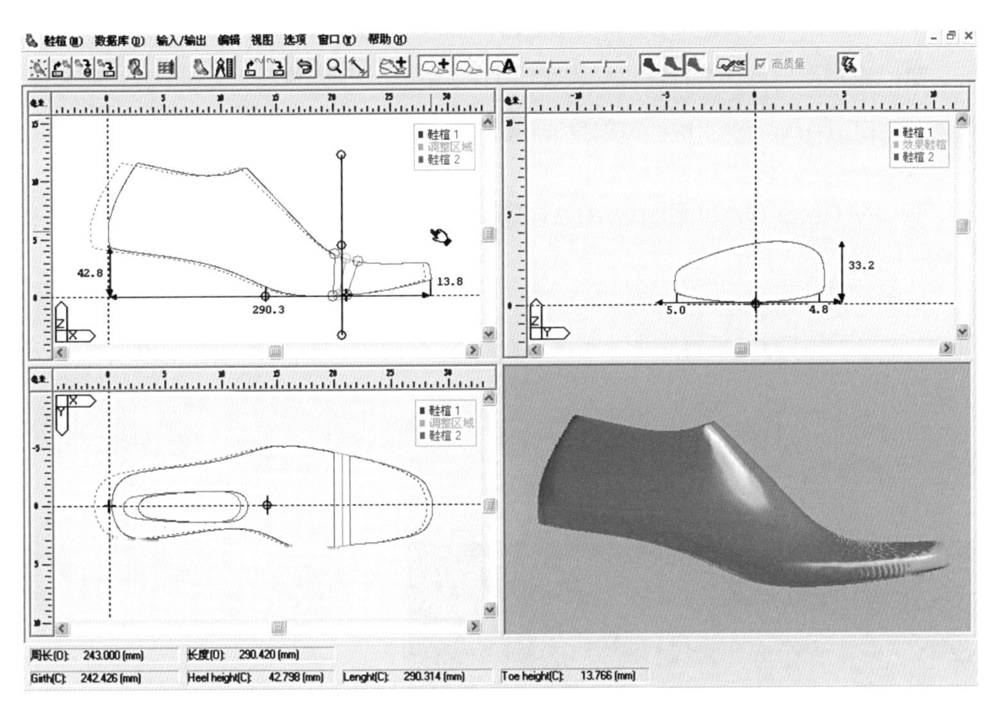

图6-2-10　头型变长/短操作

⑨ 扩缩编辑，见图6-2-11。

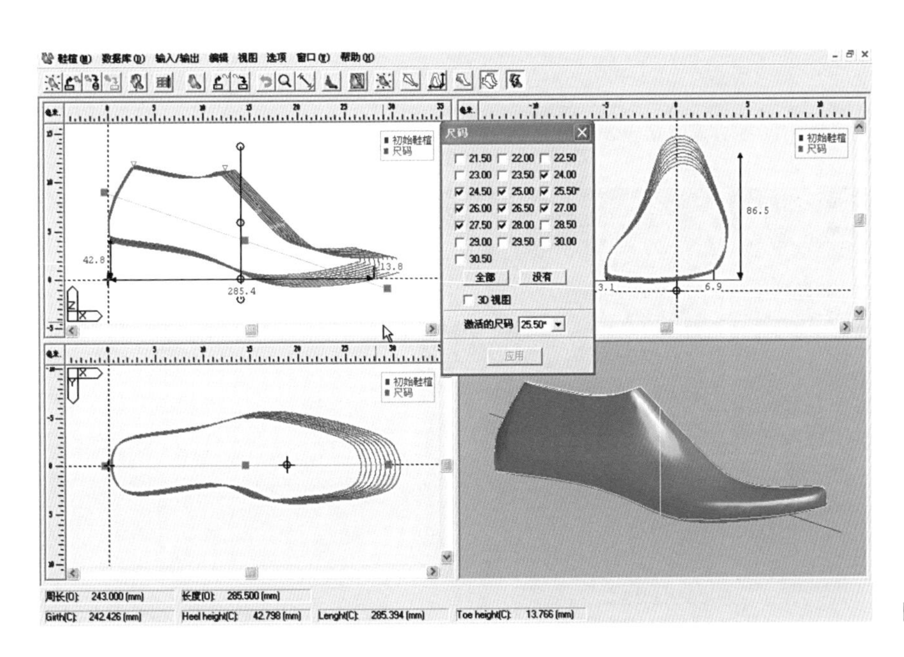

图6-2-11　扩缩编辑

（3）加工：①自定义加工参数；②二维到三维的仿真；③数控的程序发生器。

（4）输出：为打印机或切割机建立各种模板，连接 Easycut 2D 可以割各种纸板，可以将鞋楦另存为各种各样的格式，如：Iges，Vda，Stl，Ascii…，鞋楦的任何部分都可以作为输出，格式可以是 Iges、Dxf 等。

三、ROMANS CAD Software 的基本功能

法国力克公司的 ROMANS CAD Software 鞋楦设计修改软件功能与 Easylast 3D相似，但操作方法差异较大，下面以图示方法简单对其进行介绍，见图6-2-12至图6-2-17。

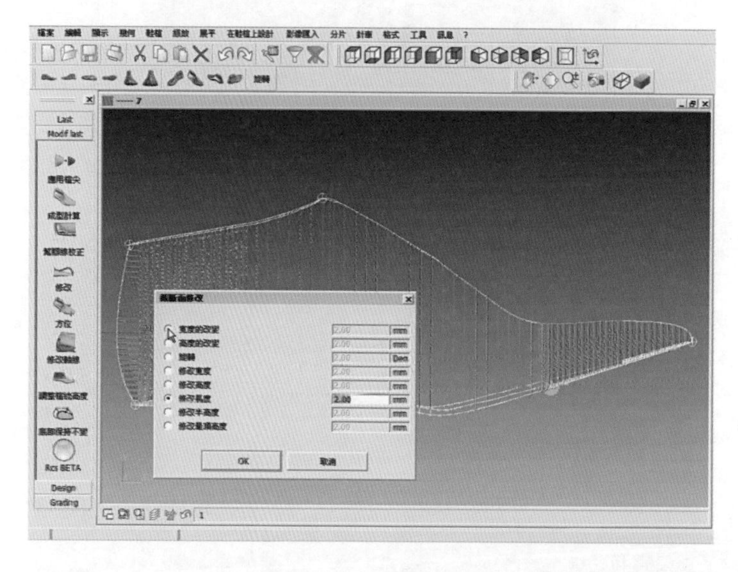

图6-2-12　云点鞋楦的部分修改功能

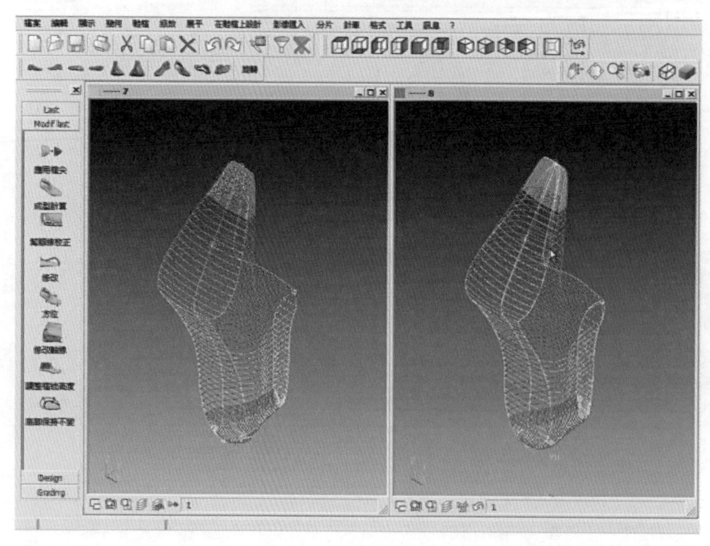

图6-2-13　鞋楦连接（换头）

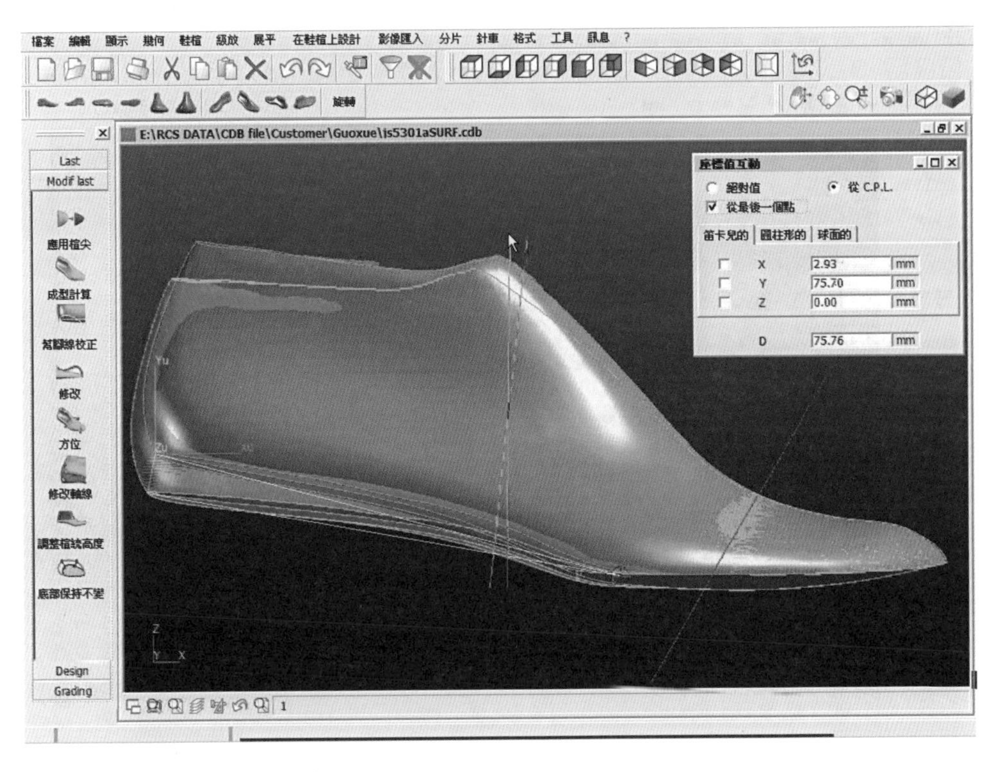

图6-2-14 修改鞋楦跟高、前跷

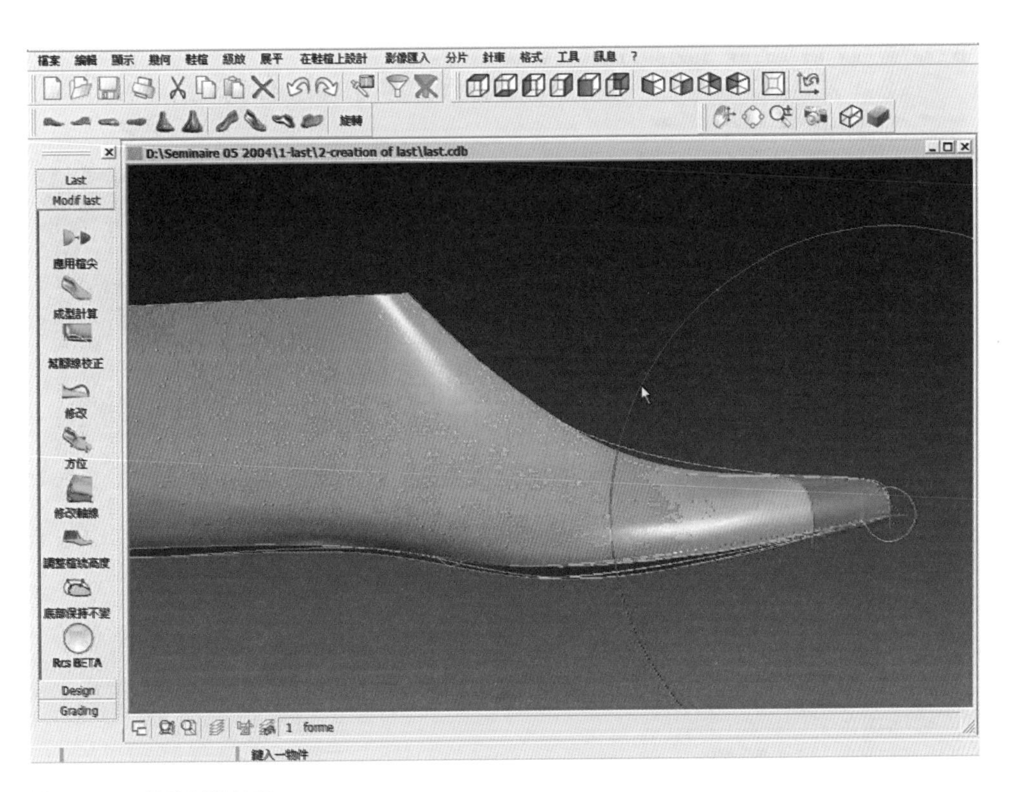

图6-2-15 修改鞋楦长度

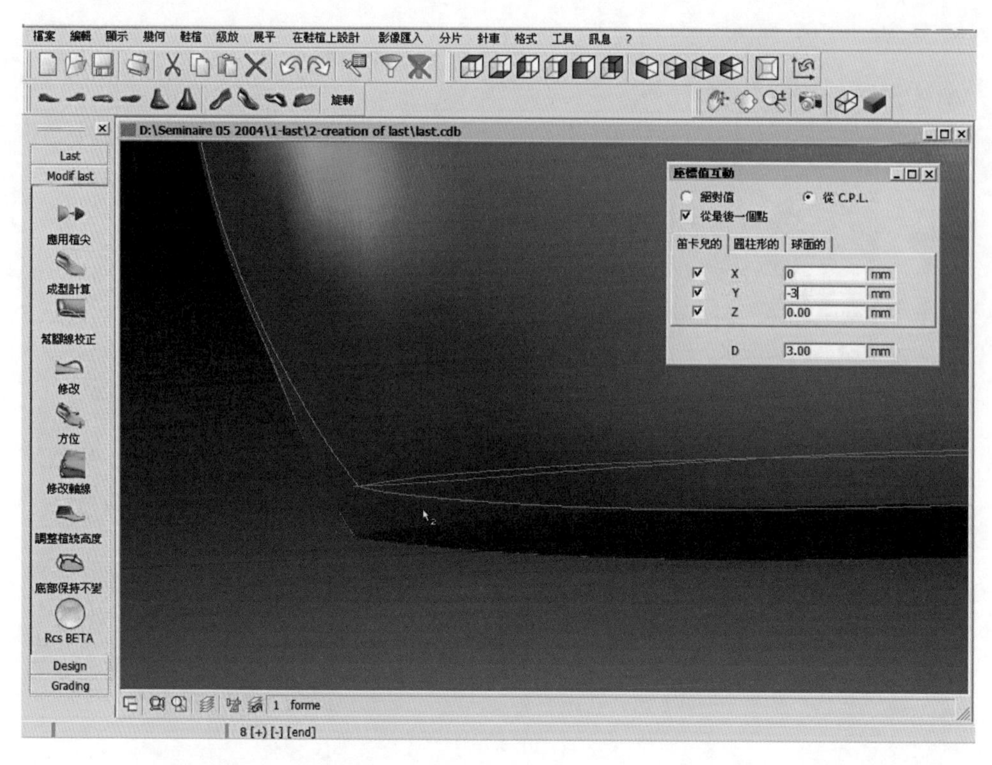

图6-2-16 加高鞋楦底部（减低鞋楦底部）

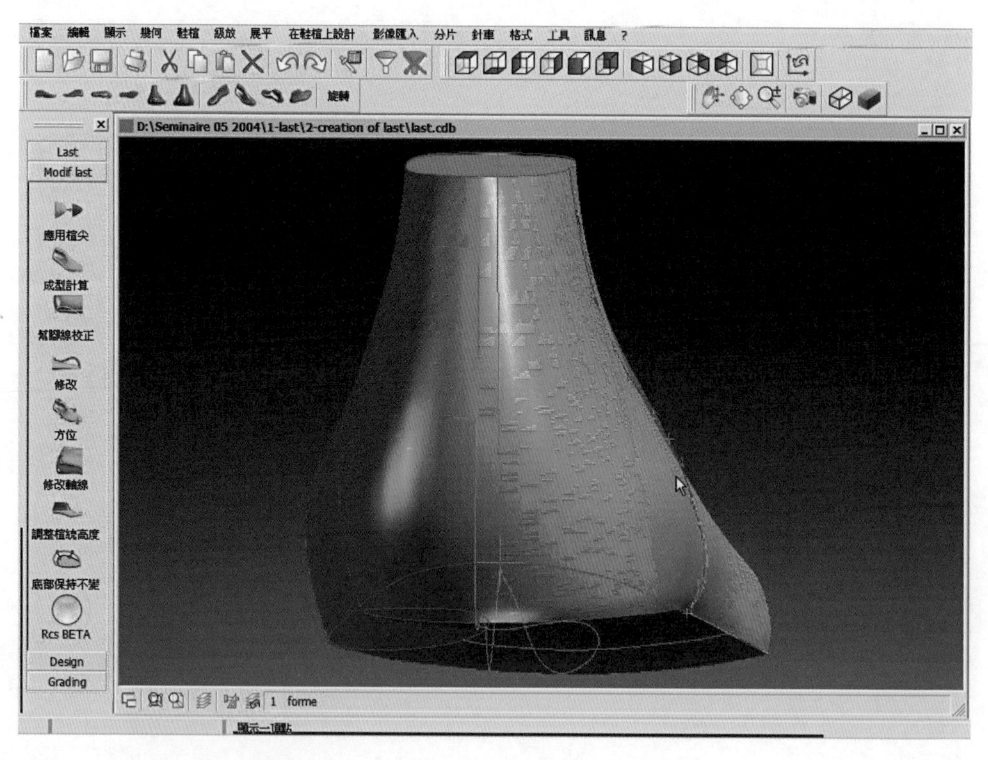

图6-2-17 通过楦上一点修改鞋楦

思考练习

1. 请收集两种制楦设备资料，并简述其自身特点。
2. 什么是计算机辅助鞋楦设计？简述主要功能。
3. 结合手工鞋楦设计，谈谈计算机辅助鞋楦设计不同之处。

参考文献

[1] 施凯. 计算机辅助技术在鞋类企业中的应用与开发（一）——鞋类计算机辅助技术概论［J］.中国皮革，2005，（10）：137-141.

[2] 施凯. 计算机辅助技术在鞋类企业中的应用与开发［J］. 中国皮革，2005，（14）：120-123.

[3] 施凯. 鞋类计算机辅助造型设计实例剖析［J］. 中国皮革，2005，（20）：132-135.

[4] 施凯. 鞋类计算机辅助结构设计［J］.中国皮革，2006，（10）：124-126.

[5] 曹明，施凯，李再冉. 鞋企计算机辅助信息化管理［J］. 中国皮革，2007，（24）.

[6] 李再冉，曹明，施凯. 鞋类效果设计中 Photoshop 软件的运用［J］.西部皮革，2006，（07）：34-35.

[7] 李再冉，施凯，梁启兴，等. 基于 Rhino 3D 软件的运动鞋造型设计［J］. 中国皮革，2008，（6）：115-117.

[8] 陈国学. 鞋楦设计［M］. 北京：中国轻工业出版社，2005.

[9] 施凯. 鞋类舒适度影响因素的探讨［J］. 中国皮革，2005，（24）：127-129.

[10] 曾琦. 计算机辅助皮革制品设计［M］. 北京：中国轻工业出版社.2009.

[11] 鞋类技术相关软件：Photoshop、CorelDraw 等通用二维软件，犀牛、3D MAX等通用三维软件，Shoemaster、FAST、SHOEPOWER等鞋类专用三维软件及经纬、华士特、奥斯曼、福特威等鞋类专用二维软件.

[12] Shi Kai.An Individual Customization System for Shoe Products Based on the Network[A]. Proceedings of 2008 IEEE 9th International Conference on Computer-Aided Industrial Design & Conceptual Design (Vol.1)[C].2008.335-337.

[13] Shi Kai.Research on Mechanical Model of Soles in High-heels by Using Fuzzy Cluster Algorithm[A].Proceedings of the 2008 International Symposium on Computational Intelligence and Design (ISCID 2008) (v1)[C].2008.194-197.

[14] Li Zairan, Shi kai. Ergonomics Design on Bottom Curve Shape of Shoe-Last Based on Experimental Contacting Pressure Data[J].International Journal of Digital Content Technology and its Applications,2013,7:86-93.

[15] Shi Kai.Research on Mechanical Model of Virtual Human-shoes System based on Fuzzy Association Rule Mining[A].Proceedings of 2009 International Conference on Networking and Digital Society (ICNDS 2009)[C].2009.296-299.